# 绿色矿山评价与建设

王子云　何晓光　康祥民◎编著

中国石化出版社

## 内 容 提 要

本书结合我国矿产资源状况，分析绿色矿山建设评价体系理论基础，通过阐述绿色矿山建设评价研究现状，分析绿色矿山评价指标影响因素，确定了绿色矿山评价方法及模型。同时在阐述绿色矿山建设总体要求的基础上，重点叙述了冶金行业绿色矿山建设要求及标准；论述了矿山环境保护技术、矿山安全生产技术、充填采矿技术、通风工程技术及数字矿山等与建设绿色矿山的关系。

本书可供从事矿山开采技术研究、设计、生产等技术管理人员阅读，也可作为高等学校采矿工程及相关专业师生的教学参考书。

## 图书在版编目(CIP)数据

绿色矿山评价与建设／王子云，何晓光，康祥民编著.—北京：中国石化出版社，2021.7
　ISBN 978-7-5114-6427-9

Ⅰ.①绿… Ⅱ.①王… ②何… ③康… Ⅲ.①矿山建设-无污染技术 Ⅳ.①TD2

中国版本图书馆 CIP 数据核字(2021)第 176623 号

**中国石化出版社出版发行**
地址:北京市东城区安定门外大街 58 号
邮编:100011　电话:(010)57512500
发行部电话:(010)57512575
http://www.sinopec-press.com
E-mail:press@sinopec.com
北京科信印刷有限公司印刷
全国各地新华书店经销

*

710×1000 毫米 16 开本 17.25 印张 434 千字
2021 年 7 月第 1 版　2021 年 7 月第 1 次印刷
定价:78.00 元

# 前言
INTRODUCTION

改革开放以来，矿产资源作为国民经济发展的重要原材料，为地区经济的腾飞做出了巨大贡献。但是，长期以资源消耗为主的粗放型发展模式也使我们付出了沉重的环境代价。粗放式的矿业发展方式导致了资源浪费、环境破坏以及社会问题高发等一系列负面影响，违背了我国经济社会发展的总体目标。为此，2012年，党的十八大从战略高度上做出了大力推进生态文明建设的战略决策。2015年，党的十八届五中全会基于"四个全面"的战略布局所倡导的"创新、协调、绿色、开放、共享"的五大发展理念，成为决定我国"十三五"发展全局，乃至实现中国"由大变强"的一场深刻变革。作为国民经济的基础产业，矿业经济发展需要责无旁贷地承担起生态文明建设的战略任务，在创新、协调、绿色、开放、共享中积极承担起行业责任。此外，为打好污染防治攻坚战，在经济"新常态"的背景下，传统的矿业发展方式已无法满足未来经济发展形势的需要，为应对经济发展的要求，根据供给侧结构性改革的要求，对矿业行业进行转型升级，从根本上实现绿色发展，已是当前矿业经济发展所将面临的首要担当。从我国矿业绿色发展的政策措施来看，自2007年在中国国际矿业大会上提出"发展绿色矿业"倡议以来，2008年，《全国矿产资源规划》首次明确提出了发展绿色矿业；2010年，国土资源部出台了《关于贯彻落实全国矿产资源规划发展绿色矿业建设绿色矿山工作的指导意见》；2011年，"发展绿色矿业"被纳入《国民经济和社会发展第十二个五年规划纲要》，上升为国家战略；截至2014年年底，我国已先后分四批公布了国家级绿色矿山试点单位660多家，全国各地省级以下绿色矿山不计其数。同时，鼓励矿业绿色发展的管理制度体系基本形成，出台了绿色矿山建设管理办法、基本条件和相关管理制度。尽管当前矿业发展现状离最终的建设目标还有一定差距，但在全国范围内已初步形成了绿色矿山建设的良好氛围，在矿业绿色发展理念和绿色矿山实践方面都产生了广泛而深远的影响。矿业经济的绿色发展将是矿业未来长期可持续发展的必然趋势。

本书由辽宁科技学院王子云任主编，并负责统稿，副主编为辽宁科技学院何晓光教授、本溪聚鑫达矿业有限公司康祥民，参加本书编写的还有辽宁科技学院张永华、渠爱巧、王寰宇等教师。

本书在编写过程中，编者参考了大量相关的文献资料，大部分已在参考文献中列出，在此向文献作者表示衷心的感谢！编写过程中得到了院校同行及工矿企业的大力支持，在此亦表示衷心的感谢！

由于编者水平有限，书中不妥之处，敬请广大读者批评指正。

编者

2021 年 7 月

# 目录

# 第1章　绿色矿山概述

## 1.1　绿色矿山的内涵

目前对于"绿色矿山"的概念国内外尚未形成统一的定义。绿色矿山的概念随着时代和社会的进步被赋予了新的内涵和思维，迄今为止，国内外不少学者都对绿色矿山的概念提出了自己的看法和主张，这些观念的提出为绿色矿山的发展奠定了宝贵的理论基础。

19世纪，英、美等西方国家提出"绿色矿山"的概念，但此概念仅涉及矿区周边环境的美化以及植被的保护两方面内容。而在"二战"之后，各国经济的快速发展消耗了大量的自然资源，尤其是能源、矿产资源等不可再生资源，引起了有识之士的高度重视，相应的"绿色矿山"概念从初始的环境保护延伸到"资源的综合利用"。经过数十年的发展，以发达国家为代表的矿业可持续发展理论已经趋于成熟，并形成规范统一的发展模式。美国对绿色矿山建设的研究主要涉及两方面：一是矿山环境的治理及恢复；二是矿山环境保护的监督管理制度。英国矿产资源开发环境保护管理集中表现在三方面：一是矿产开发前的准入管理；二是矿产资源开发过程中的监管；三是矿山闭坑后的土地复垦。澳大利亚的绿色矿山建设侧重点在于"边开采边恢复"，注重矿山开采的过程中生态环境的治理与恢复。而南非作为发展中国家中典型的矿业大国，通过政府所颁布的一系列政策措施，对矿山开采过程中所出现的问题进行了合理的修正。

相比之下，国内学者对于绿色矿山的研究多强调绿色矿山建设的生态效益。由于工业文明对地球的污染与破坏已经引起了全人类的重视，节能减排与环境保护成为重要话题。建设绿色矿山，发展绿色矿业，是践行习近平总书记"绿水青山就是金山银山"重要思想，促进生态文明建设，落实新发展理念的重要举措。绿色矿山是在新形势下对矿产资源管理工作和矿业发展道路的全新思维。绿色矿山的发展是促进矿业升级改造的必由之路，"绿色矿山"的理念符合21世纪的发展要求，更顺乎"以人为本，坚持可持续发展"的科学发展观和建设和谐社会的内在要求。

很多中国学者提出绿色矿山的概念并赋予其内涵。有的学者认为绿色矿山的概念不是简单地把矿山环境进行绿化、美化，而是指矿山企业从资源的开采、运输到综合利用全生产过程都贯彻科学和环保理念。建设绿色矿山要通过调整生产工艺，优化生产布局，开发与应用新技术、新设备等手段，从而实现资源效能的最佳化。绿色矿山是对人类的社会环境和自然环境不产生有害影响的洁净生产模式。有的学者认为绿色矿山是指矿产资源开发全过程既要严格实施科学有序的开采，又要对矿区及周边环境的扰动控制在环境可控制的范围内；对于必须破坏扰动的部分，应当通过科学设计、先进合理的有效措施，确保矿山的存在、发展直至终结，始终与周边环境相协调，并融合于社会可持续发展轨道中的一种崭新的矿山形象。还有的学者将绿色矿山的基本内涵概括为确立矿山资源环境一体化、突出生态园林矿山、强化经营绿色的理念，认为绿色矿山是一种全新的矿山发展模式，是在新形势下对矿产资源管理工作和矿业发展道路的全新思维，是矿产资源管理理念的一个飞跃，在经营管理过程中不仅强调经济效益的最大化，而且还强调遵循人与自然关系的和谐发展。还有学者认为，绿色矿山建设是新形势下对矿产行业的全面改革，它不是单纯地对矿区环境进行绿化和改造，而是指矿山企业从矿产勘探、开采、运输到综合利用的全部生产过程都要树立可持续发展和生态环保的理念。绿色矿山是从矿产勘探和开发、矿山的建设、产品的生产及尾矿的循环利用以及对生态环境保护的全过程出发，按照科学、低耗、高效、环保的发展模式对矿产资源进行合理分配、高效安全的生产加工，遵循科学发展和循环经济理论，将生态文明建设贯穿于矿业发展的整个过程，兼顾矿产资源的高效利用和生态环境的良性循环，最终实现人与自然的和谐统一。钱鸣高院士等认为绿色矿山包含科学采矿的内涵，而科学采矿是指既能最大限度地高效开采出矿产品而又保证安全和保护环境的开采技术；并在论述科学开采的概念中指出，科学开采要实行矿产品完全成本化的思路，在此基础上构建资源与环境协调的绿色开采技术体系。

绿色发展指的是基于十八届五中全会所提出的五大发展新理念下的矿业绿色发展。创新是引领发展的第一动力，矿业作为传统产业，需要行业技术创新、体制机制创新、发展方式创新，才能转变过去粗放的发展模式，优化生产结构，改善生态环境，提高发展质量和效益。矿业的发展应当摆脱局部利益、部门利益的束缚与羁绊，在发展当地矿业的同时协调当地经济和居民生活，也要摆脱高开采、低利用、高排放的开采模式缺陷和技术不足，注重资源使用效率和生态效益的均衡。要注重发展的整体性，既要西部开发，也要中部崛起，东北振兴；既要金山银山，也要绿水青山。绿色是以人与自然的和谐发展为价值取向，以绿色低碳循环为主要原则，以生态文明建设为主要抓手。矿业的绿色发展要注重生态效益，在开采过程中减少对生态环境的扰动，在后期治理中注重矿山的环境保护和恢复。开放以解决发展内外联动问题为核心。资源是人类共有的财富，在矿业发展过程中，要追求合作最大化，注重与其他国家的合作，取之精华，寻求技术突破，相互促进，顺应当今世界开放合作、互利共赢的发展趋势。

矿业经济的绿色发展是对传统矿业发展模式的扬弃，是实现矿业长期可持续发展的必然选择。它兼顾了经济、环境、社会等多方面的考量，以各系统协调发展为目标，将绿色理念贯穿于矿业经济发展的全过程，并于能源转化和资源利用效率最优的同时，实现环境的最小损害和经济效益的最优，进而形成经济、社会和环境等多方和谐的生产发展方式，其主要特点如下：

（1）矿业经济绿色发展是以生态经济学原理为指导的现代矿业经济发展模式。在宏观层面，矿业经济绿色发展可以协调矿业生产发展过程中经济、生态、技术三者之间的关系，通过矿业、经济以及生态系统的结合，促进矿业经济的绿色发展。根据矿业经济绿色发展的要求，绿色理念应贯穿于矿产资源开发利用的全过程，在所有流程中，采用绿色技术，注重环境的保护，实现低污染或者无污染，降低对生态环境的破坏，推动经济和环境的长期协调可持续发展。

（2）以清洁生产、节约资源、低碳化、多层次循环利用为特征。本着科学、低消耗、低排放、高效率的原则，对矿产资源进行合理的开发利用。从具体的操作来看，在采、选、冶、销售等全过程，引进矿业经济发展的绿色技术，全面提高矿产资源的综合开发利用，最大限度地发挥有限资源的效益，进而实现矿业经济、环境、社会多方面综合效益的最优化，推动矿业经济的可持续发展。

（3）以实现经济、生态与社会协调发展为目标。矿业经济的绿色发展涉及经济、环境、社会等多方面内容，实现矿业经济的绿色发展，就是要实现经济、生态、社会的协调发展，就必须控制矿业生产和开发全过程对环境的干扰，通过绿色技术的应用，不断提高矿产资源的综合利用效率，降低可采矿石的品位；通过技术创新和产业结构调整，推动区域内矿业与环境的和谐发展，提高经济、社会和生态三方的效益，实现三者之间的协调发展。

## 1.2 绿色矿山的发展

矿业的绿色发展，不是存在于矿业发展的某个时期，而是伴随着矿业萌芽到发展的整个过程，与矿业整体发展息息相关。

第一阶段。早在 19 世纪，英、美等西方国家就提出了"绿色矿山"的概念。此时"绿色矿山"的概念仅仅停留在单纯的对矿区植被的保护，以及对矿区周边环境的美化上。这一时期的"绿色矿山"要素就是环境。

第二阶段。第二次世界大战以后，经济飞速发展，人类社会对自然资源的消耗速度前所未有，一些有识之士指出，地球的资源，特别是能源、矿产资源等是有限的，因此，提高资源的利用率应该被列为重要的研究课题。此时的"绿色矿山"概念已经从单纯的环境保护延伸至资源的综合利用。

第三阶段。当代，资源问题已经成为制约世界各国发展的重要问题，综合利用资源的课题也取得了众多进展；工业文明对地球的污染与破坏已经引起了全人类的重视，节能减排与环境保护成为重要话题；经济的空前发展，"以人为本"已经成为全世界共同认可的基本准则；科学技术是第一生产力，全世界已经达成了"科技创新是人类发展与进步的唯一途径"这一共识。

中国矿业自新中国成立起就开始发展，矿业经济的绿色发展也随着新中国成立起步，并逐渐理论化和实践化。在这样的环境下，我国提出了"科学发展观"，而我国的"绿色矿山"理念也基本成熟。

2007 年中国国际矿业大会上国土资源部首次提出"坚持科学发展，推进绿色矿业"的口号。中国矿业联合会颁布的《绿色矿业公约》规定了绿色矿山建设的 10 项要求。一是坚持科学发展观，建设绿色矿业；二是坚持依法办矿；三是坚持科学规划与管理；四是坚持科技进步与创新；五是加强综合利用，实施循环经济；六是确保矿区环境达标，建设新的矿区生态环境；七是加强土地复垦；八是加强企业文化，确保安全生产；九是承担社会责任，建设和谐矿区；十是坚持以人为本与文明建设。

《全国矿产资源规划（2008—2015 年）》提出发展绿色矿业的明确要求，国土资源部制定了《国家级绿色矿山基本条件》，对绿色矿山的基本条件进行了规定：依法办矿、规范管理、综合利用、技术创新、节能减排、环境保护、土地复垦、社区和谐、企业文化。

2009 年，为全面落实全国矿产资源规划，做好绿色矿山建设工作，推动矿业可持续健康发展，国土资源部门从积极推进绿色矿山建设试点和建立标准体系、研究出台相关鼓励支持政策两大方面、七项措施重点推进绿色矿山建设工作。

2010 年 8 月国土资源部发布《关于贯彻落实全国矿产资源规划发展绿色矿业

建设绿色矿山工作的指导意见》，提出到 2020 年，全国绿色矿山格局基本形成，大中型矿山基本达到绿色矿山标准，小型矿山企业按照绿色矿山条件严格规范管理。

2011 年确定的首批国家级绿色矿山试点单位共有 37 家，其中煤炭行业 5 家、黑色金属行业 5 家、有色金属行业 5 家、黄金行业 6 家、化工行业 7 家、建材行业 3 家。2012 年确定的第二批国家级绿色矿山试点单位共有 183 家。

截至 2014 年 4 月 10 日，成立了四批试点单位共 661 家；2014 年 8 月 7 日，中国矿业联合会发布《国家级绿色矿山试点单位验收办法（试行）》。经矿山企业自评、省级行业协会初审、中国矿业联合会抽查复核等程序，首批和第二批试点单位中分别有 35 家和 156 家通过验收。

2017 年 5 月，为全面贯彻落实新发展理念和党中央国务院决策部署，加强矿业领域生态文明建设，加快矿业转型和绿色发展，国土资源部、财政部、环境保护部、国家质检总局、银监会、证监会联合印发《关于加快建设绿色矿山的实施意见》要求，加大政策支持力度，加快绿色矿山建设进程，力争到 2020 年，形成符合生态文明建设要求的矿业发展新模式。《意见》明确了绿色矿山建设三大建设目标：一是基本形成绿色矿山建设新格局。新建矿山全部达到绿色矿山建设要求，生产矿山加快改造升级，逐步达到要求。树立千家科技引领、创新驱动型绿色矿山典范，实施百个绿色勘查项目示范，建设 50 个以上绿色矿业发展示范区，形成一批可复制、能推广的新模式、新机制、新制度。二是构建矿业发展方式转变新途径。创新资源节约集约和循环利用的产业发展新模式和矿业经济增长的新途径，加快绿色环保技术工艺装备升级换代，加大矿山生态环境治理力度，大力推进矿区土地节约集约利用和耕地保护，引导形成有效的矿业投资等。三是建立绿色矿业发展工作新机制。研究建立国家、省、市、县四级联创、企业主建、第三方评估、社会监督的绿色矿山建设工作体系，健全绿色勘查和绿色矿山建设标准体系，完善配套激励政策体系，构建绿色矿业发展长效机制。

2017 年 12 月 21 日举行的绿色矿业发展战略联盟成立大会上，我国首个绿色矿山建设全国标准——《固体矿产绿色矿山建设指南（试行）》(T/CMAS) 正式发布。本标准规定了固体矿产绿色矿山建设的基本要求，涵盖矿山建设期、运行期和关闭期全过程的建设活动，包括新建矿山、改扩建矿山及在建矿山的采矿工程、选矿工程、尾矿工程、公辅工程及其配套工程开发建设。与此前我国有关矿山建设与生产的要求相比，本标准更加突出绿色、环保、高效、和谐的理念。其中，在矿山规划阶段，本标准在要求编制矿区总体规划、矿产资源开发利用方案、矿山地质环境保护与土地复垦方案的基础上，增加了编制矿区绿色矿山发展规划的要求。在矿山开采阶段，对露天开采的，增加了剥离的地表土及第四系覆盖层应单独堆存，开挖的土石、围岩等建设期固体废物应分类处置等要求。对地下开采的，提出了优先采用充填采矿方法的要求，对共伴生矿产开采在提出综合利用、开采层序的同时，特别提出了提高煤矿瓦斯抽采利用率和先抽后掘、先抽后采的要求。在选矿回收阶段，明确提出了废水闭路循环、固体废物的安全和资源化处置等要求。在矿山环境恢复与治理中，增加了矿区废气及噪声排放控制的要求。本标准还对矿山企业的科技创新投入提出了要求，即鼓励结合矿山核心主业，建立产学研科技创新平台，培育创新团队，矿山的研究开发资金投入不低于上年度主营业务收入的1%。

各地也积极进行了绿色矿山建设。

河北省绿色矿山建设始于2002年，制订2004~2010年规划方案和标准，建立矿山环境治理保证金制度，编著《河北绿色矿山》《河北地质环境保护与治理》专著和图片集。2018年，为推进河北绿色矿山建设工作，依据《国土资源部关于贯彻落实全国矿产资源规划发展绿色矿业建设绿色矿山工作的指导意见》(国土资发〔2010〕119号)，结合本省实际，制定发布了《河北省绿色矿山建设工作实施意见》。

黑龙江绿色矿山建设始于2004年，全面实行矿山生态环境准入制、矿山地质环境保证金制、环境影响评价和危险性评估管理制三项制度，进而把矿山地质环境保护纳入矿产资源开采计划、方案之中，建立地质环境保护计划、实施方案和年度恢复目标，提高采矿企业环境保护意识，遏制以牺牲生态环境为代价进行矿产资源开发的行为。2018年，出台了《黑龙江省绿色矿山建设工作方案》，明确进入国家级绿色矿山名录的企业可享受相关政策优惠；明确要保障绿色矿山建设用地，实行矿产资源支持政策；加大财政政策支持力度，创新绿色金融扶持政策，推动符合条件的绿色矿山企业在境内中小板、创业板和主板上市以及到"新三板"和区域股权市场挂牌融资。

2018年重庆市发布了《重庆市绿色矿山建设标准》。该标准规定了重庆市绿色矿山建设基本条件和矿区环境、资源开发方式、资源综合利用、节能减排、科技创新与数字化矿山、企业管理与企业形象的要求。

2018年内蒙古自治区国土资源厅下发了《内蒙古自治区绿色矿山建设要求》，分别提出了有色行业、煤炭、冶金、化工、黄金、非金属、普通建筑用沙、地热及矿泉水八类矿山的绿色矿山建设基本条件、矿区环境、矿山开发利用及环境保护、资源综合利用及节能减排、矿山创新建设、矿山管理及企业形象六个方面的具体要求。

从 2005 年浙江省在全国率先启动创建绿色矿山的试点以来，已经先后制定了《浙江省绿色矿山创建指南》《浙江省省级绿色矿山创建管理暂行办法》等有关绿色矿山的文件。为扎实推进全省绿色矿山创建工作，省国土资源厅出台了全省绿色矿山考核指标。2008 年建成 10 家省级绿色矿山，2010 年建成 150 座绿色矿山。2018 年，浙江省国土资源厅等六部门提出全面深化绿色矿山建设体制机制改革，加快构建"政府引导、企业主体，标准领跑、政策扶持，创新机制、强化监管，落实责任、激发活力"的绿色矿山建设新体系，全力打造浙江绿色矿山建设升级版。

江苏省依据江苏省地质调查研究院和金坛市国土资源局联合进行"绿色矿山建设考评指标研究"项目，在分析江苏省典型矿山的基础上，提出绿色矿山建设的基本条件、标准和考评指标体系。

## 1.3 我国矿产资源储备状况

矿业是国民经济的支柱产业之一，要认识矿业，首先要明确矿业的生产及加工对象，即矿产资源。矿产资源是指由地质作用形成并天然赋存于地壳或地表的固态、液态或气态的物质，它是具有经济价值或潜在经济价值的有用岩石、矿物或元素的聚集物。

矿产资源按照其用途分为能源矿产和原料矿产两大类。能源矿产包括煤、石油、天然气等；原料矿产又分为金属矿产与非金属矿产等。金属矿产包括黑色金属矿产(如铁，锰、铬、钒等)和有色金属矿产(如铜、铝、铅、锌等)；非金属矿产包括建筑材料(如云母、石棉等)、化工原料(如硫铁矿、磷等)及其他材料(如石灰石、白云石等)。矿产资源的基本特征包括产出天然性、经济效用性、资源相对性、效用基础性、不可再生性、分布地域性、储量耗竭性、供给稀缺性、赋存差异性。

矿产资源的不可再生性、储量耗竭性、供给稀缺性与人类对矿产资源的需求的无限性形成尖锐的矛盾。任何国家的经济发展都高度依赖矿产资源，所以，矿产资源的可持续发展，对国家经济具有举足轻重的作用。

当前，我国已进入工业化快速增长时期，许多矿产资源的消费速度正在接近或超过国民经济的发展速度。矿产资源的供需矛盾日益尖锐，表现为储量增长赶不上产量增长，产量增长赶不上消费增长，一些重要矿产进口量激增，现有矿产资源储量的保证度急降。据经济学家们的研究发现，在人均国民生产总值处于1000~2000 美元时，国家对矿产资源的使用强度最大，这实际上相当于工业化中期阶段，而我国在今后的 20~30 年正处于工业化中期阶段，对矿产资源的使用强度将进入高峰期。可以预计，未来 30 年我国矿产资源消费需求仍将成倍数增长，中国将成为许多矿产资源的第一消费大国。

21 世纪，中国的高速工业化、城市化、人口增长、科技发展，对矿产资源的需求巨大。我国能源矿产中煤炭资源非常丰富，居世界第三位，但石油缺口较大，保证度不足，金属矿产资源状况与能源矿产不同，其基本状况如下。

（1）矿产资源总量丰富，但人均拥有量相对不足。中国是世界上少有的几个资源总量大、矿种配套程度较高的资源大国。我国已经发现 171 种矿产，探明储量的矿产有 156 种，矿产资源总量约占世界的 12%，居世界第三位，但因国家人口基数大，人均仅为世界平均资源量的 58%。对科技、国防十分重要的有色金属也只有世界人均占有量的 52%。我国大部分支柱性矿产的人均占有量都很低，所以说中国是个资源相对贫乏的国家。

（2）用量较少的矿产资源丰富，而大宗矿产储量相对不足。我国经济建设用量不大的部分矿产，如钨、锡、钼、锑、稀土等的探明储量居世界前列，在世界上具有较强竞争力。如我国钨矿保有储量是国外钨矿总储量的 3 倍左右；稀土资源更丰高，仅内蒙古白云鄂博的储量就相当于国外稀土储量的 4 倍。然而我国需求量大的铁、铜和铝土矿的保有储量占世界总量的比例则很低，分别只有 8.0%、4.92% 和 1.44%；铅、锌、镍等其他有色金属的人均拥有量也明显低于世界人均拥有量。

（3）贫矿多，富矿少，开发利用难度大。我国铁矿的探明储量 200 多亿 t，但 97.5% 的是含铁品位仅为 33% 左右、难以直接利用的贫矿，含铁平均品位为 55% 左右，能直接入高炉的富铁矿只有 2.5%；我国铜矿储量居世界第 6 位，但平均品位只有 0.87%，其中品位在 1% 以上和 2% 以上的铜矿，分别占铜总资源储量的 35.9% 和 4.0%，而大于 200 万 t 以上的大型铜矿床的品位基本上都低于 1%；铝土矿几乎全部为难选冶的水硬铝石型。贫矿多就加大了矿山建设投资和生产成本。

（4）中小型矿床多，超大型矿床少，矿山规模偏小。我国储量大于 10 亿 t 的特大型铁矿床只有 9 处，而小于 1 亿 t 的有 500 多处；有色金属矿床的规模也都偏小，我国迄今发现的铜矿产地 900 多处，其中大型矿床仅占 2.7%，中型矿床

8.9%，小型矿床达88.4%。我国目前已开采的320多个铜矿区累计年产铜精矿（含铜量）只有43.64万t。而智利的丘基卡玛塔一个矿山每年金属铜产量就达66万t。在总体上，我国小型地下矿山多，大型露天矿山少。

（5）共生伴生矿多，单矿种矿床少，利用成本高。我国80多种金属和非金属矿产中，都有共生、伴生有用元素，其中尤以铝、铜、铅、锌等有色金属矿产为甚。我国铜矿床中，单一型占27.1%，而综合型占72.9%；以共（伴）生矿产出的汞、锑、钼资源储量，分别占到各自总资源储量的20%~33%；我国有1/3的铁矿床含有共（伴）生组分，主要有钛、钒、铜、铅、锌、钨、锡、钼、金、钴、镍、稀土等30余种。虽然共（伴）生元素多，可以提高矿山的综合经济效益，但由于矿石组分复杂，选矿难度大，也加大了矿山的建设投资和生产成本。

（6）金属矿产资源的区域分布相对不均。铁矿主要分布在辽、川、鄂、冀、蒙等地，占全国储量60%以上；铜矿主要分布在赣、皖、滇、晋、鄂、甘、藏等地，合计占全国储量80%以上；铝土主要分布在晋、贵、豫、桂四省区，占全国储量90%以上；铅、锌主要分布在粤、甘、滇、湘、桂等省区，占全国储量65%左右；钨主要分布在赣、湘以及粤、桂等省区，合计占全国储量80%以上；锡等优势矿产主要分布在赣、湘、桂、滇等南方省区。

综观我国金属矿产资源现状、供需情况、矿产资源勘查与开采情况，我国矿产资源形势可概括为：资源矿种较齐全、总量较丰富、人均占有量少、找矿潜力大；重要大宗矿产（如石油、富铁、铜、锰、铬、钾盐）国内供应缺口大，某些有色、稀有金属（如钨、锡、铋、钼、锑、锂、铯等）、稀土、非金属矿产（如菱镁石、石墨、滑石、重晶石、石膏、芒硝、萤石等）及煤具有资源优势。未来20年，我国经济与社会快速发展，矿产资源需求将成倍增长，金属矿产资源形势将十分严峻。

我国各种矿产的储量多寡悬殊，显现出我国矿产资源的重要特点，就是用量少的金属矿产人均资源量大，而大宗金属矿产人均资源量小。而对我国未来经济的可持续发展，大宗金属矿产资源可供储量并不乐观，其保证程度相对较低。

# 1.4　我国矿产资源开采状况

## 1.4.1　资源严重浪费

我国是矿业大国，经济发展及社会进步在很大程度上依赖于矿产资源的开发利用。目前我国对于矿产资源开采采取"先大后小，先高后低"的原则，即先开采资源储量较丰富的区域，然后开采可采量较小的区域；先开采高品位的矿产资源，再开采低品位的矿产资源。我国对于矿产资源的开发、利用、保护、管理还未形成统一模式，主要表现为：

（1）矿产资源仍处于零星、小规模开发，而未形成规模化、集成化的开发。

（2）由于受计划经济的影响，矿业企业对于资源无节制利用，造成资源消耗过多过快。

（3）高品位的矿产资源不断减少，低品位的矿产资源不断纳入开采行列，开采矿产资源的品位逐渐降低，对资源种类、品位、数量未及时采取保护措施，直接加快了资源的消耗速度。

## 1.4.2　生态环境严重破坏

矿区进行采矿活动时没有同时采取措施保护生态环境，大气、河流、土壤等被污染后才进行补救的开发利用模式。矿山开采对生态环境的破坏主要表现在五个方面：

（1）土地资源的压占与破坏。采矿剥离物、废石、矿渣、粉煤灰等固体废弃物的大量堆积，不仅污染环境，而且压占土地(其中包括耕地，对农田造成一定程度的影响)。据官方机构估算，目前我国因矿产资源开发等生产建设活动，挖损、塌陷、压占等各种人为因素造成的破坏废弃的土地约达两亿亩，约占中国耕地总面积的10%以上，而全国土地复垦率仅为15%左右。

（2）水资源污染。一是废水未经处理直接排放至河流、湖泊中导致水体污染，不仅对水中生物的生存构成威胁，而且增加了矿区居民对于饮用水的担忧；二是废水流入地表和地下后，其中的重金属污染土壤、植被，破坏整个矿区的生态平衡，农田遭到污染后农作物减产，造成巨大的经济效益损失；三是不经处理的废水无法回收进行循环利用，造成水资源浪费，降低水资源利用率，直接加剧水资源短缺的矛盾。

（3）大气资源污染。一是废气的大量排放严重污染大气环境，环境的改变造成动植物生活习性的变化；二是粉尘、$CO$、$NO_x$的过多吸入危害矿区居民和牲畜的健康；三是炸药用量过多将增加事故的发生，极大威胁矿工的生命安全。

（4）生态植被破坏。矿产资源开采对土地、水资源、大气资源等造成一定程度的破坏，改变动植物的生长环境，对地区生物多样性和生态平衡产生威胁。

（5）诱发地质灾害。由矿山开采引发的地面塌陷、地裂缝、泥石流、滑坡、山体崩塌等自然灾害屡屡发生，发生频率随着开采规模的扩大、强度的加大而加大，造成人员生命健康及财产损失，对矿区经济、社会、环境效益产生巨大威胁。

### 1.4.3 矿产资源开采安全面临威胁

资源安全是一个国家或地区可持续、稳定、及时、足量和经济地获取所需资源及其产品的保证，是经济、社会可持续发展的重要保障。随着全球经济一体化时代的到来，我国目前正处于工业化、城镇化快速发展的时期，对矿产资源的需求呈现日益上升的趋势。由此导致矿产资源开采规模不断加大，无序开采，资源严重浪费，以致高品位矿产资源储量日益减少，低品位矿产资源开采不断被纳入资源开采行列中，呈现富矿、贫矿均快速减少的局面。大部分矿区缺乏开采规划和开采控制，采矿点呈现"多、小、散、乱"的特点。乱采乱挖现象严重，不利于资源规模化生产、集约化开发利用，矿产资源开采安全面临威胁。

# 第2章　绿色矿山评价建设的理论基础

## 2.1　绿色经济理论

绿色经济是在集约经济提出后的一种形象化的说法，意指保护绿色。集约经济是高密度地投入自然资源、高度地利用自然资源的经济。在高密度地投入自然资源与高度利用资源之间，高度利用自然资源是重要的，而对自然资源的高度利用就是循环利用。因此，集约经济的实质也是循环利用自然资源的经济。绿色经济是用自然界植被的绿色循环把循环经济形象化。绿色经济又叫环保经济，主要指防治污染，使过去传统工业化的经济与自然界的循环相协调。

绿色经济是针对全球经济快速增长与环境日益恶化矛盾突出而提出的一种新经济形态，是以维护人类生存环境、合理保护资源与能源、有益于人体健康为特征的经济。其核心内容是："经济与环境的协调统一，追求效率最大化，把高层次的社会进步作为努力的目标，坚持以人为本"。绿色经济包含着环境友好型经济、资源节约型经济、循环经济的取向和特征。绿色经济指能够遵循"开发需求、降低成本、加大动力、协调一致、宏观有控"五项准则，并且得以可持续发展的经济。2011年中国绿色发展指数报告对中国的绿色经济发展作了高度地综合评价，对中国理性的发展和转变经济发展模式有很大的作用。

按照"减量化（Reduce）、再利用（Reuse）、再循环（Recycle）、再组织（Reorganize）和再思考（Rethink）"的绿色经济"5R"原则，实现环境友好的矿产资源开发模式，推行绿色开采，减少浪费，充分利用一切资源，并且从源头上降低对生态环境的破坏是绿色矿山建设的必由之路。

对于我国矿山企业来说，绿色经济是加速矿业发展的关键。过去传统矿业是以破坏环境来换取经济的发展，以破坏生态平衡、大量消耗能源与资源、损害人体健康为特征及损耗式经济，现在必须转变为以生态建设为主。而且从广义资源角度来看，地下埋藏的气体、液体、固体矿产都是该矿区应该开采的对象，绿色开采就是要充分挖掘一切可以利用的资源。如煤炭开采过程中，原有的开采理念是瓦斯、地下水、煤矸石等都是有害物质，但绿色矿山要求尽可能利用这些资源，减少资源的浪费，降低对于生态环境的破坏。与此同时，要从源头上采取措施减轻开采对环境的破坏。从开采的角度采取措施，从源头消除或减少采矿对环境的破坏，而不是允许破坏后治理，这样才符合绿色经济的原则。

加快绿色矿山建设发展的意义重大，必须大力促进绿色矿山建设全面发展，进而促进以山清水秀、环境优美、资源丰富为标志的绿色经济。绿色经济则是以维护人类生存环境、合理保护资源与能源、有益于人体健康为特征的经济，是一种平衡式经济。

# 2.2 循环经济理论

## 2.2.1 循环经济的发展

人类在发展过程中，越来越感到自然资源并非取之不尽、用之不竭，生态环境的承载能力也不是无限的。人类社会要不断前进，经济要持续发展，客观上要求转变增长方式，探索新的发展模式，减少对自然资源的消耗和生态系统的破坏。在这种情况下，循环经济理念便应运而生。

循环经济的产生，是人类对人与自然关系深刻反思的结果，是人类社会发展的必然选择。循环经济理念的研究，大体经历了绿色经济、清洁生产和生态经济三个阶段。循环经济是一种生态型的闭环经济，形成资源利用的合理的封闭循环。循环经济的环式生产模式如图 2.1 所示。

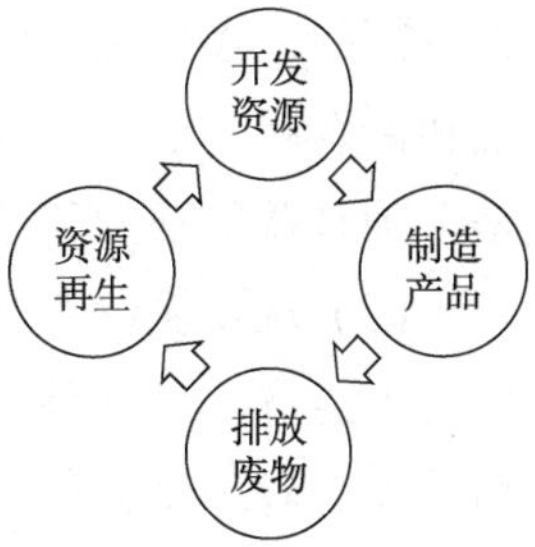

在这种循环经济的指导思想下，联合国环境规划署的工业发展局于 20 世纪 70 年代末，总结美国的福特汽车公司等世界工业清洁生产的经验，提出著名的减量化、再使用和再循环三原则，后来在不少国家的工业生产中采用。

图 2.1　循环经济的环式生产模式

（1）资源利用的减量化（reduce）原则。在生产投入端实施资源利用的减量化，主要通过改进设计和综合利用，尽可能节约自然资源。

（2）产品生产的再使用（reuse）原则。它与后工业社会一次性产品推广相反，循环经济强调在保证服务的前提下，产品在尽可能多的场合下，使用尽可能长的时间而不废弃。

（3）废弃物的再循环（recycle）原则。它是指在材料选取、产品设计、工艺流程、产品使用到废弃物处理的全过程，实行清洁生产，最大限度地减少废弃物排放，力争做到排放的无害化和资源化，实现再循环。

以上三原则又称为 3R 原则。3R 原则只是一个清洁生产的原则，包括部分消费行为。3R 原则并没有包括资源配置、产品生产、社会分配和公众消费的整个经济过程。但是，生产是经济最重要的部分，意义重大。最重要的是通过 3R 原则使生产系统成为生态系统良性循环的一部分。

2005 年 3 月在阿拉伯联合酋长国举行的"世界思想者节日论坛"上，规范了循环经济的理念。我国专家吴季松教授提出了 5R［即再思考（rethink）、减量化（reduce）、再使用（reuse）、再循环（recycle）和再修复（repair）］的循环经济新思想。新循环经济学 5R 理论是对循环经济和清洁生产的全面创新。

循环经济的观点一经提出，立即受到了全世界专家学者和各国政要的看重。20 世纪 90 年代后期，循环经济的概念被引入中国，并很快得到重视。关于循环经济的概念，代表性的阐述有以下几种：

（1）从物质流动的角度界定。从物质流动的方向看，传统工业的经济是"资源—产品—污染排放"的单向流线型过程。其基本特征表现为"高消耗、高污染、低效率"。循环经济的增长模式是"资源—产品—废弃物—再生资源"的物质反复循环流动过程，实现"低开采、高利用、低排放"，提高了资源利用率、经济运行质量和效益。

（2）从环境保护的角度界定。循环经济是以物质、能源梯次和闭路循环使用为特征的，在环境方面表现为污染低排放，甚至污染零排放。倡导实现经济和环境和谐发展，最终实现经济和环境"双赢"的最佳发展。循环经济的根本任务就是保护日益稀缺的环境资源，提高环境资源的配置效率。

（3）从资源综合利用的角度界定。是指通过废弃物或废旧物质的循环再生利用发展经济，目标是使生产和消费中投入的自然资源最少，向环境中排放的废弃物最少，对环境的危害或破坏最小，即实现"低投入、高效率和低排放"的经济发展。循环经济的核心是废旧物资回收和资源综合利用，但又不完全相同。

（4）从经济增长模式的角度界定。循环经济是一种新的经济增长方式，认为它是在生态环境成为经济增长制约要素、良好的生态环境成为一种公共物品后的新经济形态。这个观点特别强调，资源消耗的减量化、再利用化和再生化都是循环经济的目的，其本质是对人类生产关系进行调整，目标是追求可持续发展。

（5）从生态学角度界定。循环经济要求遵循生态学规律，运用生态学规律来指导人类社会的经济活动，把清洁生产、资源循环利用、生态设计和可持续消费等融为一体，合理利用自然资源和环境容量，在物质不断循环的基础上发展经济，使经济系统和谐地纳入自然系统的物质循环过程中，因此，本质上是一种生态经济，是实施可持续发展的必然选择和重要保证。

（6）从系统发展经济学角度界定。循环经济是把企业生产经营、原料供应、市场消费以及相关面组成生态化的链式经济体，建立一个闭环的物质循环和经济发展系统。循环经济发展思路不仅体现在工业、农业、商业等生产和消费领域，还可体现在人口控制、城市建设、防灾抗灾等社会管理领域，最终实现社会的可持续发展。

综上所述，循环经济是对物质循环流动型经济的简称，是一种新的经济形态和经济发展模式。循环经济要求遵循生态学规律，充分考虑自然生态系统的承载能力，通过自然资源的低投入高利用和废弃物物的低排放，便于利用资源和保护环境，以尽可能小的资源消耗和环境成本，获得尽可能大的经济效益和社会效益。循环经济倡导的是一种与环境和谐的经济发展模式，要求对污染和废物产生的源头预防和全过程治理，把清洁生产、资源综合利用、生态设计和可持续消费等融为一体，从根本上消解长期以来环境与经济发展的矛盾，使经济系统和谐地纳入自然生态系统的物质循环过程，从而实现经济、资源、环境的协调持续发展。概括地说，循环经济是资源—产品—废弃物—再生资源的物质反复循环流动过程，是以实现可持续发展为目标，以协调人与自然关系为准则，以资源的高效利用和循环利用为核心，以"减量化、再利用、资源化"为原则，以低消耗、低排放、高效率为基本特征的经济增长模式。循环经济本质上是一种生态型的闭环经济，是对"大量生产、大量消费、大量废弃"的传统增长模式的根本变革。21世纪初，全球环境基金会议上提出："只有走以最有效利用资源和保护环境为基础的循环经济之路，可持续发展才能得到最终实现。"

## 2.2.2 循环经济的内涵及特征

循环经济内涵的基本点是：①封闭型物质、能量循环的网状经济；②资源循环利用科学经营管理，低开采、高利用；③废物零排放或低排放，对环境友好；④追求经济利益、环境利益与社会利益的统一；⑤经济增长方式为内涵型发展；⑥环境治理方式为源头预防，全过程控制；⑦支持理论为生态系统理论、工业生态学理论等；⑧评价指标为绿色核算体系。

循环经济的主要特征可归纳如下。

（1）物质流动多重循环性。循环经济的经济活动按自然生态系统的运行规律和模式、组织成为一个"资源—产品—再生资源"的物质反复循环流动的过程，最大限度地追求废弃物的零排放。循环经济的核心是物和能的闭环流动。

（2）科学技术先导性。循环经济的实现是以科技进步为先决条件的。依靠科技进步，积极采用无害或低害新工艺、新技术，大力降低原材料和能源的消耗，实现少投入、高产出、低污染。对污染控制的技术思路不再是末端治理，而是采用先进技术实施全过程的控制。

（3）生态、经济、社会效益的协调统一性。循环经济把经济发展建立在自然生态规律的基础上，在利用物质和能量的过程中，向自然界索取的资源最小化，向社会提供的效用最大化，向生态环境排放的废弃物趋零化，使生态效益—经济效益—社会效益达到协调统一。

（4）清洁生产的导引性。清洁生产是循环经济在企业层面的主要表现形式，生产全过程污染控制的核心，就是把环境保护策略应用于产品的设计、生产和服务中，通过改善产品设计的工艺流程，尽可能不产生有害的中间产物，同时实现废物(或排放物)的内部循环，以达到污染最小化及节约资源的目的。

（5）全社会参与性。推行循环经济是集经济、科技与社会于一体的系统工程，它需要建立一套完备的办事规则和操作规程，并有督促其实施的管理机制。要使循环经济得到发展，光靠企业的努力是不够的，还需要政府的财力和政策支持，需要消费者的理解和支持，才能使经济社会整体利益最大化。

## 2.2.3 矿业循环经济

矿业循环经济是指地球上的矿产品遵循矿产物质的自身特征和自然生态规律，按其勘查、采选冶生产、深加工、消费等过程构成闭环物质流动，与之依存的能量流、信息流内在叠加，达到与全球环境、社会进步等和谐发展的一个经济系统。其核心是矿产资源的综合利用。矿业循环经济是人类经济系统的基础，对人类的经济发展和环境变化有重大的影响力，而其本身发展又受到科学技术水平、人类认识水平的制约。

矿业循环经济与传统的矿业经济有着本质区别。传统的矿业经济基本上是一种"矿产勘查—矿产品—污染排放"的简单流动的线性经济，传统矿业经济以高开采、低利用、高排放(二高一低)为特征，系统内物质流叠加很少，造成出入系统的物质流远远大于内部相互交流的物质流；产品生产链较短，表现为加工多，精产品少，矿产资源利用率低，粗加工产品长距离运输等。矿产品开采加工的同时，还伴随着土地塌陷、水资源的破坏等不少环境问题，有些难以治理。

矿业循环经济是一种"矿产勘查—矿产资源—产品—再生矿产资源—最终排放"的反馈式流程，所有的矿物质和能源在这个不断进行的经济循环中得到合理和持久的利用，从而减少对矿产资源的消耗，把矿产活动对自然环境的影响降低到尽可能少的方式进行矿物质交换，以最大限度地利用进入系统内的矿物和能量。从而，产品产业链得以延长，产品质量提高，使用寿命增长，矿物质的综合回收率大大提高，可以从根本上消解资源、环境与发展之间的尖锐冲突。

资源循环利用是循环经济的核心内涵。循环经济的中心含义是"循环"，强调资源在利用过程中的循环，其目的是既实现环境友好，又保护经济的良性循环与发展。"循环"是指经济赖以生存的物质基础——资源在国民经济再生产体系中各个环节的不断循环利用（包括消费与使用）。资源循环利用是指自然资源的合理开发；能源、原材料在生产加工过程中通过适当的先进技术尽量将其加工为环境友好的产品并且实现现场回用（不断回用）；在流通和消费过程中的最终产品的理性消费；最后又回到生产加工过程中的资源回用，实现以上环节的反复循环。

目前，我国金属矿产资源的利用水平仍然很低，资源开发仍然处于粗放生产模式，矿产资源的总回收率约30%，比世界平均低20%。除此以外，还有许多宝贵资源，如：尾矿、废石、表外矿、贫矿、境界外矿、"呆矿"、多金属共（伴）生矿、高炉冶炼渣等资源，没有得到很好利用，资源大量浪费。

矿业发展带来的环境问题日益突出。我国矿产开发总体规模已居世界第三位，开采矿石50.21亿t，为世界矿业大国。然而，矿业的发展过程中，付出的环境代价沉重。据统计，全国因采矿引起的地面塌陷面积8.7万亩；因采矿造成的废水、废液排放量占工业排放总量的10%以上；金属矿山堆积尾矿达50亿t，并以每年2亿~3亿t的速度递增；就年产2.6亿t铁矿而言，年产出尾矿达1.5亿~2.0亿t。矿山产生固体废物量为全国新增量50%以上。

我国矿产资源消耗与经济效益的反差很大。2003年我国消耗全球31%的原煤、27%的钢材、29%的铜，而仅创造出全球GDP的4%。资源与效益的强烈反差再次提出警示，必须尽快遏止和扭转目前矿产资源"大开采、低利用、高排放"的局面。按照循环经济原则改造提升矿业，全面转变经济增长方式，已成为发展矿业的紧迫任务。

矿业在国民经济中占有重要地位，是整个工业体系的基础和先导。矿产开采、选矿和冶炼既处于矿产资源利用循环的输入端，又是排放废物的大户，因此改造矿业的末端治理的经济模式，提高资源利用率，将矿业纳入我国循环经

济体系，具有至关重要的意义。

为了保护矿产资源，维持生态平衡，实现矿业良性循环，必须高度重视矿产资源循环利用。充分合理地开发利用矿产资源，不仅要靠增加资源开采数量实现，主要还要靠提高资源的综合利用水平来实现。首先，要利用好原矿资源，提高矿产资源综合回采率，抑制当前的过快储量消耗。其次，要推进共伴生矿产资源的综合利用，提高资源保障能力；最后，要充分利用矿山尾矿、废石及矿业及相关产业废物(废渣、废气、废水)，增加资源供给，减少环境污染。

## 2.3　可持续发展理论

### 2.3.1　可持续发展的概念

可持续发展是科学发展观的基本要求之一，是关于自然、科学技术、经济、社会协调发展的理论和战略。可持续发展最早出现于 1980 年国际自然保护同盟的《世界自然资源保护大纲》："必须研究自然的、社会的、生态的、经济的以及利用自然资源过程中的基本关系，以确保全球的可持续发展。"1981 年，美国布朗(Lester R. Brown)出版《建设一个可持续发展的社会》，提出以控制人口增长、保护资源基础和开发再生能源来实现可持续发展。1987 年，世界环境与发展委员会出版《我们共同的未来》报告，将可持续发展定义为："既能满足当代人的需要，又不对后代人满足其需要的能力构成危害的发展。"它系统阐述了可持续发展的思想。1992 年 6 月，联合国在里约热内卢召开的"环境与发展大会"，通过了以可持续发展为核心的《里约环境与发展宣言》《21 世纪议程》等文件。随后，中国政府编制了《中国 21 世纪人口、资源、环境与发展白皮书》，首次把可持续发展战略纳入我国经济和社会发展的长远规划。1997 年的中共十五大把可持续发展战略确定为我国"现代化建设中必须实施"的战略。2002 年中共十六大把"可持续发展能力不断增强"作为全面建设小康社会的目标之一。由此可见，可持续发展的思想从产生到形成理论体系经历了一个不断完善的过程，在其形成发展的过程中，不同的人们从不同的角度给予它以不同的概念。

### 2.3.2　可持续发展的内涵

可持续发展的含义丰富，涉及面很广。侧重于生态的可持续发展，其含义强调的是资源的开发利用不能超过生态系统的承受能力，保持生态系统的可持续性；侧重于经济的可持续发展，其含义则强调经济发展的合理性和可持续性；侧重于社会可持续发展，其含义则包含了政治、经济、社会的各个方面，是个广义的可持续发展含义。尽管其定义不同，表达各异，但其理念得到全球范围的共识，其内涵都包括了一些共同的基本原则。

（1）公平性原则。可持续发展是一种机会、利益均等的发展。它既包括同代内区际间的均衡发展，即一个地区的发展不应以损害其他地区的发展为代价；也包括代际间的均衡发展，即既满足当代人的需要，又不损害后代的发展能力。该原则认为人类各代都处在同一生存空间，他们对这一空间中的自然资源和社会财富拥有同等享用权，他们应该拥有同等的生存权。因此，可持续发展把消除贫困作为重要问题提了出来，要予以优先解决，要给各国、各地区的人、世世代代的人以平等的发展权。

（2）持续性原则。人类经济和社会的发展不能超越资源和环境的承载能力。即在满足需要的同时必须有限制因素，即发展的概念中包含着制约的因素；在"发展"的概念中还包含着制约因素，因此，在满足人类需要的过程中，必然有限制因素的存在。主要限制因素有人口数量、环境、资源，以及技术状况和社会组织对环境满足眼前和将来需要能力施加的限制。最主要的限制因素是人类赖以生存的物质基础——自然资源与环境。因此，持续性原则的核心是人类的经济和社会发展不能超越资源与环境的承载能力，从而真正将人类的当前利益与长远利益有机结合。

（3）共同性原则。各国可持续发展的模式虽然不同，但公平性和持续性原则是共同的。地球的整体性和相互依存性决定全球必须联合起来，认知我们的家园。

可持续发展是超越文化与历史的障碍来看待全球问题的。它所讨论的问题是关系到全人类的问题，所要达到的目标是全人类的共同目标。虽然国情不同，实现可持续发展的具体模式不可能是唯一的，但是无论富国还是贫国，公平性原则、协调性原则、持续性原则是共同的，各个国家要实现可持续发展都需要适当调整其国内和国际政策。只有全人类共同努力，才能实现可持续发展的总目标，从而将人类的局部利益与整体利益结合起来。

### 2.3.3 矿产资源的可持续发展

在1997年的中共"十五大"把可持续发展确定为我国"现代化建设中必须实施"的重要战略之一。针对我国矿山开采规模及开采强度在不断扩大，从而产生的生态环境问题越来越明显，危害越来越突出，造成的损失和负面影响越来越严重，逐渐成为国家和民众关注和忧虑的热点问题，可持续发展理念的实践运用，能够很好地解决现今矿产资源凸显的问题。可持续发展对于矿产资源来说其发展涉及社会、生态、经济三大块内容，"既要为当代发展着想，更要为子孙后代着想"，实现矿产资源开发的"代际公平"，是矿产资源开发可持续发展的核心内涵。这一发展理念应贯穿于从勘探、矿山建设、生产以及矿山闭坑后进行复垦的全过程。从某种意义上讲，矿产资源开发的可持续发展，包含了绿色经济和循环经济的全部内涵，但三者之间又相辅相成，相互补充说明，形成一个完整的知识体系，更好地用于绿色矿山建设评价指标构成的研究。从可持续发展视角去评价绿色矿山建设，不仅包括矿产资源与生态环境的问题，还包括了社会服务、管理方面等内容，全面地考虑了矿产资源开发与利用过程中影响人与自然和谐共处的各种因素，从而建立起完整的绿色矿山建设评价。建设绿色矿山不仅是治理保护矿区生态环境，还要促使矿业可持续发展，最终达到社会经济又快又好的发展，因此利用可持续发展理念内容来促进建设绿色矿山，打造绿色矿山，实现矿业可持续发展，对于绿色矿山建设全面发展具有十分重要的理论指导作用。

目前，国内金属矿产资源后备储量正处于危机状态，为了保障我国经济发展第三步战略目标的顺利实现，当务之急就是要进一步推进体制改革，按照市场需求和规划要求，有效有序地增加矿产资源的后备储量与资源量，并充分利用国外矿产资源。要实现金属矿产资源的可持续发展，必须采取适合国情的行之有效的政策与措施。比如加强国内金属矿产勘查，增加财政投入；培育及完善矿业市场，建立矿产勘查风险基金；充分利用国外资源，吸引外资投入矿业市场；寻找新型矿产资源，开发利用替代金属矿产原料等。

## 2.4 资源禀赋理论

赫克歇尔-俄林模型又称资源禀赋理论，简称：H-O 理论、H-O 模型。资源禀赋理论的关键假定包括：第一，两国的生产技术是相同的——也即劳动生产率没有差异，而且生产的规模报酬不变；第二，各个市场都是完全竞争的；第三，各国的各生产要素都是充分利用的；第四，各国有着相同或相似的偏好；第五，生产要素在一国内部可以自由流动，但是在两国之间完全不能流动。

埃里·赫克歇尔和波尔特尔·俄林的资源禀赋理论被称为新古典贸易理论，其理论模型即 H-O 模型。在赫克歇尔和俄林看来，现实生产中投入的生产要素不只是一种劳动力，而是多种。而投入两种生产要素则是生产过程中的基本条件。根据生产要素禀赋理论，在各国生产同一种产品的技术水平相同的情况下，两国生产同一产品的价格差别来自产品的成本差别，这种成本差别来自生产过程中所使用的生产要素的价格差别，这种生产要素的价格差别则取决于各国各种生产要素的相对丰裕程度，即相对禀赋差异，由此产生的价格差异导致了国际贸易和国际分工。这种理论观点也被称为狭义的生产要素禀赋论。

广义的生产要素禀赋理论指出，当国际贸易使参加贸易的国家在商品的市场价格、生产商品的生产要素的价格相等的情况下，以及在生产要素价格均等的前提下，两国生产同一产品的技术水平相等(或生产同一产品的技术密集度相同)的情况下，国际贸易取决于各国生产要素的禀赋，各国的生产结构表现为每个国家专门生产密集使用本国具有相对禀赋优势的生产要素的商品。生产要素禀赋论假定，生产要素在各部门转移时，增加生产的某种产品的机会成本保持不变。

新古典的 H-O 要素禀赋理论，从要素禀赋结构差异以及由这种差异所导致的要素相对价格在国际间的差异方面来寻找国际贸易发生的原因，克服了李嘉图模型中关于一种生产要素投入假定的局限，取得了相当的成功。新古典的 H-O 定理仍然建立在一系列的假定条件之上。要素禀赋：一国所拥有的两种生产要素的相对比例。这是一个相对的概念，与生产要素的绝对数量无关。

资源禀赋是绿色矿山建设顺利进行的形成物质基础和前提条件，对地区经济发展起着重要的作用。储量和品位是影响资源禀赋最基本的因素。储量方面，随着经济的发展，人民日益增长的物质文化需要不断增加，致使矿产资源不断进行开发利用，消耗量日益上升，可采资源储量日渐减少。为保证资源可采储量，实现绿色矿山的可持续发展，一方面应加大地质勘查力度，发现更多矿产地，另一方面对矿产资源进行节约集约化利用，通过循环经济发挥资源利用最大效益。品位方面，随着高品位资源的不断开采，低品位资源不断纳入开采行列，质量因素在矿产品比较优势中发挥着越来越重要的作用，区域矿产品质量的高低直接决定了其在市场竞争中的地位。

## 2.5　增长极理论

"增长极"概念最初是由法国经济学家弗朗索瓦·佩鲁(F. Perroux)在《增长极概念的解释》中正式提出。佩鲁认为，经济的增长不可能同时出现在所有的区域、部门、厂商，它将以不同的强度进行分散分布，在某一特定的经济空间内总会存在着若干经济中心或增长极点，它会产生于类似刺激作用的"磁力场"，呈现出"极化效应"，增长极、点快速发展之后，会通过不同的渠道向外扩散，产生"扩散效应"，对整个经济产生不同的终极影响。20 世纪 60 年代初，罗德文（Rodwin）将佩鲁的增长"极"仅为"厂商"或"工厂"的范畴扩展至抽象空间，布代维尔又将其扩展至地理空间，对增长极理论进行了补充和完善（陈秀山，石碧华，2000）。之后，瑞典经济学家缪尔达尔（G. Myrdal）与美国经济学家赫希曼（A. Hischman）也分别在批评平衡发展理论的同时，进一步丰富和发展了增长极理论，分别提出了循环累积因果理论和不平衡增长理论。1958 年赫希曼在《经济发展战略》一书中，提出经济不平衡增长是经济发展的最佳方式。他认为"经济进步并不同时出现在所有的地方，而一旦出现在某一处，巨大的动力将会使得经济增长围绕最初的增长点集中"。周旬（2006）将增长极理论的基本思想概括为在经济增长的过程中，增长在不同区域具有不同的增长速度，并且由于主导部门或者具有创新能力的企业或者行业在一些地区或大城市的聚集，将会形成一种资本与技术高度集中、具有规模经济效益、自身增长迅速并能对邻近地区产生强大辐射作用的"增长极"，通过"增长极"地区的优先增长，带动邻近地区的共同发展。增长极主要通过极化效应和扩散效应影响区域经济。绿色矿山建设将极大带动矿业上游、下游关联行业的发展，增加直接就业和间接就业的人数，促进地区经济发展。矿山企业为地区支柱产业的地区，绿色矿山建设将实现矿产企业可持续发展，有效地延长矿山开采年限，增加矿山使用寿命，成为地区重要的经济增长点，其将对邻近地区产生强大的辐射作用，通过"增长极"地区的优先增长，带动邻近地区的共同发展。绿色矿山较多的地区，在地区呈现出点的特点，通过各个矿山的极化效应和扩散效应，带动相关产业经济发展，在空间上形成产业聚集，并形成区域特有的增长极网络。绿色矿山建设一方面能够维护矿山企业原有"区域增长极"的地位，另一方面能够实现矿山企业的可持续发展，将原有非区域增长极的矿山企业逐渐通过矿山的复垦、绿化、节能减排及和谐社区的构建产生的正外部效应的扩散发展成为区域新的增长极。

## 2.6  协调发展理论

1990 年，Norgaard 提出了协调发展理论，认为通过反馈环在社会与生态系统之间可以实现共同发展。这一理论把经济发展过程看作是不断适应环境变化的过程。协调发展包含两个方面的含义：第一个层面是协调，它是人口、社会、经济、环境、资源、科技结构调整与量度变化的过程，是后一层面"发展"的基础。第二个层面是发展，它是在第一层面"协调"的基础上，对发展速度、发展规模、发展结构、发展趋向和发展效益的导向。协调和发展始终是处于互为推动的动态过程。只有协调，才有发展，在协调发展运行中表现得非常突出。这种思想在循环经济建设中得到很好的体现。循环经济是在生态环境与经济关系出现尖锐矛盾的背景下应运而生的，如何协调生态环境与经济建设的关系是建设循环经济的主要目的。

发展作为系统的演化过程，某一系统或要素的发展，可能以其他系统或要素的破坏甚至毁灭为条件（代价）。而协调则强调两种或两种以上系统或系统要素之间理想状态的保持。因此，协调是多个系统或要素健康发展的保证。"协调发展"是"协调"与"发展"的交集，是系统或系统内要素之间在和谐一致、配合得当、良性循环的基础上由低级到高级、由简单到复杂、由无序到有序的总体演化过程。协调发展不是单一的发展，而是一种多元发展，在"协调发展"中，发展是系统运动的指向，而协调则是对这种指向行为的有益约束和规定，强调的是整体性、综合性和内在性的发展聚合，不是单个系统或要素的增长，而是多系统或要素在"协调"的约束和规定下的综合的、全面的发展。"协调发展"不允许一个（哪怕仅仅一个）系统或要素使整体（大系统或总系统）或综合发展受影响，追求的是在整体提高基础上的全局优化、结构优化和个体共同发展的理想状态。"协调发展"作为"科学发展观"发展的必然结果，归根到底是一种体现不同时代人类理想的、没有终极内涵、具有层次性的动态概念。"可持续发展"和"科学发展观"代表了当代"协调发展"的最高理念，"协调发展"不仅必须"以人为本"尊重客观规律，而且既要顾及当代人，实现"代内协调发展"，又要顾及后来人，实现"代际协调发展"，还要保持"发展"在空间（包括地理空间产业领域等）上的"协调"。因此，作为系统间相互联系的"协调发展"，因系统的开放性，而被置于整个人类社会"可持续发展"的大系统之中，不存在孤立的"协调发展"。从这一意义讲，"可持续发展"是"协调发展"的最高目标，"协调发展"是实现"可持续发展"的最基本手段，而"科学发展观"则是引领人们实现这一目标的根本态度、原则、价值指向。

依据上述分析，"协调发展"的概念可以概括为：以实现人的全面发展为系统演进的总目标，在遵循客观规律的基础上，通过子系统与总系统，以及子系统相互间及其内部组成要素间的协调，使系统及其内部构成要素之间的关系不断朝着理想状态演进的过程。该定义特别强调了协调发展的下列特征：

（1）协调发展是以人为本，尊重客观规律的综合发展。

（2）协调发展是总系统目标下的子-总系统、子-子系统及其内部组成要素间关系的多层次协调。

（3）协调发展是基于发展所依赖的资源和环境承载能力的发展。

（4）系统间协调发展效应大于系统孤立发展的效应之和。

（5）协调发展在时间和空间上表现为层次性、动态性及其形式多样性的统一。

（6）协调发展具有系统性，协调发展系统具有复杂的内部结构，是一个开放的、复杂的、灰色的、非线性的自组织系统。

（7）协调发展的反面是发展不协调或发展失调。

# 第3章　绿色矿山建设概述

为全面贯彻落实新发展理念和党中央国务院决策部署，加强矿业领域生态文明建设，加快矿业转型和绿色发展，2017年3月，国土资源部、财政部、环境保护部、国家质检总局、银监会、证监会联合印发《关于加快建设绿色矿山的实施意见》(以下简称《意见》)要求，加大政策支持力度，加快绿色矿山建设进程，形成符合生态文明建设要求的矿业发展新模式。

## 3.1　绿色矿山建设的总体要求

1. 指导思想

全面贯彻党的十八大和十八届三中、四中、五中、六中全会精神，深入贯彻落实习近平总书记系列重要讲话精神，按照统筹推进"五位一体"总体布局和协调推进"四个全面"战略布局的要求，牢固树立和贯彻落实创新、协调、绿色、开放、共享的发展理念，适应把握引领经济发展新常态，认真落实党中央、国务院关于生态文明建设的决策部署，坚持"尽职尽责保护国土资源、节约集约利用国土资源、尽心尽力维护群众权益"的工作定位，紧紧围绕生态文明建设总体要求，通过政府引导、企业主体，标准领跑、政策扶持，创新机制、强化监管，落实责任、激发活力，将绿色发展理念贯穿于矿产资源规划、勘查、开发利用与保护全过程，引领和带动传统矿业转型升级，提升矿业发展质量和效益。

2. 总体目标

构建部门协同、四级联创的工作机制，加大政策支持，加快绿色矿山建设进程，力争到2020年，形成符合生态文明建设要求的矿业发展新模式。

基本形成绿色矿山建设新格局。新建矿山全部达到绿色矿山建设要求，生产矿山加快改造升级，逐步达到要求。树立千家科技引领、创新驱动型绿色矿山典范，实施百个绿色勘查项目示范，建设50个以上绿色矿业发展示范区，形成一批可复制、能推广的新模式、新机制、新制度。

构建矿业发展方式转变新途径。坚持转方式与稳增长相协调，创新资源节约集约和循环利用的产业发展新模式和矿业经济增长的新途径，加快绿色环保技术工艺装备升级换代，加大矿山生态环境综合治理力度，大力推进矿区土地节约集约利用和耕地保护，引导形成有效的矿业投资，激发矿山企业绿色发展的内生动力，推动我国矿业持续健康发展。

建立绿色矿业发展工作新机制。坚持绿色转型与管理改革相互促进，研究建立国家、省、市、县四级联创、企业主建、第三方评估、社会监督的绿色矿山建设工作体系，健全绿色勘查和绿色矿山建设标准体系，完善配套激励政策体系，构建绿色矿业发展长效机制。

## 3.2 绿色矿山建设标准的制定

（1）因地制宜，完善标准。各地要结合实际，按照绿色矿山建设要求（见附件），细化形成符合地区实际的绿色矿山地方标准，明确矿山环境面貌、开发利用方式、资源节约集约利用、现代化矿山建设、矿地和谐和企业文化形象等绿色矿山建设考核指标要求。建立国家标准、行业标准、地方标准、团体标准相互配合，主要行业全覆盖、有特色的绿色矿山标准体系。

（2）分类指导，逐步达标。新立采矿权出让过程中，应对照绿色矿山建设要求和相关标准，在出让合同中明确开发方式、资源利用、矿山地质环境保护与治理恢复、土地复垦等相关要求及违约责任，推动新建矿山按照绿色矿山标准要求进行规划、设计、建设和运营管理。对生产矿山，各地要结合实际，区别情况，作出全面部署和要求，积极推动矿山升级改造，逐步达到绿色矿山建设要求。

（3）示范引领，整体推进。选择绿色矿山建设进展成效显著的市或县，建设一批绿色矿业发展示范区。着力推进技术体系、标准体系、产业模式、管理方式和政策机制创新，探索解决布局优化、结构调整、资源保护、节约综合利用、地上地下统筹等重点问题，健全矿产资源规划、勘查、开发利用与保护的制度体系，完善绿色矿业发展激励政策体系，积极营造良好的投资发展环境，全域推进绿色矿山建设，打造形成布局合理、集约高效、环境优良、矿地和谐、区域经济良性发展的绿色矿业发展样板区。

（4）生态优先，绿色勘查。坚持生态保护第一，充分尊重群众意愿，调整优化找矿突破战略行动工作布局。树立绿色环保勘查理念，严格落实勘查施工生态环境保护措施，切实做到依法勘查、绿色勘查。大力发展和推广航空物探、遥感等新技术和新方法，加快修订地质勘查技术标准、规范，健全绿色勘查技术标准体系，适度调整或替代对地表环境影响大的槽探等勘查手段，减少地质勘查对生态环境的影响。

## 3.3　绿色矿山建设的政策支持

**1. 实行矿产资源支持政策**

对实行总量调控矿种的开采指标、矿业权投放，符合国家产业政策的，优先向绿色矿山和绿色矿业发展示范区安排。符合协议出让情形的矿业权，允许优先以协议方式有偿出让给绿色矿山企业。

**2. 保障绿色矿山建设用地**

各地在土地利用总体规划调整完善中，要将绿色矿山建设所需项目用地纳入规划统筹安排，并在土地利用年度计划中优先保障新建、改扩建绿色矿山合理的新增建设用地需求。

对于采矿用地，依法办理建设用地手续后，可以采取协议方式出让、租赁或先租后让；采取出让方式供地的，用地者可依据矿山生产周期、开采年限等因素，在不高于法定最高出让年限的前提下，灵活选择土地使用权出让年期，实行弹性出让，并可在土地出让合同中约定分期缴纳土地出让价款。

支持绿色矿山企业及时复垦盘活存量工矿用地，并与新增建设用地相挂钩。将绿色矿业发展示范区建设与工矿废弃地复垦利用、矿山地质环境治理恢复、矿区土壤污染治理、土地整治等工作统筹推进，适用相关试点和支持政策；在符合规划和生态要求的前提下，允许将历史遗留工矿废弃地复垦增加的耕地用于耕地占补平衡。

对矿山依法开采造成的农用地或其他土地损毁且不可恢复的，按照土地变更调查工作要求和程序开展实地调查，经专报审查通过后纳入年度变更调查，其中涉及耕地的，据实核减耕地保有量，但不得突破各地控制数上限，涉及基本农田的要补划。

**3. 加大财税政策支持力度**

财政部、国土资源部在安排地质矿产调查评价资金时，在完善现行资金管理办法的基础上，研究对开展绿色矿业发展示范区的地区符合条件的项目适当倾斜。

地方在用好中央资金的同时，可统筹安排地质矿产、矿山生态环境治理、重金属污染防治、土地复垦等资金，优先支持绿色矿业发展示范区内符合条件的项

目，发挥资金聚集作用，推动矿业发展方式转变和矿区环境改善，促进矿区经济社会可持续发展，并积极协调地方财政资金，建立奖励制度，对优秀绿色矿山企业进行奖励。

在《国家重点支持的高新技术领域》范围内，持续进行绿色矿山建设技术研究开发及成果转化的企业，符合条件经认定为高新技术企业的，可依法减按15%税率征收企业所得税。

4. 创新绿色金融扶持政策

鼓励银行业金融机构在强化对矿业领域投资项目环境、健康、安全和社会风险评估及管理的前提下，研发符合地区实际的绿色矿山特色信贷产品，在风险可控、商业可持续的原则下，加大对绿色矿山企业在环境恢复治理、重金属污染防治、资源循环利用等方面的资金支持力度。

对环境、健康、安全和社会风险管理体系健全，信息披露及时，与利益相关方互动良好，购买了环境污染责任保险，产品有竞争力、有市场、有效益的绿色矿山企业，鼓励金融机构积极做好金融服务和融资支持。

鼓励省级政府建立绿色矿山项目库，加强对绿色信贷的支持。将绿色矿山信息纳入企业征信系统，作为银行办理信贷业务和其他金融机构服务的重要参考。

支持政府性担保机构探索设立结构化绿色矿业担保基金，为绿色矿山企业和项目提供增信服务。鼓励社会资本成立各类绿色矿业产业基金，为绿色矿山项目提供资金支持。

推动符合条件的绿色矿山企业在境内中小板、创业板和主板上市以及到"新三板"和区域股权市场挂牌融资。

# 3.4 绿色矿山建设的评价机制及监督管理

1. 企业建设，达标入库

完成绿色矿山建设任务或达到绿色矿山建设要求和相关标准的矿山企业应进行自评估，并向市县级国土资源主管部门提交评估报告。市县国土资源、环境保护等有关部门以政府购买服务的形式，委托第三方开展现场核查，符合绿色矿山建设要求的，逐级上报省级有关主管部门，纳入全国绿色矿山名录，通过绿色矿业发展服务平台，向社会公开，接受监督。纳入名录的绿色矿山企业自动享受相关优惠政策。

2. 社会监督，失信惩戒

绿色矿山企业应主动接受社会监督，建立重大环境、健康、安全和社会风险事件申诉—回应机制，及时受理并回应所在地民众、社会团体和其他利益相关者的诉求。省级国土资源、财政、环境保护等有关部门按照"双随机、一公开"的要求，不定期对纳入绿色矿山名录的矿山进行抽查，市县级有关部门做好日常监督管理。国土资源部会同财政、环境保护等有关部门定期对各省（区、市）绿色矿山建设情况进行评估。对不符合绿色矿山建设要求和相关标准的，从名录中除名，公开曝光，不得享受矿产资源、土地、财政等各类支持政策；对未履行采矿权出让合同中绿色矿山建设任务的，相关采矿权审批部门按规定及时追究相关违约责任。

# 第4章 冶金行业绿色矿山建设

## 4.1 冶金行业绿色矿山建设要求

冶金行业绿色矿山建设，应严格遵守国家相关法律、法规，符合矿产资源规划、产业政策和绿色矿山基本条件，并达到以下建设要求。

### 4.1.1 矿区环境优美

（1）矿区规划建设布局合理，标识、标牌等规范统一，清晰美观，矿区生产生活运行有序，管理规范。

（2）矿山生产、运输、储存过程中做好防尘保洁措施，确保矿区环境卫生整洁。

（3）生产过程中产生的废气、废水、噪声、废石、尾矿产生的粉尘等污染物得到有效处置。

（4）充分利用矿区自然资源，因地制宜建设"花园式"矿山，矿区绿化覆盖率达到可绿化面积的100%，基本实现矿区环境天蓝、地绿、水净。

### 4.1.2 采用环境友好型开发利用方式

（1）冶金矿产资源开采应与城乡建设、环境保护、资源保护相协调，最大限度减少对自然环境的扰动和破坏，选择资源节约型、环境友好型开采方式。

（2）矿山开采应针对不同的矿体赋存条件，选择露天与地下联合开采技术、露天矿陡帮开采、大区微差爆破技术、大间距集中化无底柱开采工艺、全尾砂充填采矿技术等合理先进的采矿方法，提高开采回采率。不得采用露天矿浅眼爆破、矿井提升直流电机、扩壶爆破等国家明文规定的限制和淘汰技术。

（3）涉及多种资源共伴生的黑色金属矿，应坚持主金属开采的同时，回收共伴生金属，开发不得对共伴生资源造成破坏和浪费。

（4）废石、尾矿和尾渣等固体废物应有专用堆积场所，符合安全、环保、监测等规定，不得流泻到堆积场外，造成环境污染。固体废物妥善处置率应达到 100%。

（5）采取喷雾、洒水、湿式凿岩、加设除尘器等措施处置开采过程中产生的粉尘。对凿岩、破碎、空压等设备，通过消声、减振、隔振等措施降低噪声。

（6）切实履行矿山地质环境治理恢复与土地复垦义务，做到资源开发利用方案、矿山地质环境治理恢复方案、土地复垦方案同时设计、同时施工、同时投入生产和管理，确保矿区环境得到及时治理和恢复。

### 4.1.3 节约集约循环利用冶金矿产及共伴生资源

（1）应按照"减量化、再利用、资源化"的原则，加强对冶金矿产及共伴生有用成分、低品位矿、废石和尾矿合理利用，建立"低消耗、高产出、少排放、能循环、可持续"的冶金矿山循环经济发展模式。

（2）选择适宜选矿方法，优化选矿工艺，改善碎磨流程，提高铁锰矿等主矿产回收率，综合利用共伴生矿产。鼓励选用鞍山式贫赤铁矿高效分选技术、磁铁矿细筛–再磨再选技术、贫磁铁矿预选技术与设备、多碎少磨节能选矿技术、低品位碳酸锰矿浮选技术等技术和设备。不得采用电磁磁力脱水槽、电磁筒式或带式磁选机、传统的高耗能颚式破碎机以及复杂难选、有用矿物嵌布粒度粗细差别较大铁矿石的一段磨选技术等国家明文规定的限制和淘汰技术。

（3）对废石、尾矿等固体废物分类处理，实现合理利用，固废利用率达到国家要求。鼓励大中型矿山废石不出坑，尾矿井下充填，或固废其他方式利用。

（4）提高水循环利用率。建设规范完备的水循环处理设施和矿区排水系统。充分利用矿井水，循环使用选矿废水，重复利用率不低于85%，干旱戈壁沙漠等特殊地区选矿水重复利用率不低于50%。

（5）建立金属平衡管理系统，完善生产管理和技术工艺，减少金属流失。

### 4.1.4 建设现代数字化矿山

（1）生产技术工艺装备的现代化。应加强技术工艺装备的更新改造，采用高效节能的新技术、新工艺、新设备和新材料，及时淘汰高能耗、高污染、低效率的工艺和设备，符合国土资源部《矿产资源节约与综合利用鼓励、限制和淘汰技术目录》。

（2）鼓励推进机械化减人、自动化换人，实现矿山开采机械化，选矿工艺自动化，关键生产工艺流程数控化率不低于70%。

（3）生产管理信息化。应采用信息技术、网络技术、控制技术、智能技术，实现冶金矿山企业经营、生产决策、安全生产管理和设备控制的信息化。

（4）对尾矿库、排土场(废石场)、废渣场等堆场、边坡建设安全监测系统平台，废气、废水污染控制系统在线监测平台；鼓励建设公辅设施中央变电所、水泵房、风机站、空压机房、皮带运输巷等场所固定设施无人值守自动化系统。

（5）鼓励建立产学研用科技创新平台，培育创新团队，矿山的研究开发资金投入不低于上年度主营业务收入的1%。

### 4.1.5　树立良好矿山企业形象

（1）创建特色鲜明的企业文化，培育体现中国特色社会主义核心价值观、新发展理念和冶金行业特色的企业文化。建立环境、健康、安全和社会风险管理体系，制定管理制度和行动计划，确保管理体系有效运行。

（2）应构建企业诚信体系，生产经营活动、履行社会责任等坚持诚实守信，及时公告相关信息。应在公司网站等易于用户访问的位置至少披露：企业组建及后续建设项目的环境影响报告书及批复意见；环境、健康、安全和社会影响、温室气体排放绩效表现；企业安全生产、环境保护负责部门及工作人员联系方式，确保与利益相关者交流顺畅。

（3）企业经营效益良好，积极履行社会责任。坚持企地共建、利益共享、共同发展的办矿理念，加大对矿区群众的教育、就业、交通、生活、环保等支持力度，改善生活质量，促进社区、矿区和谐，实现办矿一处，造福一方。加强利益相关者交流互动，对利益相关者关心的环境、健康、安全和社会风险，应主动接受社会团体、新闻媒体和公众监督。有关部门对违反环保、健康、安全等法律法规，对利益相关者造成重大损失的矿山企业，应依法严格追责。

（4）加强对职工和群众人文关怀，建立健全职工技术培训体系、完善职业病危害防护设施，企业职工满意度和矿区群众满意度不低于70%，及时妥善处理好各种利益纠纷，不得发生重大群体性事件。

## 4.2　冶金行业绿色矿山建设标准

### 4.2.1　概述

冶金行业建设绿色矿山不但要满足矿区环境、资源开发方式，资源综合利用、节能减排、科技创新与数字化矿山、企业管理与企业形象等方面的基本要求，更重要的是体现在资源开发过程中最大限度对生态环境的保护。

1. 冶金行业的特点

冶金矿山以铁矿为主，我国铁矿分布主要集中在辽宁、四川、河北、北京、山西、内蒙古、山东、河南、湖北、云南、安徽、福建、江西、海南、贵州、陕西、甘肃、青海和新疆等省、市、自治区。

我国铁矿资源多而不富，以中低品位矿为主，且中小矿多，大矿少，特大矿更少。矿石类型复杂，难选矿和多组分共(伴)生矿所占比重大。

另外，我国锰矿分布不平衡，主要在广西，湖南和贵州，矿床规模多为中、小型，贫矿多、富矿少，矿物组分复杂，含杂比例高，如高磷、高铁等；矿石结构复杂、嵌布粒度细，选别加工难度大。

2. 冶金行业建设绿色矿山的关键点

(1) 地下矿山重点考虑从源头上减少在采矿过程中造成的地表沉降和岩层位移。大规模处置、利用尾矿和废石，地面无新的固体废弃物堆放；对于已经造成地表沉降的要及时处理，减少对地下水资源的破坏。

(2) 露天矿山重点考虑在穿孔、爆破、铲装、运输、排土过程中减少粉尘、噪声的产生，研究大规模处置、利用尾矿和废石等固体废弃物，减少或消除新的固体废弃物堆放，节约和综合利用土地，采取有效措施减少对地下水的疏干。

(3) 推广先进适用技术，实现资源绿色开采，矿山废弃物的综合利用，提高节能减排水平，达到经济效益、社会效益、生态效益的协调统一。

## 4.2.2 总体要求

(1) 矿山应遵守国家法律法规和相关产业政策，依法办矿。

矿产资源开发活动应符合国家及地方矿产资源规划要求及规定，符合国家和地方政府的相关产业政策。

(2) 矿山应贯彻"创新、协调、绿色、开放、共享"的发展理念，遵循因矿制宜的原则，实现矿产资源开发全过程的资源利用、节能减排、环境保护、土地复垦、企业文化和企地和谐等统筹兼顾和全面发展。

"创新、协调、绿色、开放、共享"五大发展理念是绿色矿山建设的依据和原则。矿山企业要系统地考虑矿区环境、资源开发与生态环境保护、资源综合利用、节能减排、科技创新与数字化矿山、企业管理与企业形象等影响绿色矿山的因素，将这些因素落实到绿色矿山的建设目标和考核指标中，完善管理过程，形成管理体系，达到持续改进的效果。

（3）矿山企业应以人为本，保护职工身体健康。

矿山企业应当以人为本，坚持安全发展，贯彻"安全第一、预防为主、综合治理"的方针，关注职工的安全健康、职业生涯规划及生活保障。

① 保护职工生命安全和身体健康。矿山企业安全生产工作应当以人为本，始终把保障人民群众生命和财产安全作为根本出发点。严格执行《中华人民共和国安全生产法》和《中华人民共和国职业病防治法》，制定预防、控制安全生产和消除职业病危害管理制度，保证职工的身心健康。

② 考虑职工的实际需求和职业生涯延续。以人为本强调以人为中心的组织设计，要坚持企业管理过程中以人为中心的指导思想；要重视职工的实际需要，解决职工的后顾之忧，让他们在企业中尽情地施展自己的才华；要以激励为主，围绕着激发和调动职工的主动性、积极性和创造性来开展管理活动；要注重职工的能力和素质的培养，充分考虑职工的职业生涯延续。

③ 从日常工作和生活做起。要把以人为本的思想落实到职工的日常工作和生活中，如为职工提供符合要求的就餐、住宅等生活条件；提供符合标准的劳保用品；坚持职工入职体检及定期体检，并建立职工的健康档案等。

（4）绿色矿山建设应贯穿规划、设计、建设和运营全过程；新建、改扩建矿山应根据相关标准建设；生产矿山应根据相关标准进行升级改造。

绿色矿山建设是一个系统性工程，包含勘查、规划、设计、建设、生产运营至闭坑的全过程，是由采矿权人依法依规组织实施办矿，改善矿区环境，优化资源开发方式，提高资源综合利用，加强节能减排，推进科技创新与数字化矿山，提升企业管理与企业形象，促进矿地和谐，强化安全生产，推动矿区的生态文明建设和矿山的产业转型发展。

# 4.3　矿区环境

矿区环境主要体现在矿区的基础设施对安全生产的支撑能力和矿区的环境对职工生活的服务水平。矿区布局、矿区管理、绿化美化是企业绿色矿山建设的基本要求，体现了矿山企业履行社会责任的程度。

## 4.3.1　基本要求

1. 矿区开发规划和功能分区布局合理

应绿化和美化矿区，使矿区整体环境整洁优美。

矿区地面总体布置应结合国土空间规划、周边相邻企业、社区等位置关系以及场地作用进行布置，充分考虑周边社会服务设施和服务系统规划和建设情况，减少重复建设。

2. 生产、运输和贮存等管理规范有序

矿山企业应建立健全矿山开采、生产、运输和贮存等相应的管理部门、管理制度，加强对生产、运输和贮存等过程的管理，减少废弃物排放和防止二次污染的发生。

（1）生产管理：

① 矿山严格按照安全、环境、质量、职业健康等相关规定和要求，实施文明生产，设备设施、仪器仪表及标牌的安装和使用，材料和设备码放、管线铺设等符合国家和行业相关标准或规范，保证生产正常有序运行。

② 选用低排放、低噪声、低能耗的技术装备，优化生产系统，实现清洁生产。如采用喷雾洒水、湿式凿岩、加设除尘装备等综合措施，抑制和处理采矿、转载过程中产生的粉尘。

（2）运输管理：

① 运输车辆应统一管理，入矿车辆必须严格遵守矿区道路交通安全管理规定，车身干净整洁，标识清晰，沿规定的路线行驶。机动车辆装载按核定的装载量装载，严禁超长、超宽、超高、超重或人物混装。

② 矿山根据实际情况，采用汽车或皮带封闭转运矿石和废石；运输过程中应采取防扬散、防渗漏或其他防止环境污染的措施，防止污染地表水和地下水以及流洒到划定矿区范围以外。车辆驶离矿区前应冲洗除泥，车厢应有封闭隔绝措施(如车厢加盖、篷布苫盖)。

③ 对道路要及时养护，定期清扫，保持路面整洁；矿山运输道路应定期洒水，配置雾化喷淋等装置。

（3）贮存管理：

① 矿区宜采取封闭式贮存矿石，并有完善的控制粉尘措施。

② 矿山固体废弃物应设置专门堆放场所，并符合《固体废物污染环境防治法》《地质灾害防治条例》等安全、环保和监测的规定。同时应符合《一般工业固体废物贮存、处置场污染控制标准》(GB 18599)、《危险废物贮存污染控制标准》(GB 18597)等相关规定。

## 4.3.2　矿容矿貌

（1）矿区按生产区、管理区、生活区和生态区等功能分区，各功能区应符合

GB 50187 规定，应运行有序、管理规范。

根据《工业企业总平面设计规范》（GB 50187）、国家产业政策和工程建设标准，结合矿山工艺要求、物料流程以及建厂地区地理、环境、交通等条件，合理选定厂址，统筹处理场地和安排各设施的空间位置，系统处理物流、人流、能源流和信息流的设计工作。《工业企业总平面设计规范》（GB 50187）对厂址选择、总体规划、总平面布置、运输线路、竖向设计、管线综合布置、绿化布置等方面的设计内容作了系统性要求。将工业广场各设施按不同功能和系统分区布置，形成了生产区、办公区、生活区和生态区等功能分区，这些功能分区构成一个相互联系的有机整体。

（2）矿区地面道路、供水、供电、卫生、环保等配套设施齐全；在生产区应设置操作提示牌、说明牌、线路示意图牌等标牌，标牌规范清晰并符合 GB/T 1306 的规定。

① 配套设施。矿区生产、办公和生活区的地面运输、供水、供电、卫生、环保等配套公共设施应完善，运转正常，并统筹规划，同步建设，满足生产、办公、生活需要，设施功能完善、运转正常。

② 标牌设置。生产区内应设有：功能分区牌、线路引导图牌、说明牌、操作说明牌、工艺流程图牌、安全提示牌、安全警示牌、环保标识牌等。各类标牌规范、整洁、醒目。操作牌、说明牌、线路指示牌等字迹清晰，路线标注明确。标牌设立位置科学合理、数量适中。

③ 材料、工具定置管理。设备、工具管理要采用定置管理，也就是将"物"放置到固定、适当的位置的管理。定置管理必须做到"有物必有区，有区必有牌，挂牌必分类"和"按图定置、图物相符"的基本要求。

（3）地面运输系统、运输设备、贮存场所实现全封闭或采取设置挡风、洒水喷淋等有效措施进行防尘。

① 整体要求。在厂址选择与总图布置以及各工序环境保护设计应符合《钢铁工业环境保护设计规范》（GB 50406）的相关要求。

工作场所粉尘浓度应符合《工作场所有害因素职业接触限值第1部分：化学有害因素》（GBZ 2.1）规定的粉尘允许浓度要求。

② 运输系统防尘措施。矿区地面运输系统应采取全封闭或采取设置挡风、洒水喷淋等措施进行防尘；胶带运输机转运、卸料、受料产尘点应采取封闭措施并设除尘或抑尘设施；破碎、筛分等设施产尘点应采取封闭措施并设置除尘设施；矿区永久性主干道路路面应硬化，宜采取机械清扫、洒水降尘、喷雾降尘、

生物纳膜降尘措施并宜在道路两旁植树绿化。

③ 运输设备防尘措施。汽车运输要采取防止矿岩洒落的措施，如对物料加苫盖或封闭，车辆进出矿区清洗车身等；处于重点控制区范围的胶带运输机应设封闭式通廊或采用其他密闭运输方式，其余地区的胶带运输机应设胶带机罩；受料槽应采取封闭措施并应设置除尘设施或高效喷雾抑尘装置。

④ 贮存场所防尘措施。对重点控制区域的范围的原料场，以及重点控制区域以外但处于城市规划区范围内的原料场、散状物料应采用封闭式贮料工艺。

（4）应采用合理有效的技术措施对高噪声设备进行降噪处理。

① 高噪声设备。噪声主要来自矿山挖掘、破碎、装运、矿石加工过程各种机械设备产生的噪声，运输车辆的交通噪声及爆破过程产生的爆破噪声。矿山高噪声设备主要包括凿岩设备、破碎设备、筛分设备、风机、空压机、排水泵、运输设备等。

② 噪声排放标准。工作场所噪声接触限值应符合《工作场所有害因素职业接触限值》（GBZ 2.2）的规定，工业企业和固定设备厂界噪声排放限值应符合《工业企业厂界环出噪声排放标准》（GB 12348）的规定，建筑施工场界噪声排放限值应符合《建筑施工场界环境噪声排放标准》（GB 12523）的规定。

工业企业厂界环境噪声不得超过表4.1工业企业厂界环境噪声排放限值规定的排放限值。

表 4.1　工业企业厂界环境噪声排放限值　　　　　　dB（A）

| 厂界外声环境功能区类别 | 时段 | |
| --- | --- | --- |
| | 昼间 | 夜间 |
| 0 | 50 | 40 |
| 1 | 55 | 45 |
| 2 | 60 | 50 |
| 3 | 65 | 55 |
| 4 | 70 | 55 |

③ 噪声控制措施。主要采用吸声、隔声、减振、隔振等技术措施，对高噪声设备进行降噪处理。高噪音设备宜相对集中布置在远离管理区和生活区的地段；产生高噪声的车间应与低噪声的车间分开布置；产生高噪声的生产设施周围宜布置对噪声较不敏感、高大、朝向有利隔声的建筑物、构筑物等。

④ 噪声监测。安装检测设备检测厂界噪声。地下开采矿山在工业广场边界检测、露天矿在矿区边界检测。在矿区内明显地方显示厂界动态噪声值。窗户的密闭性；水泵加罩；水泵底部安装隔振平台。

### 4.3.3 矿区绿化

（1）矿区绿化应与周边自然环境和景观相协调，绿化植物搭配合理，矿区绿化覆盖率应达到100%。

绿化不等于生态修复，只是生态修复的手段之一，其作用是改善环境和维护矿区的生态平衡。具体地讲就是补充空气中的氧，吸收大气中的有害气体、防尘、防风、减噪、灭菌、净化水质以及保持地面干燥等作用。

① 矿区可绿化面积和绿化覆盖率。可绿化面积是指不影响生产并能够进行绿化的土地裸露区域的面积，不包含硬化地面、建筑覆盖区、工艺装置区、油品储罐组与消防车道之间、防火堤或防护墙内等严禁绿化的区域。绿化面积包括植物用地面积，园林的水池、水塘、亭子的面积以及建筑物顶绿化面积。

矿区绿化覆盖率是指矿区土地绿化面积与废石场、矿区工业场地、矿区专用道路两侧绿化带等厂界内可绿化面积的百分比。

工业企业绿地率宜控制在20%以内，改建、扩建的工业企业绿化绿地率，宜控制在15%范围内。绿地面积是能够用于绿化的土地面积，不包含屋顶绿化、垂直绿化和覆土小于2m的土地面积，面积不小于400m$^2$。

② 绿化范围。生活区、管理区、生产辅助区绿化应按矿区绿化设计进行绿化，生产矿山原则上不应有大面积裸露区。

③ 绿化与周边自然景观相协调。根据气候及地形地貌等自然条件，因地制宜开展绿化，利用所在地区地形、地貌、水体、植被等自然人文条件，合理设置公共绿地、居住区绿地、生产绿地和防护绿地。

④ 绿化管理。矿区绿化应有长效机制，应有专人或通过对外委托的方式负责矿区的绿化工作；制定绿化管理制度，保证绿化树草长势良好、生长旺盛、枝叶健壮，无枯死，无明显徒长枝和过密的内膛枝、枯枝、无烂头、过密枝、无腐枝，草边切除整齐，杂草不入花丛；根据实际情况及时补充绿化。

（2）应对露天开采矿山的排土场进行治理、复垦及绿化，在矿区主运输通道两侧因地制宜设置隔离绿化带。

① 对排土场环境治理要求。按照因地制宜、宜耕则耕、宜林则林（草）的原则和《土地复垦条例》《矿山地质环境保护规定》《土地复垦技术标准（试行）》等

规定制定矿山地质环境保护与土地复垦方案，并对排土场进行环境治理和土地复垦及绿化。

② 矿山土地复垦模式。按复垦的顺序一般包括工程和生物复垦两个阶段。工程复垦是指根据采矿后形成废弃地的地形、地貌现状，按照规划的新复垦地利用方向的要求，并结合采矿工程特点，采用采矿设备，纳入采矿工艺，对损毁土地进行顺序回填、平整、覆土及治理。生物复垦包括土壤培肥、植被重建，主要是解决土壤熟化和培肥问题，加速复垦地"生土"熟化过程，迅速构建植被群落。

③ 矿区专用道路环境治理：

1）场外道路及铁路专用线两侧应进行护域和土地整治，对建设形成的裸露土地，及时恢复林草植被。道路绿化应以乡土树（草）种为主，选择适应强、防尘效果好、护坡功能强的植物种。

2）在有绿化空间的矿区专用道路两侧设置绿化带，隔离绿化带的设置应符合《矿山生态环境保护与恢复治理技术规范（试行）》（HJ 651）的第10.3规定。

3）《厂矿道路设计规范》（GBJ 22）要求：厂矿道路的两侧、中间带、交叉口、停车场及其他附属设施等处，宜进行绿化。绿化时宜选用不同的树种穿插栽植。对于干旱缺水地区，矿区专用道路可因地制宜进行美化。

4）道路建设施工结束后，临时占地应及时恢复，与原有地貌和景观协调。

④ 隔离绿化带的作用：

1）降低噪声干扰和环境污染，绿化带应选择具有较强吸收能力的树种，起到降低车辆的排放污染、净化空气的作用。

2）有效地分离对向车流，极大地减少车辆对撞的可能性。

3）提供了设置标志标牌、交通指示线、路灯等交通辅助设施的空间，降低驾驶难度，提高行车安全。

4）能够较好地改善道路景观，一定高度的绿化设施还可以起到防眩的作用。

5）专用道路两侧设置绿化带既绿化矿区，同时美化路貌、改善环境。

### 4.3.4 废弃物处置

固体废弃物应有专用堆积场所，废水应优先回用。

1. 固体废弃物的处置

（1）应设置专门堆放场所，并符合《中华人民共和国固体废物污染环境防治法》《中华人民共和国地质灾害防治条例》等安全、环保和监测的规定。同时应符合《一般工业固体废物贮存、处置场污染控制标准》（GB 18599）、《危险废物贮存污染控制标准》(GB 18597)等相关规定。

（2）废石、尾砂等应进入专门排土场、尾矿库等场所堆存，不得随意堆存。

（3）一般工业固体废弃物的贮存应采取防止粉尘污染的措施，为防止雨水径流进入贮存、处置场内，避免渗滤液量增加和滑坡，贮存、处置场周边应设置导流渠；应设计滤液集排水设施；同时，应构筑堤、坝、挡土墙等设施。

（4）危险废弃物（如废炸药、废油品、废易燃材料等）的贮存应根据拟贮存的废弃物种类和数量，合理设计分区。每个分区之间宜设计挡墙间隔，并根据每个分区拟贮存的废弃物特征，采取防渗、防腐、防火、防雷、防扬尘等措施。

2. 废水处置

生产废水一般要求经过处理后全部回用，回水要根据不同废水来源的水质选取不同的回用方式。

## 4.4　资源开发方式

资源开发选择绿色开采技术、工艺和装备，提高资源开发利用率，减少对地质环境的破坏；开采区要统一规划开采布局、开采总量，规模化利用矿山固体废弃物，及时治理环境和恢复生态系统功能，在资源开发过程中提高生态保护水平。

### 4.4.1　基本要求

（1）资源开发应与环境保护、资源保护、城乡建设相协调，选择资源节约型、环境友好型的绿色开发方式。

矿区总体设计要为矿区的合理开发创造良好的建设条件，保证矿区规划布局的合理性和稳定性，矿区建设、城乡规划和资源保护同步发展。

① 资源开发与生态保护相协调：

1）资源开发与环境保护的关系。在目前的矿产资源开发过程中主要污染物排放量远远超过环境容量，环境污染严重，空气质量达不到标准。生态功能区生态功能退化，生物多样性减少，土壤污染日趋严重，废弃物排放持续增加。为提升环境的承载能力，需要在资源开发时加大源头治理、源头减量力度，坚持"边开发、边治理、边恢复"的原则，对已破坏的生态环境及时恢复治理。

2）资源开发与资源保护的关系。在矿产资源的开发过程中，加大区域资源规划和整合，采用规模化、集约化资源开采方式，提高资源的回采率，实现对资源的有效保护。对暂时不能开发的资源采取相应的措施进行保护。

3）资源开发与城乡建设的关系。《工业企业总平面设计规范》（GB 50187）中规定："工业企业总体规划，应符合城乡总体规划和土地利用总体规划的要求。有条件时，规划应与城乡和邻近工业企业在生产、交通运输、动力公用、机修和器材供应、综合利用及生活设施等方面进行协作。"

② 资源节约型、环境友好型的开发方式。

资源节约型、环境友好型的开发方式重点体现在资源开发与生态保护相协调，采用资源保护性开采方式，减少资源开发对环境的破坏，通过对资源的合理配置、高效和循环利用、有效保护和替代，使经济社会发展与资源环境承载能力相适应，使污染物产生最小化并使废弃物得到减量化、无害化处理，构建人与自然的和谐关系。建设资源节约型、环境友好型的开发方式追求更少资源消耗、更低环境污染、更大的经济和社会效益，实现可持续发展。

1）露天开采。露天开采作业主要包括穿孔、爆破、采装、运输和排土等工艺流程。露天开采对环境的影响主要有：地形地貌的改变，植物水土状态受影响；废石场占地及尘土污染；土壤沙化及水土流失；露天矿坑、排土场边坡滑坡及泥石流等。

露天开采时应考虑：采用自上而下的台阶式开采，合理设计阶段坡面角、平台宽度、终了边帮度等，预先考虑固坡、稳坡的各种技术措施，如锚杆固坡、植物固坡等；已经开采到边界的露天坑或部分露天坑，可作为排土场使用，实现固体废弃物规模化处置；采用减少疏干水量的开采技术，最大程度利用地下水资源。

2）地下开采。地下开采对环境的影响主要有：地形地貌的改变，植物水土状态受影响；地面沉降，地表耕地沼泽化；地面塌陷、水土流失、河流断流和地面建筑物地基破坏；废石场占地及尘土污染；农田下陷所引起大面积积水和土地盐渍化而无法耕种。

地下开采应考虑：采用合理的开拓方案，优先选用充填开采、注浆技术等先进适用技术，准确预测和减轻地下开采对地表可能造成的移动、沉陷等破坏；采用全尾砂高浓度充填技术，规模化就地利用废石回填空区，减少废弃物排放，减少占地；加大对矿井水的处理和资源化利用，改善矿区的生态环境；采用工程修复、生物恢复等复基技术，解决开采引起的地面沉降和陷落、构建筑物破坏及水土流失等问题。

（2）根据矿区资源赋存状况、生态环境特征等条件，因地制宜选择采选工艺。优先选择资源利用率高、对矿区生态破坏小的采选工艺、技术与装备，符合清洁生产要求。

① 采选工艺选择所考虑的技术条件。采选工艺选择需要充分考虑资源赋存状况、生态环境特征、矿石性质等因素，综合分析工艺技术的适应性、经济性，其开采技术条件包括：

1）资源赋存状况。主要包括资源的赋存特点，矿体倾角、厚度、矿石和围岩接触情况、矿区各种岩层的岩石力学特征、资源量及品位等。另外还包括矿石及围岩、硫和碳的含量、矿石自然结块性、放射元素的含量及其分布规律。

2）生态环境特征。矿区生态环境是指影响矿区、社区与人的生存和发展有关的水资源、土地资源、生物资源、气候资源及环境资源的总称，是关系到矿区可持续发展的基本生态系统。

② 选择采选工艺技术与装备的原则。在总体方案设计阶段，需结合矿区及周边环境、区域生态环境承载力状况，选择资源利用率高、废弃物产生量少、对矿区生态破坏小的采选工艺技术与装备。

1）选择资源利用率高。选取的采矿方法，应充分考虑资源的利用率，尽量回收可利用的资源，降低矿石损失率，优先考虑充填采矿法。采矿作业过程中，充分利用矿石中有用成分，应尽可能地提高矿石品位及伴生的贵重稀有金属的回收率，降低贫化率，对有特殊要求的矿种须考虑分采、分选的可能性。

2）废弃物产生量少、对矿区生态破坏小。选取合理的采矿方法，优先考虑充填采矿法，可以有效保护地表建筑物和构筑物不因采矿而受到破坏，并能够实现尾矿减量化、无害化井下充填，减少地表排放；坑内废石的就地排放可以减少废石提升出坑数量，降低地表堆存量。

3）水重复利用率高。在选矿工艺选择方面，鼓励采用分段回水、废水净化回用、厂前浓缩等技术，减少新水用量，增大循环用水量。

（3）应贯彻"边开采、边治理、边恢复"的原则，及时治理恢复矿山地质环境，复垦矿山压占和损毁土地。

《中华人民共和国环境保护法》（2015）第三十条规定："开发利用自然资源，应当合理开发，保护生物多样性，保障生态安全，依法制定有关生态保护和恢复治理方案并予以实施。""边开采、边治理、边恢复"的原则是"规划、开采、治理"相结合的矿山治理模式，使生态治理变被动性治理为主动性治理，变修复性治理为保护性治理，保护性治理结合前期规划治理，实现了生态效益和经济效益的相统一。体现在开发中保护，在保护中开发的指导思想。实现开采生态环境保护由末端治理转变为源头预防、全过程控制。

## 4.4.2 绿色开发

（1）矿山开采应根据不同的矿体赋存条件，宜选用对环境扰动小的机械化、自动化、信息化和智能化开采的技术和装备

① 基本要求。在矿山高效开采过程中，需要考虑资源开发与环境保护相协调，结合矿体的赋存条件，矿山生产以资源的高效开发和循环利用为核心，通过技术创新，优化工艺流程，选用机械化、自动化、信息化和智能化开采的技术和装备，实现开采过程的环境扰动最小化。

② 开采技术和装备选择：

1）开采技术选择。开采方式选择上，能用地下开采的不用露天开采，能用充填法开采的不用崩落法开采。充填开采技术可以大幅度降低岩层的移动，在一定程度上控制地压，缓减开采对周边环境的扰动。根据冶金矿山不同的开采技术条件，选择不同的充填法，当前应用较多的充填法包括：分段空场嗣后充填法、阶段空场嗣后充填法等。

2）装备选择。在开采过程中，选择高效的开采装备，实现设备大型化和自动化、智能化生产，提高资源回收效率和利用率，减少对环境的扰动。

（2）应选用国家鼓励、支持和推广的采选工艺、技术和装备。

① 国家鼓励、支持和推广的技术和工艺国家鼓励、支持和推广的技术和工艺是指国家相关部门发布的先进适用技术工艺装备和材料目录中的技术和工艺，以及国家相关单位认定的社会力量评选的推动绿色矿山建设的技术与装备目录中的技术和工艺。

国家有关部门发布的先进适用技术有《矿产资源节约和综合利用先进适用技目录》《国家鼓励发展的环境保护技术目录》《国家先进污染防治示范技术名录》《安全生产先进适用技术、工艺、装备和材料推广目录》《国家重点节能技术推广目录》《节能机电设备（产品）推荐目录》《产业结构调整指导目录》等。国家相关单位认定的社会力量评选的推动绿色矿山建设的技术与装备目录，如"绿色矿山科学技术奖"中的技术和工艺。

② 采选工艺技术、装备的选择。要选择符合"国家鼓励、支持和推广"的技术；企业要根据实际情况，从资源节约与环境友好方面改革创新技术和工艺；要选择符合清洁生产要求的采矿技术、工艺与装备；选择采矿方法应当结合区域经济特点，根据资源赋存条件、矿井开采技术水平等因素，选用技术先进、经济合

理、安全生产条件好、资源回收率高的工艺和装备，实现资源利用最大化。

（3）应采用绿色开采工艺技术和装备。基本要求是在资源开发过程中优先选择绿色开发技术，从源头上减轻矿山资源开发过程中对地质和生态环境的破坏，解决治理难、恢复慢的难题，及时治理恢复矿山生态环境，同时充分实现资源的分级利用、综合利用。具体要求如下：

① 露天开采矿山宜采用剥采比低、铲装效率高的工艺技术，应根据市场价格和企业生产成本变化，动态调整露天开采境界。露天矿山开采方法与工艺按《冶金矿山采矿设计规范》（GB 50830）的规定执行。剥采比是衡量延深单位开采深度时，在技术上是否可行、经济上是否合理的标准。

② 地下开采宜采用高效采矿法、高浓度或膏体充填技术，宜实现无轨机械化采矿。

应根据矿床开采技术条件，选择合适的高效采矿方法。地下采矿选用充填开采技术要因地制宜，根据不同地质环境和产资源赋存情况选择不同的充填方法。高浓度或膏体充填技术的主要特点是输送的料浆浓度高，具有良好的稳定性和可塑性，充填料浆不沉淀、不离析、不脱水，有利于采场充填接顶，并可避免水泥流失，使得充填体强度更能得到保障，并且减小井下充填对环境的影响。因此，地下开采宜选用高浓度或膏体充填技术。目前高浓度充填技术在铁矿山应用较多，新设计的大规模地下铁矿山大部分采用高浓度或膏体充填法开采。

③ 环境敏感地区和建筑物下、铁路下、水体下等压矿区域应采用充填开采，其他地区在成本可控、经济合理的情况下宜采用充填开采，实现地面无废石堆存，地表变形和次生地质灾害得到有效控制。

④ 宜对残留矿石和矿柱进行技术经济论证，并根据论证结论采用合理的技术进行回收，以提高资源回收率、延长矿山服务年限。

（4）应采用绿色选矿工艺技术。具体要求如下：

① 新建矿山应在充分选矿试验基础上制定适宜的选矿工艺流程。在经济合理的情况下，主矿产及伴生元素应得到充分利用。

新建矿山在确定选矿工艺流程和产品方案时，必须依据矿石的特性和共、伴生资源的赋存特点，进行充分的工艺矿物学研究及选矿试验研究，通过综合研究和论证，确定合理的回收利用工艺流程，在经济合理的情况下，使主金属和共、伴生有用矿物都得到充分回收，最大限度提高主金属选矿回收率和共、伴生矿产资源综合利用率。

② 宜采用节能环保型选矿工艺，禁止采用国家明文规定的限制和淘汰类技术。

选矿工艺方案制定过程中，要充分考虑设备能耗、环保要求，选择节能环保型工艺。鼓励、支持和推广采用自然资源部发布的《矿产资源节能与综合利用先进适用技术推广目录》中的技术与装备，或者国家其他部委认定的有助于推动绿色矿山建设的技术与装备目录，如"绿色矿山科学技术奖"中的技术装备。

③ 对复杂难处理矿石宜采用创新的工艺技术降低能耗，提高技术经济指标，或者采用直接还原等选冶联合工艺。

对于复杂多金属矿和难选氧化矿的处理，宜采用创新的工艺技术，综合考虑技术、资源利用水平及经许效益，选择合理的选矿（冶）工艺流程、产品方案和工艺指标，达到简化工艺流程、降低药耗和节省能耗的目的，现高技术经济指标。根据矿石性质，经综合技术经济对比，因地制宜采用直接还原等选冶联合工艺，推广采用用堆浸、槽浸、搅拌浸或原地浸矿等工艺技术。

（5）开采回采率、选矿回收率指标应符合表 4.2 相关要求。

开采回采率指采矿过程中采出的矿石或金属量与该采区拥有的矿石或金属储量的百分比。选矿回收率指选矿产品（一般指精矿）中所含被回收有用成分的质量占入选矿石中该有用成分质量的百分比。其是考核和衡量矿山企业选矿技术、管理水平和入选矿石中有用成分回收程度的重要技术经济指标。

① 开采回采率、选矿回收率指标。在设计时，可通过建立矿床模型、采选工艺的选择、设备的选型、关键参数的确定，充分考虑并达到开采回收率、选矿回收率指标。在实际生产中，需要根据生产探矿的结果、工艺的补充试验、联合生产试验等信息，优化设计方案，确保达到开采回收率、选矿回收率指标。

表 4.2　冶金矿山开采回采率、选矿回收率指标

| 矿种 | 开采方式 | 开采回采率/% | | | 选矿回收率/% | | |
|---|---|---|---|---|---|---|---|
| 铁矿[①] | 露天开采 | 大型 | | ≥95 | 铁矿类型 | 磨矿细度 | 选矿回收率 |
| | | 中小型 | | ≥90 | 磁铁矿（磁性铁回收率） | 中细粒以上 | 95 |
| | 地下开采 | 稳固矿体 | 缓倾与急倾 | 83 | | 细粒、微细粒 | 90 |
| | | | 倾斜 | 81 | 赤铁矿（含镜铁矿） | 中细粒以上 | 75 |
| | | 不稳固矿体 | 缓倾与急倾 | 79 | | 细粒、微细粒 | 70 |
| | | | 倾斜 | 78 | 磁-赤混合矿 | 中细粒以上 | 78 |
| | | | | | | 细粒、微细粒 | 72 |
| | | 极不稳固矿体 | 缓倾与急倾 | 77 | 褐铁矿 | 中细粒以上 | 55 / 80[①] |
| | | | | | | 细粒、微细粒 | 50 |
| | | | 倾斜 | 75 | 菱铁矿（焙烧工艺） | 中细粒以上 | 80 |
| | | | | | | 细粒、微细粒 | 70 |

| 矿种 | 开采方式 | | 开采回采率/% | 选矿回收率/% | | |
|---|---|---|---|---|---|---|
| 四川攀西钒钛磁铁矿 | 露天开采 | | ≥94 | 铁精矿品位≥54% | | |
| | | | | 入选品位 | | 铁选矿回收率 |
| | | | | TFe≥30% | | ≥71 |
| | 地下开采 | | ≥82 | 25%≤TFe<30% | | ≥66 |
| | | | | 20%≤TFe≤25% | | ≥60 |
| | | | | TFe<20% | | 暂不要求 |
| 锰矿 | 露天开采 | 大中型 | ≥92 | 矿石类型 | 入选品位（Mn %） | 选矿回收率 |
| | | 小型 | ≥90 | | | |
| | 地下开采 | 稳固 薄矿体 | 82 | 氧化锰 | ≥20 | 85 |
| | | 稳固 中厚、厚矿体 | 85 | | <20 | 80 |
| | | 中等稳固 薄矿体 | 81 | 碳酸锰 | ≥15 | 83 |
| | | 中等稳固 中厚、厚矿体 | 84 | | <15 | 78 |
| | | 不稳固 薄矿体 | 80 | 其他锰矿 | | 65 |
| | | 不稳固 中厚、厚矿体 | 83 | | | |
| 铬矿 | 露天开采 | | ≥93 | ≥78 | | |
| | 地下开采 | | ≥85 | | | |

注：引自《四川攀西钒钛磁铁矿资源合理开发利用"三率"最低指标要求（试行）》《铁矿资源合理开发利用"三率"最低指标要求（试行）》《锰矿资源合理开发利用"三率"最低指标要求（试行）》《铬矿资源合理开发利用"三率"最低指标要求（试行）》；

1. 褐铁矿焙烧工艺条件下选矿回收率应达到80%以上。

2. 提高开采回采率方法。通过优化矿山开采设计参数和开采顺序，合理布置工作面，减少矿柱矿量损失；或选用先进的开采技术和装备，如胶结充填开采技术、分穿分爆方式、大型无轨智能装备等，都可以提高开采回采率。

3. 提高选矿（加工）回收率方法。通过优化选矿工艺参数，合理配矿、控制磨矿粒度；或采用选冶联合工艺等先进适用的采选技术和装备。

## 4.4.3 矿区生态环境保护

### 1. 认真落实矿山地质环境保护与土地复垦方案的要求

矿山地质环境指采矿活动所影响到的岩石圈、水圈、生物圈相互作用的客观地质体。矿山地质环境问题指受采矿活动影响而产生的地质环境破坏的现象。主要包括矿区地表塌陷、地裂缝、崩塌、滑坡、泥石流、含水层破坏、地形地貌景观破坏等。土地复垦指对被破坏的土地，通过采取综合整治措施，使其恢复到可供利用状态的活动。

（1）排土场、露天采场、矿区专用道路、矿山工业场地等生态环境保护与恢复治理，应符合相关规定。

（2）土地复垦质量应符合 TD/T 1036 的规定。

（3）暂时难以治理的，应采取有效措施降低对环境的负效应。

（4）恢复治理后的各类场地与周边自然环境和景观相协调；恢复土地基本功能，因地制宜实现土地可持续利用；区域整体生态功能得到保护和恢复。

（5）矿山地质环境治理和土地复垦率应符合矿山地质环境保护与土地复垦方案的要求。

2. 建立环境监测机制，配备专职管理人员和监测人员

环境监测机制指在矿产资源开发过程中，对其影响的人员、环境设备设施、环境状况、环境监测工具和仪器仪表、材料、管理制度等因素的结构关系、运行方式，是决定环境监测行为的内外因素及相互关系的总称。这些因素相互联系，相互作用，要保证环境管理各项工作的目标和任务真正实现，必须建立一套协调、灵活、高效的运行机制。

《中共中央关于全面深化改革若干重大问题的决定》提出应当建立资源环境承载力监测预警机制，对水土资源、环境容量和海洋资源超载区域实行限制性措施。具体到矿山开采领域，因矿山的环境会随着生产的变化而变化，为了实时监控矿山环境变化情况，保障矿山环境符合矿山地质环境保护的要求，矿山企业应建立环境实时监测机制，配备专职管理人员和监测人员。

## 4.5 资源综合利用

矿产资源综合利用是指采用一定的技术工艺或方法，最充分地提取矿产中有用组分和最大限度地利用由其产生的废渣、废液、废气等以获得多种符合工业要求的产品。资源综合利用推动了矿业循环经济的发展，主要包含共、伴生资源的开发、有价元素的回收、废弃物的资源化利用等方面的内容。

### 4.5.1 基本要求

综合开发利用共、伴生矿产资源；按照"减量化、再利用、资源化"的原则，科学利用固体废弃物、废水等资源，发展循环经济。

资源综合利用包含对矿产资源进行综合开发与合理利用，对产生的各种废石等固体废弃物进行资源化再利用，对废水、粉尘等进行回收和合理利用，减少对土地的压占，达到充分利用矿山各类资源的目的。

1. 减量化、再利用、资源化的原则

减量化、再利用、资源化的原则是循环经济重要的实际操作原则（"3R"原则）。在资源开发阶段考虑合理开发和资源的多级重复利用，在生产过程、产品运输及销售阶段考虑过程集成化和废弃物的再利用，在生命周期末端阶段考虑资源的重复利用。

2. 科学合理利用废弃物

（1）固态废弃物利用。通过化验等手段确定固体废弃物的成分，提出废弃物资源化利用方案，明确可以二次回收的成分。根据技术可行、经济合理的原则确定最终废弃物的利用方向。利用方向主要有：全尾砂井下充填、废石用于建材、尾矿二次再选、尾砂制作烧结砖、水泥、陶瓷、轻集料、尾矿微粉、尾矿砂浆等建筑材料等。

（2）选矿废水利用。选用合理的工艺技术，减少废水产生量，实现废水再循环利用。

## 4.5.2　共、伴生资源利用

（1）应对共、伴生资源进行综合勘查、综合评价、综合开发。综合找矿、综合勘查、综合评价、综合开发是共、伴生资源开发利用的基础。

① 综合勘查、综合评价、综合开发：

综合勘查：按照主矿产地质勘查规范要求勘查某主矿产的同时，根据规定，对共、伴生矿产进行的勘查工作。

综合评价：在对主矿产进行勘查评价的同时，对共、伴生矿产的赋存形式、分布规律、品位指标、可利用性、经济意义、矿产资源储量估算等进行研究评价，为综合开发和综合利用提供依据。

综合开发：是指对共生和伴生矿产进行统筹规划，按一定顺序，对不同矿床或同一个矿床的不同有益组分，以及不同层位的共生和伴生矿产同时进行开采。

② 国家相关规定。《中华人民共和国矿产资源法》规定：矿山企业应当贯彻"综合勘探、综合评价、综合开采、综合利用"的方针，加强对矿产资源综合利用的可行性研究，新建或改建矿山的设计应当落实综合开发利用的技术方案、工艺和措施。在采选主要矿产的同时，对具有工业价值的共生、伴生矿产，在技术

可行、经济合理的条件下，都要综合利用矿产资源，矿山企业及其上级主管部门要进行统一规划；对跨部门管辖的矿种，要打破部门和行业分割的界限，由开采主要矿种的部门负责，有关部门参与进行规划、设计，实行一业为主，多业经营。对重要复杂的矿床，国家要专门组织矿产综合利用的科技攻关。

③ 综合勘查、综合评价、综合开发的内容。对共、伴生矿产资源进行综合评价、综合勘查，采用与主矿种同采同运、分采分运、共采分选等方式进行开发。

1）综合勘查：在勘查过程中发现共、伴生资源时要结合具体情况进行综合勘查。综合勘查时，应当考虑伴生、共生组分及其分布规律，取样和测试方法的合理选择，工业指标正确确定和伴生、共生组分储量计算方法的选择等方面。综合勘查可提高资源利用率和经济效益，降低勘查成本。同体共生矿产应随主矿产一起进行综合勘查评价；异体共生矿产的勘查工作，应利用揭露主矿产的工程或增加适当工作量，对矿体进行勘查和评价。

2）综合评价：综合评价时，对矿床内的各类矿石，应查证共、伴生矿产的矿石矿物组成、粒度、结构构造特征，有用、有益和有害组分的赋存状态，矿物之间的共生关系。对呈分散状态存在的组分，应查明载体矿物及赋存形式（如呈类质同象、呈固熔体或微晶分散状态的包裹体、呈离子或络合离子状态吸附于矿物表面、胶体等），加强工艺矿物学的研究，选择合理的加工选冶方法和流程。在勘查报告中应有对查明的共、伴生资源进行综合评价。

3）共、伴生资源开发利用方案编写：制定共、伴生资源综合开发利用方案时，应根据国家《矿产资源综合勘查评价规范》和《矿产资源开发利用方案编写内容》规定编制并严格执行。具体内容包括概述、矿产品需求分析、矿产资源概况、主要建设方案确定、矿床开采、选矿及尾矿设施、环境保护、土地复垦、开发方案简要结论和附图等。

（2）多种资源共、伴生的冶金矿山，应坚持主矿产开采的同时有效回收共、伴生矿产资源，主矿产开发不得对共、伴生资源造成破坏和浪费。

我国很多省份矿产资源在经济发展中所占比例很大，随着《关于建立以国家公园为主体的自然保护地体系的指导意见》的下发，大量的矿产资源开发受限，开发低品位的共、伴生资源势在必行。大多数主矿种都有共、伴生资源，且数量大。但共、伴生矿在一般情况下与主矿种一起产出，在技术和经济上不具有单独开采价值。因此，开采过程中为保证主矿种的开发，共、伴生资源贫化比较严重。

对于达到经济可利用的共、伴生资源，要按照最新的市场经济指标对共、伴生资源进行可行性研究或评价，确定其经济可行性是否符合工业指标要求，计算

回收利用的经济价值指标数据，明确其工艺技术先进水平，选用先进适用的技术和工艺进行回收利用共、伴生资源，从而实现社会效益、经济效益和生态效益最大化。

（3）选择适宜的选矿方法，优化选矿工艺，改善碎磨流程，综合利用共、伴生资源。

选矿是根据矿石中不同矿物的物理、化学性质，把矿石破碎磨细以后，采用重选法、浮选法、磁选法、电选法等方法，将有用矿物与脉石矿物分开，并使各种共生（伴生）的有用矿物尽可能相互分离，除去或降低有害杂质，以获得冶炼或其他工业所需原料的过程。应依据共、伴生资源的赋存特点，开展综合回收利用试验研究工作，通过充分的比选，选取适合的选矿方案。按照最新的市场经济指标，对共、伴生资源进行可行性研究或评价，明确其技术经济边界指标。选用适宜的工艺技术，调整工艺顺序，优化碎磨流程，在充分回收主金属的同时，使共、伴生资源也能获得综合回收。

（4）共、伴生资源综合利用率等指标应符合表4.3、表4.4的规定。

共、伴生矿产综合利用率是指采选作业中，各最终精矿产品中共、伴生有用组分的质量之和与当期消耗矿产资源储量中共、伴生有用组分质量和的百分比。

表4.3 钛的综合利用率指标

| 入选矿石铁钛比 | 钛精矿品位/% | 钛综合利用率/% |
|---|---|---|
| $2.1 \leqslant \omega(\mathrm{TFe})/\omega(\mathrm{TiO_2}) < 2.6$ | | $\geqslant 20$ |
| $2.6 \leqslant \omega(\mathrm{TFe})/\omega(\mathrm{TiO_2}) < 3.5$ | $\geqslant 47$ | $\geqslant 16$ |
| $\omega(\mathrm{TFe})/\omega(\mathrm{TiO_2}) \geqslant 3.5$ | | $\geqslant 12$ |

表4.4 钒的综合利用率指标

| 铁选矿回收率/% | 钒($V_2O_5$)综合利用率/% | 铬($Cr_2O_3$)综合利用率/% |
|---|---|---|
| $\geqslant 71\%$ | $\geqslant 75\%$ | $\geqslant 75\%$ |
| $66 \sim < 71\%$ | $\geqslant 70\%$ | $\geqslant 70\%$ |
| $60 \sim < 66\%$ | $\geqslant 64\%$ | $\geqslant 64\%$ |

### 4.5.3 固体废弃物处理与利用

（1）宜采用井下回填、筑路、制作建筑材料等途径实现废石、尾矿综合利用。

矿山固体废弃物的综合利用是为了减少矿山开采过程中所造成的环境污染和

生态破坏。矿山固体废弃物常规利用方向有井下回填、筑路和制作低值建筑材料。

① 井下回填。在采矿过程中，以矿山固体废弃物作为采空区的充填物，实现资源的回收利用，也减少了矿山固体废弃物对生态环境的破坏。主要有两种方式：一是直接回填到采空区，采矿产生的废石或水仓的淤沉不出坑，将固体废弃物直接回填到采空区中；二是将废石破碎到一定的粒径，作为充填骨料，改善全尾砂的级配，充填到井下采空区。

② 筑路。利用废石和尾矿内含大量的脉石，质地坚硬，是天然的砂石材料，可以用来制作合格的砂石骨料，用作路基的铺设材料，一方面可大幅度减少开山炸石生产的砂石料，另一方面也解决了废石及尾矿地表堆存带来的环境问题。

③ 制作低值建筑材料。可用于水泥和硅酸盐建材的原料、渗水砖、尾矿砂浆、工业废渣铸石、制作玻璃、微晶玻璃的制造等。

（2）建立废石、尾矿加工利用系统，经济可行的矿山宜将废石、尾矿加工成砂石料、混凝土骨料、微晶玻璃、土壤改良剂等产品。

废石、尾矿等固体废弃物利用向加工制造附加值高的产品方面发展，高附加值的产品有砂石料、水泥骨料、微晶玻璃、土壤改良剂。

① 固体废弃物可利用性评价。工业固体废弃物资源综合利用评价是指对开展工业固体废弃物资源综合利用的企业所利用的工业固体废弃物种类、数量进行核定，对综合利用的技术条件和要求进行符合性判定的活动。工业和信息化部发布的《工业固体废弃物资源综合利用评价管理暂行办法》，明确了评价机构的设立、评价机制、评价程序、监督管理等方面的内容。

② 冶金矿山废石和尾矿加工利用方式。冶金矿山废石和尾矿中含有大量的铝、硅等元素，以及石英、花岗岩、白云岩、萤石等，应结合冶金矿山资源特点，综合分析固体废弃物制作的产品经济可行性，建立废石、尾矿加工利用系统。

## 4.5.4 废水处理与利用

（1）废水应采用合理技术、工艺和措施洁净化处理，进行资源化利用。

① 矿井水、选矿废水。矿井水是指在矿山开采过程中，所有渗入井下采掘空间的水，包含地下涌水、生产作业的废水、充填体的滤水。矿井水一般含有超量的悬浮物和重金属离子。选矿废水指选矿工艺环节产生的废水，包括选矿工艺排水、尾矿池溢流水和浓缩滤出水。选矿废水中主要有害物质是重金属离子、矿

石浮选时用的各种有机和无机浮选药剂，包括剧毒的氰化物、氰络合物等。废水中还含有各种不溶解的粗粒及细粒分散杂质。选矿废水中往往还含有钠、镁、钙等的硫酸盐、氯化物或氢氧化物。选矿废水中的污染物主要有悬浮物、酸碱、重金属和砷、氟、选矿药剂、化学耗氧物质及其他的一些污染物如油类、酚、铵、磷等。

② 矿井水处理方法。对于洁净矿井水，可设专用输水管道引出给予利用，作生活饮用水时需进行消毒处理；对于一般矿井水，采用沉淀法在井下或地面去除悬浮物；对于高矿化度矿井水，常用的处理方法主要有蒸馏法、电渗析法和反渗透法等，目前多用电渗析法；对于酸性矿井水，可采用中和法，以石灰成石灰石作为中和制，通常有直接段加石灰法、石灰石中和滚筒法和升流式变滤速膨胀中和法三种工艺流程；对于含有毒有害元素或放射性元素矿井水，首先去除悬浮物，然后对其中不符合目标水质的污染物进行处理。

实际矿井水大多为复合型水，在设计水处理工艺时必须搞清楚水质和水量，然后考虑水处理单元操作的取舍和优化组合，而矿井水或多或少含悬浮物，因而含悬浮物水的处理工艺对于任何类型矿井水都是适用的前处理步骤。

③ 选矿废水处置方法。由于各种矿物性质及选别方法的不同，矿山产生的选矿废水其性质及成分也存在差异，应根据不同来源废水的性质及选矿工艺对回水性质的要求，选用合适的废水处理技术及废水回用方法，尽量降低回水使用对生产技术指标的影响，合理调配使用选矿废水，使最大量的选矿废水在选矿工艺内循环使用，控制并减少选矿废水的对外排放量。

处理选矿废水的方法很多，有氧化、沉降、离子交换、活性炭吸附、浮选、电渗析等，其中氧化法和加药沉降法应用最为普遍。矿山选矿废水处理系统应根据废水的水质和水量来进行设计和建设。

④ 水处理质量要求。矿山采选的各类废水排放应达到《污水综合排放标准》（GB 8978）标准要求，矿区水环境质量应符合《地表水质量标准》（GB 3838）、《地下水质量标准》GB/T 14848）要求；污废水处理后作为农业和渔业用水的，应符合《农田灌溉水质标准》（GB 5084）、《渔业水质标准》（GB 11607）标准要求。处理后的废水要有正规的监测或检测报告。

（2）宜充分利用矿井水，选矿废水应循环利用，循环利用率不低于90%。

工业用水循环利用率指工业企业循环冷却水的循环利用量与外补新鲜水量和循环水利用量之和比，以百分比计。

矿井水处理设施包括：矿井水收集、预沉与调节、净化处理、深度处理、消毒、污泥浓缩与脱水、药剂配制及自动控制等设施或设备。一般矿井水处理达标后作为选矿新水补充。

选矿过程需要消耗大量水，宜充分利用矿井水，减少新水使用量。选矿过程生的废水因含有重金属离子和选矿药剂，不能外排，废水循环重复利用符合以下要求：

（1）要求各工段产生的废水尽可能直接采取厂前回水措施，回用至各相应的工段。

（2）相应工段未能循环利用的部分，可考虑设置水处理站处理后回用或随尾水排至尾矿库经自然降解处理后再进行回用。

（3）循环利用率不低于90%。

## 4.6 节能减排

节能减排是主要体现能源管理水平和装备的先进程度以及对污染物的控制水平。采用先进的技术措施、创新的管理手段，降低能源消耗、减少污染物排放。

### 4.6.1 基本要求

建立矿山生产全过程能耗核算体系，通过采取节能减排措施，控制并减少单位产品能耗、物耗、水耗，"三废"排放符合生态环境保护部门的有关标准、规范和要求。

节能减排是指通过先进技术装备与科学管理的手段，在建设和生产中节约物质资源和能量资源，减少废弃物和环境有害物（包括"三废"和噪声等）的排放。单位产品能耗是反映平均完成单位产品所消耗的能源量，简单地说就是能源消耗量与产品产量的比值。物耗是物资消耗的简称，物资消耗是企业的一个主要负担和成本构成。企业常用物资消耗定额来衡量物资消耗的程度。物资消耗定额是指在一定的生产和技术条件下，制造单位产品或完成某种生产任务，合理消耗的物资数量。水耗是指在单位标准下对水的消耗量，常用于企业对成本及消耗指标的核算，同时环保部门也将水耗作为对企业要求的环保指标之一。如今在能源日渐紧张、提倡节约的时代，水耗指标的高低将直接作为企业环保是否达标的关键指标。

矿山企业要建立一个完整有效的能源管理体系，对生产全过程进行能耗核算,并在实施中持续改进,以达到预期的能源消耗或使用目标。矿山企业应将节能减排任务目标进行层层分解落实并配套各项响应机制,监督各项工作的实施。矿产资源开采能耗及产品综合能耗相关指标要符合矿山设计或清洁生产要求以及当地产业政策及行业准入条件等规定。

节能设计应优先选用高效率、低能耗的工艺技术和装备,多用大型化、自动化电液驱动设备和散装物料连续运输设备。优化开采、运输、加工、堆存等工艺流程和设置配置,简化工艺线路,缩短工艺链长度;充分利用设置空间及其天然势能,缩短石料运输距离,避免倒运。充分回收利用矿山开采和骨料加工过程中产生的废水、废渣和粉尘。

冶金矿山要采取节能减排措施,比如根据矿体开采技术条件,采用机械化水平高、成本低、生产能力大、能耗低的采矿方法;选择适宜的开拓系统,降低矿石、废石的提升运输成本等。

矿山的"三废"排放应符合生态环境保护部门的有关标准、规定和要求。

## 4.6.2　节能降耗

(1)开发利用高效节能的新技术、新工艺、新设备和新材料,及时淘汰高能耗、高污染、低效率的工艺和设备,推广使用变频设备及节能照明灯具。

矿山要结合节能技改计划,研究和推广节电新技术、新产品、新材料和新工艺,比如选择节能型变压器,淘汰高耗能变压器;选择新型高效节能电动机,淘汰高耗能电动机;采用通过改变交流电频率的方式实现交流电控制的变频技术;应用绿色照明节电技术等。

另外推荐使用高效节能技术,比如节水技术、节电技术、节气技术、工艺改造节能技术等;鼓励使用《节能机电设备(产品)推荐目录(工业和信息化部)目录中的技术;淘汰《高耗能落后机电设备(产品)淘汰目录》(工业和信息化)目录中的技术。

(2)建立生产全过程制能耗核算体系,控制单位产品能耗。铁矿山开采的单位产品能耗、选矿单位产品能耗具体指标见表4.5、表4.6的规定。

生产全过程能耗核算体系已在前文有所叙述。铁矿山开采单位产品能耗应符合《铁矿地下开采单位产品能源消耗限额》(GB 31336)和《铁矿露天开采单位产品能源消耗限额》(GB 31335)的要求,参见表4.5。铁矿山选矿单位产品能耗应符合《铁矿选矿单位产品能源消耗限额》(GB 31337)的要求,具体见表4.6。

表 4.5 铁矿采矿单位产品能耗限定值

| 开采方式 | 开采类型 | 矿山规模 | 单位产品可比综合能耗/(kgce/t) |
|---|---|---|---|
| 露天开采 | 现有矿山 | 中型以上(含中型) | ≤0.80 |
| | | 小型 | ≤1.04 |
| | 新建、改扩建矿山 | 中型以上(含中型) | ≤0.49 |
| | | 小型 | ≤0.64 |
| 地下开采 | 现有矿山 | 中型以上(含中型) | ≤3.60 |
| | | 小型 | ≤4.68 |
| | 新建、改扩建矿山 | 中型以上(含中型) | ≤2.60 |
| | | 小型 | ≤3.38 |

表 4.6 铁矿选矿单位产品能耗限定值

| 开采方式 | 选矿工艺类型 | | 单位产品可比综合能耗/(kgce/t) |
|---|---|---|---|
| 现有矿山 | 弱磁选 | | ≤4.1 |
| | 联合选别 | | ≤5.7 |
| | 焙烧选别 | 竖炉 | ≤48.5 |
| | | 回转窑 | ≤54.3 |
| 新建、改扩建矿山 | 弱磁选 | | ≤3.3 |
| | 联合选别 | | ≤4.2 |
| | 焙烧选别 | 竖炉 | ≤45.6 |
| | | 回转窑 | ≤51.8 |

铁矿选矿综合能耗,包括从入厂到合格铁精矿仓(池)、尾矿进库(堆场)的全过程,包括选矿主要生产系统、辅助生产系统以及直接为生产服务的附属生产系统(办公楼、食堂、浴室)所消耗的各种能源的实物量,并按照(GB/T 2589)的规定折算成标准煤,电力折标准煤系数当量值 0.1229kgce/(kW·h)。

(3) 铁矿企业宜通过节能技术改造和节能监管,具体指标应符合表 4.7 和表 4.8 的规定。

铁矿主要节能技术改造包括：选择先进适用开采技术、工业锅炉改造、余热余压利用、电机系统节能改造、主排水系统节能技术改造、通风机节能技术改造、变频器节能技术改造、高效节能电液控制集成创新技术改造、球磨机节能技术改造等。同时，《〈中华人民共和国节约能源法〉第十六条规定："对高耗能的特种设备，按照国务院的规定实行节能审查和监管"。节能监管应考虑构建节能管理体系、统一监管认识、明确职责、全面掌握高能耗设备状况，加强生产环境节能监管和服务，达到采矿、选矿单位能耗的限定值等。

表 4.7　铁矿采矿单位产品能耗限定值

| 开采方式 | 矿山规模 | 单位产品可比综合能耗/(kgce/t) |
|---|---|---|
| 露天开采 | 中型以上(含中型) | ≤0.30 |
|  | 小型 | ≤0.39 |
| 地下开采 | 中型以上(含中型) | ≤2.05 |
|  | 小型 | ≤2.67 |

表 4.8　铁矿选矿单位产品能耗限定值

| 选矿工艺类型 | 焙烧选制 | 单位产品可比综合能耗/(kgce/t) |
|---|---|---|
| 弱磁选 |  | ≤2.4 |
| 联合选别 |  | ≤3.3 |
|  | 竖炉 | ≤42.4 |
|  | 回转窑 | ≤49.7 |

注：随着铁矿的品位降低，选矿难度的增加，本表数据已经不适应行业发展需要，仅供参考。

(4) 锰矿和铬矿矿山开采综合能耗、选矿(加工)综合能耗应低于国家、行业相关标准及当地政府有关部门规定考核的限额。

锰矿和铬矿矿山开采综合能耗、选矿(加工)综合能耗铁矿开采单位产品能源消耗限额应符合《铁合金单位产品能源消耗限额》(GB 21341)规定的准入值。现有铁合金生产企业单位产品能耗限额限定值指标包括单位产品冶炼电耗、焦炭消耗和单位产品综合能耗，其限定值应不大于表4.9中的3级能耗指标；新建成改建铁合金生产企业单位产品能耗准入值指标包括单位产品冶炼电耗、焦炭消耗和单位产品综合能耗，共限定值应不大于表4.10中的2级能耗指标。

表 4.9　铁合金矿热炉生产企业单位产品能耗等级

| 产品品种 | 能耗限额等级 | | | | | | 入炉矿品位 | 备注 |
|---|---|---|---|---|---|---|---|---|
| | 1级 | | 2级 | | 3级 | | | 入炉矿品位每升高（降低）1%，电耗限额值降低（升高）值/（kW·h/t） |
| | 单位产品冶炼电耗 | 单位产品综合能耗 | 单位产品冶炼电耗 | 单位产品综合能耗 | 单位产品冶炼电耗 | 单位产品综合能耗 | | |
| | (kW·h/t) | (kW·h/t) | (kW·h/t) | (kW·h/t) | (kW·h/t) | (kW·h/t) | | |
| 硅铁 | ≤8050 | ≤1770 | ≤8300 | ≤1835 | ≤8500 | ≤1970 | $SiO_2$ 98% | — |
| 电炉高碳锰铁 | ≤2100 | ≤610 | ≤2460 | ≤660 | ≤2650 | ≤780 | Mn 38% | 60 |
| 锰硅合金 | ≤3800 | ≤860 | ≤4000 | ≤910 | ≤4250 | ≤1010 | Mn 34% | 100 |
| 高碳铬铁 | ≤2650 | ≤710 | ≤3050 | ≤750 | ≤3100 | ≤870 | $Cr_2O_3$ 40% | 80(铬铁比≥2.2) |

表 4.10　铁合金矿高炉锰铁生产企业单位产品能耗等级

| 产品品种 | 能耗限额等级 | | | | | | 入炉矿品位 | 备注 |
|---|---|---|---|---|---|---|---|---|
| | 1级 | | 2级 | | 3级 | | | 入炉矿品位每升高（降低）1%，焦炭消耗限额值降低（升高）值/（kg/t） |
| | 单位产品焦炭消耗 | 单位产品综合能耗 | 单位产品焦炭消耗 | 单位产品综合能耗 | 单位产品焦炭消耗 | 单位产品综合能耗 | | |
| | (kg/t) | (kgce/t) | (kg/t) | (kgce/t) | (kg/t) | (kgce/t) | | |
| 高炉锰铁 | ≤1280 | ≤800 | ≤1320 | ≤950 | ≤1350 | ≤1050 | Mn 37% | 30 |

## 4.6.3　粉尘排放

应采取喷雾洒水措施，降低生产作业现场物料倒运点位的产尘量。一般物料倒运产尘点包括矿场、废石堆场、皮带端部受料点、料仓装卸料处、运输道路等地方。喷雾降尘是指将水分散成雾滴喷向尘源的抑制和捕捉粉尘的方法与技术；洒水降尘是用水湿润沉积于生产作业现场的矿山粉尘。在生产作业现场各处物料倒运点位应配置完善的喷雾洒水降尘设施，以实现降尘抑尘。

工作场所粉尘浓度应符合《工作场所有害因素职业接触限值》(GBZ 2.1) 第1部分:化学有害因素规定的粉尘容许浓度要求。通过喷雾洒水降尘等手段或措施,使物料倒运产尘点的矽尘浓度符合表4.11的要求。

**表4.11 矿山矽尘容许浓度要求**

| 序号 | 矽尘 | 总尘/(mg/m³) | 呼尘/(mg/m³) |
|------|------|------|------|
| 1 | 10%≤游离 $SiO_2$≤50% | 1 | 0.7 |
| 2 | 50%≤游离 $SiO_2$≤80% | 0.7 | 0.3 |
| 3 | 游离 $SiO_2$>80% | 0.5 | 0.2 |

### 4.6.4 废水排放

(1) 矿山应单独或联合建立矿山废水处理站,同时实现雨污分流、清污分流。

矿山生产废水包括矿井水和选矿废水,由于其性质与成分存在差异,需要根据废水来源和水质的不同,选用不同的处理方法。一般矿井水处理达标后作为选矿新水补充,选矿废水处理后或直接泵送作为回水使用。

矿山须建立污水处理站,集中处理生活污水。污水处理站具有完备的污水处理功能。根据矿井水的分类,配备矿井水处理设施,包括矿井水收集、预沉与调节、净化处理、深度处理、消毒、污泥浓缩与脱水、药剂配制及自动控制等设施或设备。根据污水处理后排入地表水域或环境功能和保护目标,确定污水处理后的等级。选矿废水实现循环利用或零排放。废水处理站要按照国家和地方的有关规定设置规范化排污口,排污口应按相关要求安装在线监测系统。

雨污分流是一种排水体制,是指将雨水和污水分开,各用一条管道(沟)输送,分别集中进行排放或后续处理的排污方式。雨污分流便于雨水收集利用和集中管理排放,降低水量对污水处理厂的冲击,保证污水处理站(厂)的处理效率。雨污水通过管道排放,在雨天实现雨污分流,雨水经路面下水道流入河流或被利用,污水被输送到污水处理厂。雨水污染轻,经过分流后,可直接排入城市内河,经过天然沉积,既可作为天然的景观用水,也可作为供应喷洒道路的城市市政用水,因而雨水经过净化、缓冲流入河流,能够提高地表水的运用效益。

清污分流是将高污染水和未污染或低污染水分开,分质处理,减少外排污染物量,降低水处理成本。清、污水是一个相对的概念,跟原水水质、排放标准等密切相关。

实行清污分流、清污管路分别铺设；实行雨污分流、雨水沟与污水管群分开设置。雨污分流、清污分流能够节省污水处理成本。

污水应在处理后达到《污水综合排放标准》（GB 8978）和《钢铁工业水污染物排放标准》（GB 13456），方可进行排放。在车间或车间处理设施排放口采样，需符合表4.12的要求。

表4.12 第一类污染物最高允许排放浓度（mg/L）

| 序号 | 污染物 | 一级标准 |
|------|--------|----------|
| 1 | 总汞 | 0.05 |
| 2 | 烷基汞 | 不得检出 |
| 3 | 总镉 | 0.1 |
| 4 | 总铬 | 1.5 |
| 5 | 六价铬 | 0.5 |
| 6 | 总砷 | 0.5 |
| 7 | 总铅 | 1 |
| 8 | 总镍 | 1 |
| 9 | 苯并(a)芘 | 0.00003 |
| 10 | 总铍（按 Be 计） | 0.005 |
| 11 | 总银（按 Ag 计） | 0.5 |
| 12 | 总 α 放射性 | 1Bq/L |
| 13 | 总 β 放射性 | 10Bq/L |

（2）矿区及贮存场应建有雨水截（排）水沟。

矿区及厂区按《排水沟设计规范》（GB/T 1643.4）建设雨水截（排）水沟，汇集和疏导场地的地表径流水，并在水沟末端设三级沉淀池，经沉淀处理后应达到《地表水环境质量标准》（GB 3838）方可排放。

排水沟一般设在填方路基下，用来排路面水。自然排水沟是利用施工现场的自然条件挖掘而成，具有省时、省工的特点，在沟底铺设明石或碎石，不仅可以免于水流的冲刷，有利于保护沟底，同时还能沉淀水中的污物。自然排水沟在规模较小、施工工期较短或者在施工期间用水或雨水不是很大的施工工程中经常采用。明露排水沟通常结合现场硬化地面做成，它的优点是省工、省料和经济，排水沟功能也十分明确，不足的是断面不宜很大，特别是施工场地较小时，深度尺寸受到限制，排水能力显得吃力，同时，也容易影响或妨碍施工期间施工人员和施工机械的行走，适合施工工期较短、建筑规模较小、少雨季节施工及冬季施工的工程。

截水沟一般设置在矿区开有最终边坡顶部、挖方段路基边坡上，用来拦截雨水、地表水冲刷边坡及路基。挖方路基的堑顶截水沟应设置在坡口5m以外，填方路基上侧的路堤截水沟距填方坡脚的距离不应小于2m。在多雨地区，视实际情况可设一道或多道截水沟，其作用是拦截路基上方流向路基的地表水，保护挖方边坡和填方坡脚不受水流冲刷。

截水沟设置时主要考虑位置。在无弃土堆的情况下，截水沟的边缘离开挖方路基坡顶的距离视土质而定，以不影响边坡稳定为原则；路基上方有弃土堆时，截水沟应离开弃土堆1~5m，弃土堆坡脚离开路基挖方坡顶不应小于10m，弃土堆顶部应设2%倾向截水沟的横坡；山坡上路堤的截水沟离开路堤坡脚至少2m，并用挖截水沟的土填在路堤与截水沟之间，修筑向沟倾斜坡度为2%的护坡道或土台，使路堤内侧地面水流入截水沟排出。

### 4.6.5 固体废弃物排放

（1）应优化采选工艺技术，减少废石等固体废弃物排放。

矿山开采首先要采取各项措施做到废石源头减量，比如采用合理的开采方式，优化采选设计，选用先进合理的采、选工艺技术，从源头上减少固体废弃物产生；加强矿体勘探，优化采矿工艺，优先采用充填法开采，选取合理爆破参数，改善爆破效果，降低矿石的贫化率和损失率，尽可能提高矿石的入选品位；优化选矿工艺，提高有用成分的综合回收率，降低尾砂产率。同时，要做到固体废弃物减排，选择先进的工艺技术，因地制宜地对废石等固体废弃物进行资源化综合利用，减少排放。

（2）应对生产过程中产生的废石、尾矿进行资源化利用。

固体废弃物资源化利用应开展废石、尾矿中的有用组分回收和尾矿中稀有金属的提取与利用，以及针对废石、尾矿开展回填、筑路、制作建筑材料等资源化利用工作。

矿山固体废弃物中含有大量重金属元素，如铁矿中含有V、Ti、Cu、Pb、Zn等有价元素，在矿山固体废弃物的处理中，如果能将这些有用元素进行回收利用，不仅可以减少对环境造成的破坏，还能将其用于生产实践中，促进社会生产的进步。

在采矿过程中，要加强对矿产资源的勘探和开发设计，以矿山固体废弃物作为采空区的充填物，实现资源的回收利用，减少矿山固体废弃物对生态环境的破坏。井下回填主要有两种方式：一是直接回填到采空区，采矿产生的废石或水泵房内生产的淤泥不出坑，将固体废弃物直接回填到采空区中；二是将废石破碎到一定的粒径，作为充填骨料，改善全尾砂的级配，充填到井下采空区。

冶金矿山固体废弃物也可用于制作建材，例如：井下废石或磁选后粗砂用于制作各种级配的砂石产品；对铁尾砂进行超细粉磨和高温养护，配合粉煤灰制备高强度混凝土；利用铁尾砂制砖；制造微晶玻璃，用作建筑房屋的隔墙，其耐热性和节能性都比较好。

冶金矿山固体废弃物还可以用作土壤改良剂和微量元素肥料。铁尾矿中往往含有 Fe、Zn、Mn、Cu、Mo、V、B、P 等微量元素，这些正是维持植物生长和发育的必需元素，对其进一步磁化可制成磁化尾矿土壤改良剂，如再掺入一定比例的 N、K、P 等元素，可磁化成磁尾复合肥，对植物生长非常有利。

# 4.7　科技创新与数字化矿山

科技创新能够从技术上保障绿色矿山建设过程中提高效率和降低成本，是绿色矿山建设的重要动力。矿山企业要建立科技创新的体系，配备专门科技人员，开展支撑企业绿色发展的关键技术研究，改进工艺技术水平。

数字化矿山目的是使生产处于最佳状态和最优水平，综合考虑生产、经营、管理、环境、资源、安全和效益等各种因素，实现矿山企业生产、经营和管理信息化，提高其整体效益、市场竞争力和适应能力。

## 4.7.1　基本要求

（1）建立科技研发队伍，推广转化科技成果，加大技术改造力度，推动产业绿色升级。

推动产业转型和绿色发展是六部委联合印发的《关于加快绿色矿山建设的意见》中关于绿色矿山建设应达到的三大目的之一。矿山企业科技创新的基本任务包含四个方面，即建立科技研发队伍、推广科技成果转化、加大技术改造、推动矿山企业绿色发展和产业转型升级。这四个方面的要求也体现出科技创新在绿色矿山建设中的定位，明确了科技创新在绿色矿山建设过程中的能动作用。矿山企业建立科技创新的体系，应重点开展支撑企业绿色发展的关键技术研究，因地制宜，改进技术工艺水平。

（2）建设数字化矿山，实现矿山企业生产、经营和管理信息化。

数字化矿山是指采用信息技术、网络技术、控制技术、智能技术，借助"互联网+"、大数据、物联网、云计算等技术，应用于矿山生产各个环节的管理和决策之中，提升矿山整体信息化水平，实现企业经营、生产决策、安全生产管理和设备控制的信息化。数字矿山系统是建立在数字化、信息化、虚拟化、智能化、集成化基础上的，由计算机网络管理的管控一体化系统。

数字化矿山建设的目标就是以计算机及其网络技术为手段，把矿山的所有空间和有用属性数据实现数字化存储、传输、表达和深加工，并应用于矿山生产各个环节的管理和决策之中，优化矿山生产的系统，达到提高资源综合利用水平、降低生产成本、实现利润最大化的目的。

围绕数字矿山建设的具体目标，数字化矿山建设的基本内容有：安全监测监控系统、工业电视监视系统、资源与地测信息系统、采矿协同管理系统、输配电地理信息系统、综合管线管理系统、资产管理系统、矿山生产成本管理系统、矿山综合管理系统等。

## 4.7.2  科技创新

（1）应建立以企业为主体、市场为导向、产学研用相结合的科技创新体系。

"产学研用"是指企业、高校、科研院所、用户相互配合，发挥各自优势，形成强大的研究、开发、生产、应用一体化的先进系统。它是科研、教育、生产、市场不同社会分工在功能与资源优势上的高度协同与集成化，是科技与产业的无缝对接，是一种合作系统工程，可以有效地解决科技创新与经济社会发展脱节、高校学科方向与地方主导产业契合度不高、科研队伍与市场距离过远等问题，把高校掌握的方法论、科研院所掌握的阶段性领先技术、现场人员发现问题的能力和解决问题中的时间作用结合起来，充分利用各层次人才的优势，直接获取实际经验、实践能力为主的生产、科研实践有机结合。企业有动力、市场有魔力，院所有能力、现场有精力。"四力"拧成一股，发挥强劲的创造力。

科技创新体系是由以科学研究为先导的知识创新体系、以标准化为轴心的技术创新体系和以信息化为载体的现代科技引领的管理创新体系构成的相互渗透、互为支撑、互为动力，推动科学研究、技术研发、管理与制度创新的系统。加强与高校、科研机构以及科技型社团的合作，在矿山企业建立产学研相结合的技术创新体系，是提高矿山企业自主创新能力和绿色发展的主要路径。推动矿山绿色开发、综合利用、节能减排、地质环境治理与生态修复等方面的技术升级和工艺改造、资源回收率和综合利用率，加速产业结构的绿色转型发展。

鼓励和引导企业建立科技创新平台。目前，科技创新平台主要有：工程技术研究中心、国家(省)企业技术中心、重点实验、院士工作站、创新工作室等。

(2) 配备专门科技人员,开展支撑企业主业发展的关键技术研究,在资源高效开发,资源综合利用等方面,不断改进工艺技术、装备水平。

绿色发展是以效率、和谐、持续为目标的经济增长和社会发展方式。矿山企业的绿色发展结合矿山的资源赋存、生态环境,城乡建设规划的实际情况,开展关键技术研究,改进工艺技术水平,实现矿山企业经济效益、社会效益、生态效益的协调统一。

矿山企业绿色发展的关键技术主要包括:资源高效开发技术、资源综合利用技术、环境保护与节能成排技术、矿山土地复垦与生态重建技术、信息化和智能化技术等。矿山企业开展绿色发展的关键技术研究,应设置专门机构,配备科技人员;要有一定的科研装备或设施和经费预算;根据企业绿色发展的实际情况,确立明确的科研目标、科研计划、实施细则及管理制度;同时要建立考核制度,完善考核办法。

(3) 研发及技改投入不低于上年度主营业务收入的 1.5%。

研发投入是指企业在产品、技术、材料、工艺、标准的研究、开发过程中发生的各项费用投入。技改投入是指企业为了技术进步,增加产品产量,提高产品质量,增加产品品种,促进产品升级换代,节约能源,降低消耗和成本,加强资源综合利用和"三废"治理及劳保安全等,采用新技术、新工艺、新设备、新材料等对现有设施、工艺条件等进行技术改造和更新,增加技术措施的投入。主营业务收入是指企业从事本行业生产经营活动所取得的营业收入。

《财政部 国家税务总局 科技部 关于完善研究开发费用税前加计扣除政策的通知》及《关于提高研究开发费用税前加计扣除比例的通知》中规定了加计扣除适用范围。目前企业都可以享受 75% 的税前加计扣除税收优惠政策。

矿山企业的主营业务收入指"产品销售收入",企业在填报主营业务收入时,一般根据企业会计" 损益表"中有关主营业务收入指标的上年累计数填写。研发及技改投入要求企业设置专门的研发及技改财务科目,宜开展科研或技改专项审计;同时研发及技改投入不低于上年度主营业务收入的 1.5%;矿山研发及技改投入资金应按项目计划及时拨付,保证项目正常开展,推进科研成果转化和绿色矿山建设。

## 4.7.3　数字化矿山

(1) 应建设矿山生产自动化系统,实现生产、监测监控等子系统的集中管控和信息联动。

矿山应通过实现设备的机械化和系统的自动化达到换人、减人的目的，提高工作效率，将矿山生产维持在最佳状态和最优水平。

矿山自动化的基本要素是全矿范围的信息与数据采集系统。矿山自动化的基本要求主要包含：有高速大容量双向全矿通信和信息系统网络；有计算机信息管理系统；有与全矿信息系统网络相接的自动化和遥控的机械设备；有自动化的控制能力，能够根据企业内外条件变化，通过改变矿山内部因素，连续优化，从而使产值达到最高水平；实现对全矿安全、生产的远程集中监测与控制；生产自动化系统应能提供远程通信接口或自动实时数据交换方式，能够与矿山数据库的实时数据交换平台交换数据。

矿山生产自动化系统建设资金投入大，部分子系统既互相关联，又相对独立，在经费允许的情况下，可以采用循序渐进的原则分批建设。首先要制定数字化矿山建设规划，然后进行基础设施建设，即先构建平台运行的硬件环境；再对平台进行网格化管理，包括生产过程管理；最后通过信息的挖掘与应用，形成从生产链到供应链，再到营销链的智能矿山管控一体化过程。

矿山生产自动化系统建设内容较多，主要包括构建矿山自动化集中管控系统；开采作业场所、空压机房、皮带运输系统等场所固定设施安装自动化控制系统；对废石场、废渣场等堆场、边坡建设安全、环境监测系统平台，对废水污水、粉尘、噪声等建设在线监测平台；在卸料口、水泵房、变电站、排土场、过磅房、污水处理厂等主要工作场所安装远程视频监控系统，做到24小时全时段监控等。

（2）宜建立数字化资源储量模型，进行矿产资源储量动态管理和经济评价，实现矿产资源储量利用的精准化管理。

数字化资源储量模型主要通过建立地质数据库，利用三角网建模技术，创建矿区地层模型、矿体模型、构造模型或其他类型模型。按照国际矿业领域通用块体模型概念，运用地质统计学估值方法，完成品位模型的创建。以三维可视化平台为基础，应用各种方法所获得的地质数据，建立三维空间数据可视化分析模型，研究基于地质勘探数据的多指标地质体界线快速圈定技术、算法及三维地质体构模方法。

数字化资源经济模型是用国际公认的"块段模型+地质统计"储量计算方法，结合国内储量分级标准和传统的储量计算方法，以及国内认可的矿产经济学原理和地质经济指标，采用符合国家储量估算标准和经济评价规范，集原始样品编录、组合、概率分布模型、块段建模、品位估值和储量计算于一体的高度集成的应用软件，实现不同技术经济指标条件下矿床经济模型的快速圈定与经济评价。

矿产资源储量动态管理是矿产资源储量管理的一个重要组成部分，是合理利用矿产资源的最关键环节。开展矿山储量动态管理的主要目的是通过一定技术手段弄清楚矿山企业本年度动用、消耗矿产资源储量情况，使矿山企业做到底数清楚；同时使政府及时掌握矿产资源储量变动情况，为资源管理部门监督矿山企业是否合理利用矿产资源提供依据。

储量动态管理可进一步摸清资源储量情况，有利于预防矿山在开采过程中出现资源破坏和浪费资源现象。储量动态管理应做到日常监管与年度矿山储量地质测量工作相结合、技术服务与管理相结合、储量动态管理与资源合理开发利用相结合。矿山应参照《国土资源部关于印发〈矿山储量动态管理要求〉的通知》的规定，建立资源储量3D模型，实现资源储量的动态管理。同时应建立资源经济模型，运用技术经济方法，全面分析各种因素，对矿产资源开发利用的影响论证其开发利用经济价值，实现资源的动态经济评价。

（3）应建立矿山生产监控系统，保障安全生产。

矿山生产监测监控系统是以生产矿山的综合信息化为目标，集成自动化控制系统、计量系统、信息化管理系统，是对生产、设备、质量、安全等生产过程实时、动态、统一的监控，服务于企业运营，为企业的精益生产、安全保障提供技术保障和信息支持。矿山生产监测监控系统要求生产过程全面覆盖、信息无缝集成、数据实时刷新、显示直观便捷、系统统计分析等。

矿山生产监测监控系统包括生产作业监测监控系统和生产安全监测监控系统等。矿山生产安全监控系统的主要内容有：地下矿山有毒有害气体浓度、风速、风压、温度、地压等，露天边坡，排土场，尾矿库等。安全监测监控系统的建设应符合《金属非金属地下矿山监测监控系统建设规范》（AQ 2031）、《金属非金属露天矿山高陡边坡安全监测技术规范》（AQ 2063）、《尾矿库安全监测技术规范》（AQ 2030）的要求。

（4）矿山宜推进机械化换人、自动化减人，实现矿山开采机械化，选冶工艺自动化。

矿山推进采选冶工艺及过程的机械化和自动化，实现生产、监测监控等子系统的集中管控和信息联动，减少人工作业，改善矿工的安全和健康状况，实现以自动化控制替换人员操作，提高工作效率和矿山安全生产保障能力，将矿山生产维持在最佳状态。可以通过多种途径实现这一目标，比如应用各种机械设备代替人工凿岩、出矿、撬毛等作业，实现凿岩、装药、出矿和充填等生产工艺的机械化和自动化；应用各种机械设备替代人工凿岩、出渣和支护，实现掘进机械化；应用具有远程遥控或全自动无人驾驶功能的有轨运输电机车，结合自动放矿、溜井料位监测、自动化称重计量等配套手段，代替人工运输、人工放矿，实现运输系统无人化和机械化；采用智能监测与自动控制技术，建立矿山无人值守系统，代替人工井下现场值守；提高选矿工艺自动化水平，包括碎矿控制、磨矿控制、浮选控制、浓浸控制等工艺，提高选矿生产整体工艺的自动化水平，达到节约能源、降低损耗、提高劳动生产效率、提高产品回收率及精矿品位、降低设备故障发生率、节省人力成本、管理过程精细化等目标。

（5）矿山宜采用计算机和智能控制等技术建设智能化矿山，实现信息化和工业化的深度融合。

所谓智能化矿山，就是以安全、高效、环保、健康为目标，运用先进的测控、信息和通信技术，对矿井安全生产和经营管理信息进行采集、分析和处理，实现协同运行并提供决策支持的矿山。

智能化矿山的设计内容主要包括：系统网络架构、传输网络、平台软硬件、数据中心、调度监控中心及信息资源共享和协同运行的架构形式等信息基础设施的规划；矿山生产智能化系统的接入条件，实现网络融合；矿井不同来源的各种数据全面互联互通和信息共享，实现矿井大数据的智能分析并形成决策支持；包含矿山信息化系统的系统安全、网络安全、应用安全等方面的安全保障措施。

智能化矿山建设的核心是装备的智能化，而装备的智能化正是信息化和工业化的深度融合的产物。鼓励矿山实现地质信息及开采环境数字化、采矿生产过程自动化、采矿生产管理信息化、优化作业决策自主化；鼓励矿山使用矿山机器人，建设智能选矿厂，通过建立控制模型实现对各个生产环节（如破碎、筛分等）及整个生产工艺指标智能化生产和控制。

## 4.8　企业管理与企业形象

企业管理体现在企业的管理体系对绿色矿山建设的保障能力。应考虑制度和要求是否真正落实到位，是否与绿色矿山建设持续改进原则相符合。企业形象是指人们通过企业的各种标志，而建立起来的对企业的总体印象，是企业文化建设的核心。企业形象是企业精神文化的一种外在表现形式，它是社会公众与企业接触交往过程中所感受到的总体印象。

## 4.8.1　基本要求

1. 应建立产权、责任、管理和文化等方面的企业管理制度

现代企业管理制度是对企业管理活动的规划和控制，包括公司经营的目的和理念，公司的目标与战略，公司的管理组织以及各业务职能领域活动的规定。

企业产权制度是指企业的财产制度，是企业制度的核心，它决定了企业财产的组织形式和经营机制。企业产权制度包括三种形态：业主制产权制度、合伙制产权制度和公司制产权制度。完善公司产权管理制度，规范产权管理，降低产权风险，确保资产归属清晰、权责明确、保值增值，明确责、权、利关系，满足企业总体发展战略的需要。

企业应建立健全主要负责人、分管负责人、各级管理人员、职能部门、岗位人员以及设备、设施、系统等各类责任管理制度。例如：人员岗位责任制、部门责任制、安全生产责任制、技术管理责任制、设备管理责任制、营销管理责任制、应急救援责任制、调度指挥责任制、矿山信息化责任制等。

企业应围绕生产经营建立系统的管理制度，主要包括：人力资源管理制度、职工培训管理制度、薪酬管理制度、绩效考核制度、档案管理制度、资源综合利用制度、节能环保管理制度、能源体系管理制度、生产运输管理制度、安全生产管理制度、矿山信息化管理制度、财务管理制度、营销管理制度、灾害预防管理制度、采购管理制度、后勤管理制度等。

企业应建立健全文化建设管理制度，坚持以人为本、平安和谐的原则，从构建理念文化、制度文化、行为文化、安全环境文化出发，强化员工教育和培训，规范员工行为。例如，企业战略规划、职工行为规范、安全文化管理、社区文化建设、企地和谐共建、职工满意度调查、职工合理化建议征集、工会文娱活动管理、帮扶帮教管理、企业诚信建设、争优创先制度、职工素质提升教育等。

2. 应建立绿色矿山管理体系

绿色矿山管理体系是制定、实施.实现、评审和保持绿色矿山方针所需的组织机构、计划活动、职责、惯例、程序、过程和资源。绿色矿山管理体系是一项内部管理工具，旨在帮助矿山企业实现自设定的绿色矿山建设目标，不断地改进矿区环境、资源开发、综合利用、节能减排、智能矿山建设以及科技创新等方面的水平，从而达到更优更新的高度。绿色矿山管理体系服务于矿山资源开发与生态保护之间关系的改善，重点要发挥领导的作用，使全员参与绿色矿山管理工作，实施过程控制，达到持续改进的效果。

建立绿色矿山管理体系具有非常重要的现实意义，比如：有助于提高组织的资源节约、生态保护意识和管理水平；有助于推广清洁生产，实现环境污染控制；有助于节能降耗，降低成本、减少"三废"、粉尘、噪声排放，降低环境事故风险；体现社会责任感，树立企业形象等。

绿色矿山管理体系的建立要着眼于持续改进，核心是资源开发与生态保护相协调的关系改善，强调最高管理者的承诺和责任，重视全过程控制。同时要立足于全员意识与参与作用，建立系统化、程序化管理和必要的文件支持，关键活动是审核及监测与测量。

建立绿色矿山管理体系，企业要有以下可执行的、明晰的、痕迹可查的17个过程：绿色矿山方针、影响绿色矿山建设的因素、绿色矿山目标和指标体系、绿色矿山的管理方案(实施详细计划)、本矿山企业应遵守的法律、法规和标准、组织机构和职责、绿色矿山培训和能力提升、信息交换、运行控制、应急准备和响应、绿色矿山管理体系文件、文件控制、监测、记录、不符合及纠正和预防措施、绿色矿山管理体系审核、管理评审等。

## 4.8.2 企业文化

1. 应建立以人为本、创新学习、行为规范、生态文明、绿色发展的企业文化

企业文化是企业所形成的具有自身特点的经营宗旨、价值观念和道德行为准则。企业文化应具有明确的企业核心价值观，并能体现企业的绿色发展理念；有明确的企业宗旨，将造福人类、服务社会、共同发展等积极向上的精神融入企业宗旨。企业核心价值观和行为准则应宣传贯彻到全体职工，如编辑成册或用网络、橱窗、标语、文件等方式展示。企业应建立完善档案室、荣誉室等设施，集中展示企业和个人获得的各种表彰、奖励等荣誉；同时应配置完善工会活动室、企业文化展示中心等场所及涉及绿色矿山建设的理念、规范、要求等内容的宣传设施，开展相关活动，如宣传标语、口号、竞赛活动等。

2. 企业发展愿景应符合全员共同追求的目标，企业长远发展战略和职工个人价值实现紧密结合

企业发展愿景是指企业的长期愿望及未来状况，组织发展的蓝图，体现组织永恒的追求。企业发展愿景体现了企业的立场和信仰，是企业管理者坚守的一种信念，是最高管理团队对企业未来的展望。企业发展战略是对企业各种战略的统称，是关于企业如何发展的理论体系。发展战略就是一定时期内对企业发展方向、发展速度与质量、发展点及发展能力的重大选择、规划及策略。企业发展战

略可以帮助企业指引长远发展方向，明确发展目标，确定企业需要的发展能力。发展战略的目的是要解决企业的发展问题，实现企业快速、健康、持续发展。

职工个人价值包含个人价值和社会价值。人的个人价值是指个人或社会在生产、生活中为满足个人需要所做的发现、创造，其次是个人自我发展及社会对于个人发展的贡献。个人的社会价值是指个人通过自己的实践活动为社会的发展需要所做出的贡献，即个人对社会的贡献。

企业应建立符合企业特点和推进实现企业发展战略目标的企业文化。企业发展愿景是企业文化的重要组成部分，是全员共同追求的目标；企业发展战略应和职工个人价值实现紧密结合。要做到企业发展和个人价值的结合，企业首先要以人为本，坚持绿色发展理念，以绿色低碳循环为原则，以生态文明建设为抓手，推进绿色矿山建设与发展；其次，矿山企业要有明确的近期、中期、远期发展目标，确定企业需要的资源能力、人员能力与素质要求，规划职工职业生涯成长方案，创造提高职工素质和能力的机会，实现资源开发与生态承载协调、企业发展与职工价值提升的良性循环发展；第三，矿山企业应采纳职工合理化建议，建立激励机制，鼓励职工在科技创新、质量改善和环境保护等方面做出贡献；在企业效益不断提升时，实现职工收入的不断增长。

3. 应健全企业工会组织，并切实发挥作用，丰富职工物质、体育、文化生活，企业职工满意度不低于70%

企业工会组织首先要做到维护职工权益，引领职工围绕企业实现愿景目标，为职工学习工作创造良好的组织环境，提升职工凝聚力和向心力；其次要做到创建绿色矿山，打造优美环境，建造职工休闲、娱乐文化体育设施，为职工提供学习、健身、休闲、娱乐的理想场所，丰富职工的物质、体育和文化生活。

企业职工满意度是职工通过对企业所感知的效果与他的期望值相比较后所形成的感觉状态，是职工对其需要已被满足程度的感受。职工满意是职工的一种主观的价值判断，是期望与自己实际感知相比较的结果。由于追求的目标不同，生活的经历不同，作为个体的满意程度就会有所不同，但满意的、认同的、理解的与目标的偏差是符合正态分布规律的，所以确定了大多数趋向"发挥作用满意"指标的70%为考核基本限值，涵盖了大多数原则。

企业工会应组织丰富的工会活动。首先是关注职工职业健康，比如落实国家职业卫生相关规章制度要求，制定职业卫生管理制度并组织实施，监督企业实施职工年度体检工作，完善职业健康监护档案，制定年度职工疗养计划并按要求组织实施等；其次应开展职工文体娱乐活动，比如建造职工休闲、娱乐、文化体育设施，丰富职工物质、体育、文化生活；定期开展各类文体活动，促进职工及企业之间的交流等；第三，应开展职工满意度调查，比如定期、不定期组织开展职工满意度问卷调查，合理设置问卷调查内容，客观公正地汇总、分析调查问卷，及时回复职工关心的事项，解决存在的问题，并保存好材料档案；第四，企业工会应开展职工合理化建议征集活动，建立完善激励机制，资源综合利用、节能减排、安全生产等建言献策，促进企业持续发展；第五，企业工会应调解内部职工纠纷。坚持公平、公正维护职工权益的原则，及时化解职工与企业之间的纠纷、职工与职工之间的纠纷，防止矛盾升级，出现上访等问题，实现企业和谐发展。

4. 企业应建立企业职工收入随企业业绩同步增长机制

企业要建立完善的绩效薪酬分配激励制度，依据按劳分配原则，实现职工收入随企业业绩同步增长。要做到这一点，企业首先应完善绩效奖励和晋升机制，合理设置相关考核目标和指标；其次，应做到企业员工的总收入与企业经济效益增长联动；再者，企业业绩增长、职工收入增长应留存档案资料。

### 4.8.3 企业管理

1. 企业应建立资源管理、生态环境保护等规章制度，健全工作机制，落实责任到位

矿产资源是矿山企业生存基础，对资源的保护性开发是绿色矿山建设的重要内容。建立资源管理制度，要体现资源高效开发和资源节约利用，强化对资源的保护，实现企业可持续发展。生态环境保护制度，要通过建立环境保护、土地复垦、地质灾害治理、生态环境监测等相关工作机制和工作方案，实现在开发中保护和在保护中开发。

建设绿色矿山涉及的管理制度，主要包括矿产资源开发、资源综合利用、节能减排、矿山规划与管理、科技创新管理、数字化矿山建设、企业经营管理、企业文化建设等方面的管理制度。其中，矿产资源开发与利用制度包括生产设计、地质储量管理、固体废弃物综合利用、废水综合利用、余热开发利用、企业修旧利废等管理制度；节能减排制度包括企业能耗管理制度、固体废弃物收集与处置管理、测量管理体系、粉尘控制、环境噪声控制等管理制度；生态环境保护管理制度包括矿区整体布局规划、矿区绿化美化管理、生态复垦规划、水资源保护开采、矿区环境监测、生活垃圾处理、危险废弃物处置、环境应急管理、清洁生产等管理制度；科技创新管理制度包括企业技术创新、企业管理创新、小改小革、专利发明、数字化矿山建设、创新激励机制、先进适用技术开发与应用、技术研

发费管理等管理制度；企业经营管理制度包括绿色矿山管理体系、物资采购与管理、材料定额管理、人力资源管理、人员绩效考核、设备定置化管理、绿色矿山建设资金管理、涉外法律事务管理、记录、报表和台账管理等管理制度；企业文化建设制度包括职工行为规范、矿区各类标识管理、职工合理化建议征集、职工职业健康、安全文化建设、职工文娱活动管理、职工素质提升教育、地企协作磋商机制、企业争先创优档案室管理等管理制度。

矿山企业建立资源管理、生态环境保护等管理制度，首先应依据国家相关法规和政策规定；其次在资源管理、生态环境保护制度中要明确组织架构和责任人；同时资源管理、生态环境保护制度要体现出矿山企业如何最大限度地使资源开发与生态保护相协调；对涉及绿色矿山的各项管理制度文件要落实实施并保存完整的资料档案。

2. 各类报表、台账、档案资料等应齐全、完整、真实

企业应根据建设绿色矿山需要，建立并保持相关的记录，用来证实其符合绿色矿山管理体系和矿山企业管理的要求，以及所取得的结果。记录的类型应包含各类报表、台账、档案资料等。

3. 矿山企业应定期组织管理人员和技术人员参加绿色矿山培训

建立职工培训制度，培训计划明确，培训记录清晰。

矿山企业应确保从事建设绿色矿山工作的人员都具备相应的素质和能力。该素质和能力基于必要的教育、培训或经验。矿山企业应保存相关记录。

培训要求矿山企业首先要建立绿色矿山培训制度，明确培训计划、要求、实施等方面；其次，企业管理者和技术决策人要熟知绿色矿山建设基本要求，掌握基本政策和技术，定期参加培训，不断更新绿色矿山建设知识，指导绿色矿山建设。

培训主要内容，首先应依据《绿色矿山建设培训大纲》的相关要求和内容，组织员工培训；其次，应有员工绿色矿山培训制度、固定的场所和设备及职工年度绿色矿山培训计划，明确每年培训的次数和培训的地点、人数、内容，培训记录清晰有效；再者，应推动企业全员培训工作，管理人员和绿色矿山专职管理人员每年都应参加权威部门组织的培训，其他人员每年应参加企业内部或培训机构组织的绿色矿山专项培训。

## 4.8.4　企业诚信

企业生产经营活动、履行社会责任等坚持诚实守信，应履行矿业权人勘查开

采信息公示义务，公示公开相关信息。

企业的社会责任是指企业在创造利润、对股东和员工承担法律责任的同时，还要承担对消费者、社区和环境的责任，企业的社会责任要求企业超越把利润作为唯一目标的传统理念，强调要在生产过程中对人的价值的关注，强调对环境、消费者、对社会的贡献。

矿业权是指矿产资源使用权，包括探矿权和采矿权。探矿权人是指依法取得探矿权的自然人、法人或其他经济组织。采矿权人是指出资开采矿产资源，并具备组织开采行为能力(资金、技术、设备)，原则上应当为营利法人。

《矿业权人勘查开采信息公示办法(试行)》第八条规定："国土资源部和省级国土资源主管部门门户网站设'矿业权人勘查开采信息公示系统'(http://kyqgs. mnr. gov. cn/)专栏，矿业权人登录勘查项目或矿山所在地的省级自然资源主管部门门户网站进行填报"。

《矿业权人勘查开采信息公示办法(试行)》第十一条规定了矿产资源勘查年度信息，主要内容包括探矿权基本信息、探矿权人履行义务信息、当年勘查投资和主要实物工作量、矿产勘查项目合作情况及国土资源主管部门要求报告的其他事项。

《矿业权人勘查开采信息公示办法(试行)》第十二条规定了矿产资源开采年度信息，主要内容包括采矿权基本信息、采矿权人履行义务信息、矿产资源合理开发利用指标及国土资源主管部门要求报告的其他事项。

### 4.8.5  企地和谐

(1) 矿山企业应构建企地共建、利益共享、共同发展的办矿理念；宜通过创立社区发展平台，构建长效合作机制，发挥多方资源优势，建立多元合作型的矿区社会管理共赢模式。

矿山企业应在社区建立多方共同发展、共享资源的合作共赢模式。因地制宜探索创新模式，建立适合当地特点的企地和谐共赢机制。宣传和构建企地共建、利益共享、共同发展的办矿理念。长效合作机制主要内容包括：

① 矿山企业如何带动区域经济发展，发展新产业，发展矿区循环经济。

② 帮助矿区解决就业问题。

③ 帮助解决矿区农副产品的销售问题。

④ 支持地方公益事业，帮扶地方脱贫。

⑤ 通过服务外包、土地租赁等方式引导矿区村民(居民)参与绿色矿山建设，融入生态修复过程。

（2）矿山企业应建立矿区群众满意度调查机制，宜在教育、就业、交通、生活、环保等方面提供支持，提高矿区群众生活质量，促进企地和谐发展。

首先要求矿山企业定期、不定期开展当地群众满意度调查，合理设置问卷调查内容，做到客观公正，通过寻找差距，提升矿区管理水平；其次，矿山企业要支援地方公益事业，积极帮助地方脱贫；再者，矿山社区文化所倡导的价值观念、人生态度、生活方式能有效影响、规范社区居民的行为选择，培养社区居民积极健康的生活方式，排斥颓废、落后、腐朽的价值观念和行为取向，纠正社区居民的行为偏差，保持良好秩序，维护矿山的安定和谐。

考核的主要内容包括建立矿区群众满意度调查组织机构，开展群众满意度评测，矿山结合社区硬件投入，矿山协助社区完善道路、水电等公共设施，开展文娱活动，丰富社区文化内涵，拓宽服务渠道，满足社区居民要求，开展矿区扶贫、捐资助学等活动。

（3）矿山企业应与所在乡镇（街道）、村（社区）等建立磋商和协商机制，及时妥善处理好各种利益纠纷。

建立磋商和协商机制，是绿色矿山融入社会的保障，及时解决利益纠纷，绿色建设才能顺利展开。利益相关者参与机制是获得反馈进行适当处理各类矛盾的保证。矿山企业首先应确定专门的磋商、协调和处理矛盾纠纷的部门或负责人，做到及时妥善处理；其次，矿山企业应与周边政府、乡村等不定期开展文化交流活动；再者，应确保无矛盾冲突事件发生，如上访、示威、游行等。

# 第5章  绿色矿山评价

## 5.1  绿色矿山评价研究现状

我国矿业领域相关学者关于评价绿色矿山建设方面进行了非常多的研究，主要包括指标体系的研究、评价方式的研究以及评价模型的建立等方面。

黄敬军等提出绿色矿山评价指标体系应包括：科学开采、清洁生产等 8 个内容，具体指标有"三同时"制度执行率、安全生产投入有效实施、矿山闭坑规划等 24 项。

张德明等利用层次分析法，将绿色矿山建设划分为 3 个层级 28 项评价指标来反映矿山绿色建设的水平。宋海彬建立了绿色矿山绩效评价指标体系的架构，制定了财务指标、内部流程指标等 4 个方面内容，阐述了矿山企业可持续发展能力绩效测评的具体指标构建。

王明旭等人基于新型木桶理论的绿色矿山建设水平评价，将绿色矿山建设划分为生态、人文矿山建设等 5 个部分，以定量分析的方式指导绿色矿山建设，拓展了绿色矿山建设的发展思路。

王斌提出了资源利用度、科技支撑度等 4 大指标 23 个具体指标构建了绿色矿山综合评价指标体系，并通过实际案例利用 AHP-模糊数学评价法对指标体系进行综合评价验证。

宋学峰等将绿色矿山建设水平划分为 4 个等级，制定了以依法办矿、综合利用等共 20 项指标的绿色矿山建设定量评价指标体系，并利用模糊数学方法对实际矿山建设水平进行了评价。汪文生等运用 DEA 评价方法对绿色矿山建设的情况进行了评价，该方法包括两大类指标体系：投入和产出方面细化的指标。

潘冬阳提出了采用"能值"与"绿色 GDP"的评价方法，并运用生态经济学的评价思路进行了实证。文莉军运用 FUZZY-AHP 方法，结合国家级绿色矿山基本条件，从规范管理、资源开发利用等方面构建了绿色矿山的评价体系。严慧对大屯矿区绿色矿山建设的现状进行了全面分析，基于 DPSIR 模型构建出了指标体系，运用主成分分析法对 3 座矿山连续 5 年原始数据进行计算，评价得出了大屯矿区绿色矿山建设情况。

薛藩秀结合煤矿区绿色矿山建设评价的内容和目的，选取综合指数法作为评价模型。许加强等构建了包括依法办矿、规范管理、技术创新等 7 个一级指标和 25 个二级指标的绿色矿山评价指标体系。

国土资源部 2010 年发布了《国家级绿色矿山基本条件》，从"规范管理、综合利用"等 9 个方面明确了绿色矿山建设的基本标准。

依法办矿。一是严格遵守《矿产资源法》等法律法规，合法经营，证照齐全，遵纪守法。二是矿产资源开发利用活动符合矿产资源规划的要求和规定，符合国家产业政策。三是认真执行《矿产资源开发利用方案》《矿山地质环境保护与治理恢复方案》《矿山土地复垦方案》等。四是 3 年内未受到相关的行政处罚，未发生严重违法事件。

规范管理。一是积极加入并自觉遵守《绿色矿业公约》，制定有切实可行的绿色矿山建设规划，目标明确，措施得当，责任到位，成效显著。二是具有健全完善的矿产资源开发利用、环境保护、土地复垦、生态重建、安全生产等规章制度和保障措施。三是推行企业健康、安全、环保认证和产品质量体系认证，实现矿山管理的科学化、制度化和规范化。

综合利用。一是按照矿产资源开发规划和设计，较好地完成资源开发与综合利用指标，技术经济水平居国内同类矿山先进行列。二是资源利用率达到矿产资源规划要求，矿山开发利用工艺、技术和设备符合矿产资源节约与综合利用鼓励、限制、淘汰技术目录的要求，"三率"指标达到或超过国家规定标准。三是节约资源，保护资源，大力开展矿产资源综合利用，资源利用达国内同行业先进水平。

技术创新。一是积极开展科技创新和技术革新，矿山企业每年用于科技创新的资金投入不低于矿山企业总产值的 1%。二是不断改进和优化工艺流程，淘汰落后工艺与产能，生产技术居国内同类矿山先进水平。三是重视科技进步。发展循环经济，矿山企业的社会、经济和环境效益显著。

节能减排。一是积极开展节能降耗、节能减排工作，节能降耗达国家规定标准。二是采用无废或少废工艺，成果突出。"三废"排放达标。矿山选矿废水重复利用率达到 90% 以上或实现零排放，矿山固体废弃物综合利用率达国内同类矿山先进水平。

环境保护。一是认真落实矿山恢复治理保证金制度，严格执行环境保护"三同时"制度，矿区及周边自然环境得到有效保护。二是制订矿山环境保护与治理恢复方案，目的明确，措施得当，矿山地质环境恢复治理水平明显高于矿产资源规划确定的本区域平均水平。重视矿山地质灾害防治工作，近三年内未发生重大地质灾害。三是矿区环境优美，绿化覆盖率达到可绿化区域面积的80%以上。

土地复垦。一是矿山企业在矿产资源开发设计、开采各阶段中，有切实可行的矿山土地保护和土地复垦方案与措施，并严格实施。二是坚持"边开采，边复垦"，土地复垦技术先进，资金到位，对矿山压占、损毁而可复垦的土地应得到全面复垦利用，因地制宜，尽可能优先复垦为耕地或农用地。

社区和谐。一是履行矿山企业社会责任，具有良好的企业形象。二是矿山在生产过程中，及时调整影响社区生活的生产作业，共同应对损害公共利益的重大事件。三是与当地社区建立磋商和协作机制，及时妥善解决各类矛盾，社区关系和谐。

企业文化。一是企业应创建一套符合企业特点和推进实现企业发展战略目标的企业文化。二是拥有一个团结战斗、锐意进取、求真务实的企业领导班子和一支高素质的职工队伍。三是企业职工文明建设和职工技术培训体系健全，职工物质、体育、文化生活丰富。

虽然我们已经出台了绿色矿山建设的指导意见和基本条件，但是科学评估我国矿山绿色发展水平的指标体系尚不完善。尤其是对于评价矿山绿色发展的状态和程度，通过哪些可以量化的指标来描述，如何将定性指标转化为量化指标，等等。随着我国绿色矿山发展步伐的不断推进，绿色矿山数量不断增多，如何合理评价矿山的绿色发展水平，比较绿色矿山间的实际发展差距，对已有的绿色矿山进行分等定级，从多学科理论角度加以提炼和深入研究仍不够，是对当前绿色矿山发展进行评价研究所要面临的问题。

从上述评价指标体系可以看出，和谐社会、可持续发展、绿色经济等评价指标体系各有侧重点，主要不在于绿色矿山，但对绿色矿山评价指标体系的构建有部分借鉴作用。上述评价指标体系都为整个社会通用指标，对于绿色矿山来说不具有针对性，和谐社会评价指标体系中多数为定量指标，联合国可持续发展评价指标中分散型地区自然资源管理等内涵模糊，土地条件的变化指标难以量化等。

从国内绿色矿山概念提出后建立的绿色矿山指标体系来看，各自从不同的侧重点提出指标体系，但并未形成统一的评价标准。各指标体系各有优缺点，部分可为以后绿色矿山综合评价起到借鉴作用。优点是上述评价指标体系针对绿色矿山建设的多项考评内容分别细化，详细列出评价细项，有利于全面综合考虑绿色矿山建设的方方面面影响因素；中国矿业联合会绿色矿山考评指标体系与国家级绿色矿山建设基本条件的主要内容基本相似，都从遵纪守法、资源合理利用、生态环境保护、和谐矿区发展等方面选取指标，能够较为充分体现绿色矿山建设。评价指标的选取遵循定性指标与定量指标选取相结合的原则，其中一些定性指标的选取具有前瞻性、代表性，如履行矿山企业社会责任、建立数字化矿山管理系统等。缺点是上述评价指标体系偏向于绿色矿山建设，相当于入门的门槛，难以评价绿色矿山的发展程度；中国矿业联合会绿色矿山考评指标体系30余项评价指标，国家级绿色矿山建设基本条件有近40余项评价指标，具体指标选取的数量过多，不利于各项指标因子权重确定。部分考评因素指标选取几乎全部为定性指标，占指标体系的比重较大。国家级绿色矿山建设基本条件中多数为严格遵守《矿产资源法》等法律法规、矿产资源开发利用活动符合矿产资源规划的要求和规定、与当地社区建立磋商和协作机制等定性指标，虽然提法新颖，但难以量化或确定评价标准。部分具体指标定义模糊，如浙江省湖州市绿色矿山考评指标体系中提出的加工设备先进，是一个较为宏观的概念。某些具体指标难以确定评价标准，如国家级绿色矿山建设基本条件中的发展循环经济，矿山企业的社会、经济和环境效益显著，等等。

2019年6月4日，自然资源部办公厅印发了《关于做好2019年度绿色矿山遴选工作的通知》，明确了绿色矿山遴选原则(依据、范围和数量)、工作程序和工作要求，以及全国绿色矿山名录入库信息表、绿色矿山自评估报告、绿色矿山第三方评估报告的参考提纲。在自然资源部矿产资源保护监督司的指导下，中国自然资源经济研究院联合相关单位，编制了绿色矿山建设评估指导手册，包括《通知》解读、绿色矿山建设评价指标体系及说明、绿色矿山建设第三方评估有关要求三部分内容。

2020年6月，为做好绿色矿山遴选工作，统一评价指标标准，推进第三方评估工作规范化，依据《关于加快建设绿色矿山的实施意见》(国土资规〔2017〕4号)和《关于做好2020年度绿色矿山遴选工作的通知》(自然资办函〔2020〕839号)，自然资源部印发了《绿色矿山评价指标》。

《绿色矿山评价指标》包含先决条件和评分表两部分。先决条件属于否决项，满足所有先决条件方可进行打分评价，有一项达不到要求，则不能参与绿色矿山遴选工作，各省(区、市)可根据实际情况依法依规增加否决项。先决条件见表5.1所示。

表5.1　先决条件表

| 先决条件 | 要　　求 |
|---|---|
| 证照合法有效 | 《营业执照》《采矿许可证》《安全许可证》证照合法有效。 |
| 三年内未受行政处罚 | 近三年内(自本次遴选通知下发之日起前三年),未受到自然资源和生态环境等部门行政处罚,或处罚已整改到位(相关管理部门出具证明),且未发生过重大安全、环保事故。 |
| 矿业权人异常名录 | 矿山参加遴选期间,矿业权人应进行矿业权人勘查开采信息公示,且未被列入矿业权人勘查开采信息公示系统异常名录。 |
| 矿山要求 | 矿山正常运营,且剩余储量可采年限(按储量年度报告)不少于三年。 |
| 矿区范围 | 矿区范围未涉及各类自然保护地。 |

评价指标评分表共100项,总分1000分,分别从矿区环境、资源开发方式、资源综合利用、节能减排、科技创新与智能矿山、企业管理与企业形象六个方面对绿色矿山建设水平进行评分,详见表5.2。对于不涉及三级指标第33~36项矿山企业的得分计算,应依据《矿产资源综合勘查评价规范》(GB/T 25283—2010)和矿山开发利用方案等,判定第33~36项是否属于不涉及项,并在评分表中明确说明。如果属于不涉及项,大类最后得分采用折合法计分。总得分原则上不低于800分,各省(区、市)自然资源管理部门可在综合要求不降低前提下,根据各地实际情况适当调整具体"达标线"。一级指标得分(折合后得分)原则上不能低于该级指标总分值的75%。

表5.2　绿色矿山建设评价指标

| 一级 | 二级 | 三级指标 | 标准分 | 评分说明 |
|---|---|---|---|---|
| 一、矿区环境 | 矿容矿貌 | 1 功能分区 | 10 | ①现场按生产区、管理区、生活区进行功能分区,符合分区要求得5分;<br>②排矸场、排土场、垃圾场、废渣堆置场、选矿场等与生活区应保持一定安全距离,得5分。 |
|  |  | 2 生产配套设施 | 15 | 矿山地面运输、供水、供电等配套设施应齐全并正常运行,一处设备不完善或功能不健全扣5分。 |
|  |  | 3 生活配套设施 | 15 | 员工宿舍、食堂、澡堂、厕所等设施配备齐全,干净整洁、管理规范,每发现一处不达标扣5分。 |
|  |  | 4 生产区标牌 | 15 | ①生产区按要求设置操作提示牌、说明牌、线路示意图牌等各类标牌,应标未标每发现一处扣3分;<br>②标牌的尺寸、形状、颜色设置应符合规定,每发现一处不合格扣3分。 |
|  |  | 5 定置化管理 | 15 | 设备、物资材料规范管理,做到分类分区、摆放有序、堆码整齐,发现一处设备、物资材料乱扔乱放、管理混乱扣5分。 |

续表

| 一级 | 二级 | 三级指标 | 标准分 | 评分说明 |
|---|---|---|---|---|
| 一、矿区环境 | 矿容矿貌 | 6 固体废物堆放 | 7 | ①固体废物有固定堆放场所得3分;<br>②固体废物堆放场所规范得4分。 |
| | | 7 固体废物管理 | 8 | 固体废物堆放场所运行管理规范、污染控制到位,无渗流冒出、无生活垃圾混入得8分。 |
| | | 8 生活垃圾处置与利用 | 20 | ①矿区(包含矿井)生活垃圾在固定地点收集得5分;<br>②对生活垃圾进行分类,合理确定垃圾分类范围、品种、要求、收运方式等,得5分;<br>③生活垃圾自行无害化处理或委托第三方处理,并提供证明材料得10分。 |
| | | 9 主干道路面情况 | 15 | 矿区主干道路面符合规范,表面平整、密实和粗糙度适当。符合规范得8分,养护良好得7分。 |
| | | 10 道路清洁情况 | 10 | 矿区内部道路或专用道路无洒落物,或采取有效措施及时清理洒落物,每发现一处不合格扣5分。 |
| | | 11 矿区清洁情况 | 20 | 矿区保持清洁卫生,生产区及管理区无垃圾、无废石乱扔乱放,生产现场管线无跑、冒、滴、漏现象,每发现一处不合格扣5分。 |
| | | 12 矿区建筑、构筑物建设和维护 | 20 | ①生产区、管理区、生活区的所有场所不存在私搭乱建等临时建筑、废弃建构筑物,得12分;每发现一处不合格扣4分;<br>②对矿区建筑、构筑物及时维护、维修或粉刷,得8分。每发现一处较明显的损坏、老化等情况,且未采取维修、维护措施的扣2分。 |
| | 矿区绿化 | 13 矿区绿化覆盖 | 20 | 矿区可绿化区域应实现绿化全覆盖,且无较大面积表土裸露,每发现一处不符合要求扣5分。 |
| | | 14 专用主干道绿化美化要求 | 10 | 矿区进场道路、办公区内部道路、办公区到生产区道路等两侧按如下绿化美化设置,得10分。<br>①具备条件的应设置隔离绿化带,因地制宜进行绿化;<br>②客观上不具备绿化条件的,可美化、制作宣传牌或宣传标语。 |
| | | 15 绿化保障机制 | 4 | 矿区绿化应有长效保障机制,有绿化养护计划及责任人,符合要求得4分。 |
| | | 16 绿化保障效果 | 6 | 绿化植物搭配合理,无严重枯枝黄叶、无缺苗死苗得6分,每发现一处不符合要求扣2分。 |
| | | 17 矿区美化 | 10 | 因地制宜地充分利用矿区自然条件、地形地貌,建设公园、花园、绿地等景观设施的,得10分。 |

| 一级 | 二级 | 三级指标 | 标准分 | 评分说明 |
|---|---|---|---|---|
| 二、资源开发方式 | 资源开采 | 18 开采技术 | 50 | ★适用于露天开采：<br>①钻孔：采用湿式、干式（带收尘）等凿岩作业进行钻孔；<br>②爆破：采用微差爆破、预裂爆破、光面爆破等方式；<br>③铲装：采用大型化自动化液压铲装设备、液压挖掘机或装载机、自卸式矿车、大型自移式破碎机等先进设备进行铲装作业；<br>④排土：生产期采用分期内排技术，最大化利用内排土场排土，减少外部土地占用。<br>全部符合要求得 50 分，不涉及的视为满足要求，一项不符合要求扣 20 分，扣完 50 分为止。<br>（兼备地下和露天开采的，以现阶段主要开采方式选择其一进行评分，不可分数累加） |
| | | | | ★适用于地下开采：<br>①采用充填法、保水开采等技术进行地下开采；<br>②能有效减少开采引起的大面积地面沉降；<br>③利用采空区规模化处置尾矿、废石、煤矸石等；<br>全部符合要求得 50 分，不涉及的视为满足要求，一项不符合要求扣 20 分，扣完 50 分为止。<br>（兼备地下和露天开采的，以现阶段主要开采方式选择其一进行评分，不可分数累加） |
| | | | | ★适用于石油天然气、地热矿泉水等矿种：<br>①采用电动钻机及顶驱装置；<br>②采用优快、控压等钻井技术；<br>③采用环保型钻井液及循环利用技术；<br>④及时无害化处置钻井泥浆等钻井废弃物。<br>一项不符合要求扣 15 分，扣完 50 分为止。 |
| | | 19 开采工作面质量要求 | 30 | ★适用于露天开采：<br>①作业平台干净，保持平整、通畅，无杂物、无积水，工作台阶与非工作台阶坡面无危石，满足要求得 15 分；<br>②非工作台阶滚落物及时清理，并在安全隐患位置设置警戒线或安全牌，满足要求得 15 分。 |
| | | | | ★适用于地下开采：<br>①地下矿山工作面安全出口畅通，满足通风、运输、行人、设备安装、检修的需要，支护完好，满足要求得 15 分；<br>②工作面无较大面积积水、无浮碴、无杂物，材料堆放整齐，满足要求得 15 分。 |
| | | | | ★适用于石油天然气、矿泉水等：<br>①危险化学物品无泄漏、抛洒，防止"跑冒滴漏"及对井场表层土壤造成污染；<br>②钻井废弃物不落地，进行集中无害化处理；<br>③定期对井场裸露地面喷洒水进行降尘处理；<br>每项符合要求得 10 分。 |

续表

| 一级 | 二级 | 三级指标 | 标准分 | 评分说明 |
|---|---|---|---|---|
| 二、资源开发方式 | 选矿加工 | 20 选矿及加工工艺 | 60 | ★适用于有色、冶金、黄金、非金属、化工、煤炭等行业：<br>①采用自动化程度高、能耗低、污染物产生量少的生产设备和工艺；<br>②选矿回收率、精矿品位和品级等选矿指标达到或高于设计要求，主金属及伴生元素得到充分利用；<br>③选用高效、低毒对环境影响小的药剂(如黄金行业氰化药剂室应单独隔离且完全封闭)；<br>④尾矿和废石中有价组分的含量不高于现有技术水平能够处理的品位。<br>有一处不符合要求扣15分，扣完60分为止。 |
| | | | | ★适用于水泥灰岩行业：<br>①生产流程体现短流程、低能耗、高效率；<br>②破碎系统根据岩石的可破性选择合适的高效破碎机；<br>③破碎车间、输送廊道等主要生产区域进行全封闭，并配备收尘、降尘设备；<br>发现一处不符合要求扣20分。 |
| | | | | ★适用于砂石、建筑石材行业：<br>①根据母岩材质性能、产品结构、产能要求等因素选择短流程、低能耗的工艺和设备，配置与生产规模和工艺相符的辅助设施；<br>②干法生产配备除尘设备，并保持与生产设备同步运行，湿法生产配置泥粉和水分离、废水处理和循环使用系统；<br>③生产区域产尘点封闭；<br>④砂石骨料成品堆场(库)地面硬化，分类或分仓储存。<br>发现一处不符合要求扣15分。 |
| | | | | ★适用于石油天然气、地热、矿泉水等行业：<br>①选用合理的原油脱水技术装备进行脱水，选用合理油气分离装备和原油稳定技术，得30分；<br>②对伴生有二氧化碳气体、硫化氢气体的油气藏，且伴生气体含量未达到工业综合利用要求的，采取有效处置措施得30分。 |
| | 矿山环境恢复治理与土地复垦 | 21 范围要求 | 30 | 按照矿山地质环境恢复治理与土地复垦方案，对规定区域进行治理、复垦，如排土场、露天采场、矿区专用道路、矿山工业场地、沉陷区、矸石场、矿山污染场地等，应当治理、复垦而未按照方案及时治理、复垦的，每处区域扣5分。 |
| | | 22 治理要求 | 10 | ①恢复治理后的各类场地，与周边自然环境相协调，有景观效果；<br>②若露天开采造成的裸露区域对周边景观影响较大，则应采取减轻不利影响的措施；<br>③露天开采矿山还应符合露采终了平台留设与复垦绿化的要求。<br>以上三项发现一处不符合要求扣4，扣完10分为止。 |

| 一级 | 二级 | 三级指标 | 标准分 | 评分说明 |
|---|---|---|---|---|
| 二、资源开发方式 | 矿山环境恢复治理与土地复垦 | 23 土地利用功能要求 | 10 | 治理后的各类场地，应恢复土地基本功能，因地制宜实现土地可持续利用，满足要求得10分。 |
| | | 24 生态功能要求 | 10 | 治理后的各类场地，应满足：<br>①区域整体生态功能得到保护和恢复；<br>②对动植物不造成威胁。<br>有一处不符合要求扣5分。 |
| | 环境管理与监测 | 25 环境保护设施 | 6 | ①环境保护设施齐全，且相关设施有效运转得4分；<br>②得到有效维护得2分。 |
| | | 26 环境管理体系认证 | 4 | 获得环境管理体系认证得4分。 |
| | | 27 环境监测制度 | 5 | 建立环境监测的长效机制，有环境监测制度得5分。 |
| | | 28 环境监测设备 | 5 | 矿区内设置对噪声、大气污染物的自动监测及电子显示设备，得5分。 |
| | | 29 应急响应机制 | 5 | 构建应急响应机制，有应对突发环境事件的应急响应措施得5分。 |
| | | 30 矿山地质环境动态监测情况 | 5 | 对地面变形等矿山地质环境进行动态监测得5分。 |
| | | 31 废水、尾矿等动态监测 | 5 | 对选矿废水、矿井水、尾矿（矸石山）、排土场、废石堆场、粉尘、噪音等进行动态监测得5分。 |
| | | 32 复垦区动态监测 | 5 | 对复垦区土地损毁情况、稳定状态、土壤质量、复垦质量等进行动态监测得5分。 |
| 三、资源综合利用 | 共伴生资源综合利用 | （1）非金属、化工、黄金、冶金、有色、石油、煤炭等行业按照33~42共10项三级指标进行评分，总分120分。 | | |
| | | 33 资源勘查、评价与开发 | 10 | 按矿产资源开发利用方案进行共伴生资源的综合勘查、综合评价、综合开发得10分。 |
| | | 34 共伴生资源的综合利用 | 20 | 选用先进适用、经济合理的工艺技术对共伴生资源进行加工处理和综合利用，符合要求得20分。 |
| | | 35 对复杂难处理或低品位矿石的综合利用 | 5 | 对复杂难处理或低品位矿石，采用新工艺降低能耗，或者采用选冶联合工艺提高技术经济指标，取得效果并提供证明材料得5分。 |
| | | 36 对暂不能开采利用的共伴生矿产的要求 | 5 | 对暂不能开采利用的共伴生矿产采取有效保护措施得5分。 |

续表

| 一级 | 二级 | 三级指标 | 标准分 | 评分说明 |
|---|---|---|---|---|
| 三、资源综合利用 | 固废处置与综合利用 | 37 工业固废处置与利用 | 25 | 建立废石(渣)、煤矸石、尾矿、钻井废弃泥浆、岩屑、浮渣、油泥等固体废弃物的综合利用，通过回填、铺路、生产建材等方式充分利用固体废弃物，得25分。 |
| | | 38 表土处置与利用 | 10 | 剥离表土或煤层上覆岩石，用于土地复垦、生态修复得10分(无表土及上覆岩石的此项不评分，同时"37 工业固废处置与利用"赋值35分) |
| | | 39 回收提取有价元素/有用矿物 | 5 | 实现从尾矿、煤矸石、废石等固体废弃物中提取有价元素或有用矿物的得5分。 |
| | 废水处置与综合利用 | 40 开采废水的处置与综合利用 | 15 | ①配备矿井水、疏干水、钻井废水、洗井废水等开采废水处理设施得7分；②采用洁净化、资源化技术，实现废水的有效处置得8分。 |
| | | 41 生产废水的处置与综合利用 | 15 | ①建立选矿废水等生产废水的循环处理系统得7分；②生产废水实现循环利用得8分。 |
| | | 42 生活污水处置 | 10 | ①配备生活污水处理系统得4分；②生活污水得到有效处置得6分。 |
| | (2)砂石、水泥灰岩、建筑石材等行业按照43~46项共4项三级指标进行评分，总分120分。 | | | |
| | 综合利用 | 43 开采加工等相关产物综合利用 | 40 | ★适用于砂石、建筑石材等行业：充分利用石粉、泥粉等矿山开采或加工产物，提高资源化利用水平，如新型建筑材料、工程用料、环境治理、土地复垦和土壤改良等，得40分。<br>★适用于水泥灰岩行业：结合水泥生产线多种原料配料的特点，实现开采或加工产各类产物资源化利用，实现资源分级利用、优质优用，实现高品位矿石与低品位矿石、夹层、顶底板围岩等综合利用得40分。 |
| | 固废处置与综合利用 | 44 土质剥离物的综合利用 | 40 | ★适用于砂石、建筑石材等行业：排土场堆放的剥离表土或筛分后的渣土、废石等，用于生产新型建筑材料、环境治理、土地复垦、生态修复等资源化利用方式得40分。<br>★适用于水泥灰岩行业：将符合要求的土质剥离物用作硅铝质原料或用于复垦得20分，其他剥离物用作水泥配料、砂石骨料或其他工程用料得20分。 |
| | 废水处置与综合利用 | 45 生产废水处置与利用 | 30 | ①配备完善的生产废水处理系统得10分；②废水经固液分离处理，清水得到有效循环利用得20分。 |
| | | 46 生活污水处置 | 10 | ①配备生活污水处理系统得4分；②生活污水得到有效处置得6分。 |

| 一级 | 二级 | 三级指标 | 标准分 | 评分说明 |
|---|---|---|---|---|
| 四、节能减排 | 节能降耗 | 47 全过程能耗核算体系 | 5 | 建立全过程能耗管理体系得5分。 |
| | | 48 能源管理计划 | 10 | ①有年度能源管理计划得5分；<br>②节能指标分解到下属单位、部门或车间得5分。 |
| | | 49 矿山单位产品能耗 | 15 | 单位产品能耗、物耗、水耗指标未达到规定要求的，每项扣5分。<br>煤矿、铁矿、金矿、有色金属矿有国家标准的，执行国家标准。其他矿种暂无国家标准、行业标准的，以企业近3年能耗等指标均值为依据进行考核，要体现节能降耗进步要求。 |
| | | 50 能源管理体系认证 | 5 | 企业取得能源管理体系认证得5分。 |
| | 废气排放 | 51 主要产尘点清单 | 5 | 矿山有明确开采、运输、选矿（加工）等主要产生粉尘的作业场所及其岗位粉尘浓度清单。 |
| | | 52 生产过程的粉尘排放 | 15 | ①凿岩作业中通过采用凿岩收尘一体钻机收尘或湿式凿岩工艺等措施降尘；<br>②爆破作业中通过喷雾洒水降尘；<br>③固定产尘点加设除尘捕尘装备并保持足够的负压与生产设备同步运行等措施，实现抑制和处理采选加工过程中产生的粉尘。<br>在凿岩、爆破、岩（矿）石破（粉）碎、筛分、输送、配料等关键环节或位置，发现一处不合格扣3分。 |
| | | 53 地面运输过程的粉尘排放 | 15 | 运输道路沿途设置喷水或感应式喷雾设施或配置洒水车定时洒水降尘、地面运输车辆及运输设备采取喷雾降尘或洒水降尘、外运产品采用密封车辆，实现避免沿路粉尘飞扬。发现一处不合格扣3分。 |
| | | 54 贮存场所粉尘排放 | 10 | ①废石或矿石周转场地、贮存场所具有配套的防扬尘设施得5分；<br>②达到防扬尘效果得5分。 |
| | | 55 其他废气排放 | 10 | 针对采、选过程中产生的，含有除粉尘外其他有毒有害物质（如 $SO_2$、$NO_x$ 等）的工业废气，有废气净化系统且达标排放得10分。 |

续表

| 一级 | 二级 | 三级指标 | 标准分 | 评分说明 |
|---|---|---|---|---|
| 四、节能减排 | 废水排放 | 56 生活污水排放 | 10 | 生活污水经处理后水质达标排放，或污水直接排入市政污水管网的得10分。 |
| | | 57 工业废水排放 | 15 | 工业废水鼓励零排放。有排放的，经处理后水质达标排放得15分。 |
| | | 58 排水管道设置 | 10 | 清污管路分别铺设、雨水与污水管群分开设置得10分。 |
| | | 59 地表径流水、淋溶水排放要求 | 15 | ①矿区建有雨水截（排）水沟，并建设沉淀池及取水设备，将汇集的地表径流水、淋溶水等经沉淀后达标排放或处理回用，符合要求得10分；②排土场和矸石山设置截（排）水沟，符合要求得5分。 |
| | 固废排放 | 60 固废排放要求 | 30 | 对无法实现综合利用的固体废弃物：①划分危险废物、一般废物和生活垃圾不同类别，实现分级分类得10分；②按照国家法律和标准，自行对固体废弃物进行处置，或委托第三方有资质的单位进行处置得20分。 |
| | 噪声排放 | 61 主要噪声点清单 | 5 | 矿山有主要产生噪音场所及其岗位的清单，必要时可进行现场检测，符合要求得5分。 |
| | | 62 噪声处置要求 | 15 | 对矿区凿岩、破碎和空压等高噪声设备进行降噪处理，配备消声、减振和隔振等措施得15分。 |
| | | 63 噪声排放要求 | 10 | 厂界噪声排放达标得10分。 |
| 五、科技创新与智能矿山 | 科技创新 | 64 技术研发队伍 | 3 | 企业建设技术研发队伍，有专职技术人员得3分。 |
| | | 65 技术研发管理制度 | 3 | 有技术研发的奖励及管理制度得3分。 |
| | | 66 协同创新体系 | 6 | 建立产学研用协同创新体系：①与科研院所、高等院校等建立技术创新合作关系，签订合作协议建立企业技术平台，包括工程技术中心、企业技术中心、重点实验室、院士专家工作站、创新工作室等，得2分；②开展支撑企业主业发展的技术研究，有立项文件或项目台账材料得2分；③改进企业工艺技术水平，有证明材料得2分。 |
| | | 67 科技获奖情况 | 18 | 企业研究项目或成果获得国家级奖励得18分，省部级奖励得12分，国家奖励办《社会科技奖励目录》中的得10分，各类奖项应促进绿色矿山建设、体现单位名称，总分不超过18分。 |
| | | 68 研发及技改投入 | 6 | 研发及技改投入不低于上年度主营业务收入的1.5%。达到1.5%得6分，1%~1.5%得5分，0.5%~1%得4分，低于0.5%且对企业员工开展技术创新项目投入奖励的得2分。 |

| 一级 | 二级 | 三级指标 | 标准分 | 评分说明 |
|---|---|---|---|---|
| 五、科技创新与智能矿山 | 科技创新 | 69 高新技术企业认证 | 3 | 获得高新技术企业证书得3分。 |
| | | 70 知识产权情况 | 6 | 三年内，获得一项发明专利得2分，发表一篇核心期刊论文得1分，一个实用新型或软件著作权加1分，所有成果应体现单位名称，总分不超过6分。 |
| | | 71 先进技术和装备 | 20 | 选用国家鼓励、支持和推广的采选工艺、技术和装备，采选工艺、技术或装备入选《国家鼓励发展的环境保护技术目录》《矿产资源节约与综合利用先进适用技术推广目录》《国家先进污染防治示范技术名录》《安全生产先进适用技术、工艺、装备和材料推广目录》《国家重点节能技术推广目录》《节能机电设备(产品)推荐目录》等，能提供应用证明。每一项技术、工艺或装备得10分，总分不超过20分。 |
| | | 72 智能矿山建设计划 | 5 | 企业年度计划中有智能矿山建设内容得2分，按计划实施得3分。 |
| | | 73 矿山自动化集中管控平台 | 10 | 构建矿山自动化集中管控平台，能够将自动控制系统、远程监控系统、储量管理系统、各种监测系统等集中统一显示，符合要求得10分。 |
| | 智能矿山 | 74 矿山生产自动化系统 | 10 | ①建立中央变电所、水泵房、风机站、空压机房、皮带运输巷等场所固定设施无人值守自动化系统，得4分；②建立开采及生产过程主要设备远程控制系统得3分；③建立废石场、废渣场等堆场、边坡建设、工作环境等安全监测系统平台得3分。 |
| | | 75 远程视频监控系统 | 10 | 建立完善的远程视频监控系统。矿山工作面等生产场所，供电、排水、通风、运输、计量、销售等关键点，尾矿库、巷道等重要安全场所，安装远程视频监控系统，每安装一处且实现实时监控得1分，总分不超过10分。 |
| | | 76 资源储量管理系统 | 5 | 开展三维储量管理实际工作得5分。 |
| | | 77 智能工作面或无人驾驶矿车系统 | 5 | 下面两项有一项得5分：①设正常生产的智能工作面；②建设有无人驾驶矿车系统。 |
| | | 78 矿区环境在线监测系统 | 5 | 建设矿区环境在线监测系统，对环境保护行政主管部门依法监管的污染物(矿井水、大气污染物、固废、噪声)排放指标具备按超标程度自动分级报警、分级通知功能，满足要求得5分。 |

| 一级 | 二级 | 三级指标 | 标准分 | 评分说明 |
|---|---|---|---|---|
| 六、企业管理与企业形象 | 绿色矿山管理体系 | 79 绿色矿山建设计划与目标 | 5 | 企业年度计划中包含绿色矿山建设内容、目标、指标和相应措施等得5分。 |
| | | 80 绿色矿山建设组织机构与职责 | 5 | 有明确的绿色矿山建设组织机构和职责制度得5分。 |
| | | 81 绿色矿山考核 | 5 | 建立绿色矿山考核机制,对照绿色矿山建设计划和目标,每年至少内部考核一次。符合要求得5分。 |
| | | 82 绿色矿山建设改进提升 | 5 | 明确绿色矿山建设的改进内容、措施、负责人、完成时间、达到的效果等,符合要求得5分。 |
| | | 83 绿色矿山建设培训 | 8 | ①有绿色矿山培训制度和计划1分;<br>②组织管理人员和技术人员进行绿色矿山建设培训(学习)得3分;<br>③定期组织绿色矿山专职人员参加绿色矿山建设系统性培训(学习),并有培训(学习)证明,得4分。 |
| | 企业文化 | 84 职工满意度调查 | 3 | 定期开展职工满意度问卷调查,合理设置问卷调查内容,做到客观公正。每年组织一次得1分,满意度高于70%得1分,及时公示得1分。 |
| | | 85 职工文娱活动 | 4 | ①有职工休闲、娱乐、文化体育设施得2分;<br>②设施正常运行得2分。 |
| | | 86 工会组织开展活动 | 3 | 工会定期开展各项活动,推动职工及企业之间交流得3分。 |
| | | 87 绿色矿山文化建设 | 3 | 有绿色矿山宣传片,基于对清晰度、解说词、时长等关键内容的考量,按制作效果酌情给分。 |
| | 企业管理 | 88 员工收入与企业业绩的联动机制 | 2 | 建立企业职工收入随企业业绩同步增长机制,企业员工的总收入与企业经济效益增长有关联关系的得2分。 |
| | | 89 功能区管理制度 | 2 | 有与企业实际情况相符的生产、生活等管理制度,且明确责任单位或部门,得2分。 |
| | | 90 采选装备管理 | 20 | ①有核心装备清单,包含装备名称、型号、主要参数、能耗情况、购置时间、维保情况;<br>②现场核验装备与清单相符并能正常使用,无国家明令淘汰的落后生产工艺装备。<br>符合一项得5分。 |
| | | 91 职业健康管理制度 | 3 | 具备职业健康等管理制度得3分。 |

| 一级 | 二级 | 三级指标 | 标准分 | 评分说明 |
|---|---|---|---|---|
| 六、企业管理与企业形象 | 企业管理 | 92 环境保护管理制度 | 3 | 具备环境保护管理制度(包含污水、废水排放;固废的分类、堆放、控制;噪声控制;扬尘控制等)得3分。 |
| | | 93 人员目视化管理 | 4 | ①内部员工进入生产作业场所,统一着劳保服装,且穿戴符合安全要求;<br>②外来人员,如参观、检查、学习人员、承包商员工等,进入生产作业场所,着装符合生产作业场所安全要求。<br>有一人一处达不到要求扣1分。 |
| | | 94 绿色矿山宣传活动 | 6 | 开展与绿色矿山建设相关的宣传活动,在媒体刊发正面报道文章、开展宣讲报告、举办竞赛、开展宣传周活动等,每一类可得2分,总分不超过6分。 |
| | | 95 员工体检 | 4 | 企业组织全体员工每年定期体检得2分,分类制定体检计划、体检项目,建立职业健康监护档案得2分。 |
| | 社区和谐 | 96 矿地和谐情况 | 5 | 与所在乡镇(街道)、村(社区)等建立良好关系,及时妥善处理好各种纠纷矛盾。 |
| | | 97 扶贫或公益募捐活动 | 5 | 企业定期或不定期开展扶贫或公益募捐活动。近两年内开展过扶贫或公益募捐活动的加5分。 |
| | 企业诚信 | 98 企业依法纳税情况 | 4 | 企业依法纳税、诚信纳税、主动纳税。若存在偷税漏税等行为,每发现一次扣2分,扣完4分为止。 |
| | | 99 企业履行相关义务情况 | 4 | ①企业按要求汇交地质资料;<br>②按时提交矿产资源统计基础表。<br>每发现一项不符合要求扣2分。 |
| | | 100 信息公示 | 2 | 企业按规定进行矿业权人勘查开采信息公示得2分。 |
| 总分 | | | 1000 | |

我国国家级绿色矿山发展标准和要求已经形成标准,但是准入考评体系不完善。就矿产资源而言,能源矿产、金属矿产、非金属矿产的生产工艺、流程、开采方式等大不相同。对不同类型矿山的评价是否应当制定不同类型的考评标准,或者说分类确定参与计量的指标因子,值得深入研究。矿山企业规模是引起差异的重要原因,不同类型矿山企业应尝试考虑不同的评价标准和量化指标。绿色矿山与非绿色矿山的评定是分等,能源、金属、非金属矿山是分类,不同的矿山类型需要考虑不同的评价指标体系。同时,在发展绿色矿山的过程中,还面临重产出产值、轻生态环保等一系列体制和观念障碍。此外也有人认为,绿色矿山是大

中型矿山企业的发展目标，是在产矿山的建设标准。我们应当明确，绿色矿山不仅仅是大中型矿山企业的责任，那些规模小，但数量庞大的中小型矿山企业也应当以绿色矿山的标准和规范要求自己。绿色矿山的发展应从源头抓起，将其列入《矿山开采准入规定》等重要矿业标准中，对没有被审定合格的矿山，在发放采矿权和采矿许可证时应当予以考虑。在绿色矿山评定过程中，还存在一些绿色矿山指标体系标准操作性不强，对绿色矿山指标体系与促进绿色矿山发展的举措二者难以区分的问题。

## 5.2 绿色矿山评价的目的

绿色矿山评价的主要目的是量化矿山开发绿色发展程度。绿色矿山综合评价指标体系是在充分考虑矿产资源开发及矿山企业发展的特点，从资源利用、环境保护、矿区发展等不同侧面、不同层次去定量评价矿山绿色发展程度的复杂系统多指标综合评价体系。首先是从整体、长期的视角来研究，评价矿山开发对社会环境方面、自然与生态方面和自然资源方面的影响。因为绿色经济强调系统整体的最优，链条的最清洁和最高效，因此，在一定程度上可减少其财务评价的权重系数，更多地考虑其长远利益，即是否有利于产业结构调整、是否有利于生态环境的改善、是否有利于矿山资源的综合利用及是否有利于矿业循环经济的可持续发展。其次是从资源利用角度，是否有利于最重要的原则就是"最小化"，主要是矿产资源在利用的整个过程中要减少有害物质的排放，包括输入端的资源、物质投入量的减少即节约型的资源利用，输出端的排放物质的减量即资源的有效、最优利用。那么在评价绿色矿山发展时必须从资源利用的角度，来考察"最小化"的节约有效型资源利用方式是否达到预期的目标，以及目前所达到的水平。

从生态环境影响角度来说，绿色矿山实质上是一种生态经济，其提出的一个背景是单线的开放式经济对生态环境造成的污染和破坏日益严重，已超出了生态环境自身的调节能力。那么从生态环境保护的角度来评价绿色矿山时，就是要评价矿山资源开发系统的排放物对生态环境的影响是否有害，合理的绿色矿山发展才能不超出生态环境的承受能力，对生态环境的负影响减到最小。从生产过程角度的研究，评价绿色矿山生产过程的实施效果必须从生产过程的角度对其进行评价，要求矿产企业在资源开发的过程中能够做到充分利用资源，降低能源的消耗，降低废弃物的排放，从而达到促进资源"再利用、再循环、最优利用"的目的。

对绿色矿山的评价是绿色矿山从理论探讨阶段进入实际操作阶段的前提，通过评价应达到以下具体目标：评价绿色矿山发展现状，得知绿色矿山整体运行状态，判断、测度绿色矿山的发展水平；评价绿色矿山发展变化趋势，通过对时间序列的绿色矿山评价数据的分析，得出全面反映绿色矿山各方面状态发展变化的趋势，并从趋势中找到优势条件的产生原因和问题存在的根源；评价的最终目的是为绿色矿山发展完善提供依据，同时优化管理决策。

通过评价得出绿色矿山发展现状，发现其中的优势和劣势，并诊断出相应的根源，针对性地提出各种优化、修正对策，为政府其他形式的决策部门推进绿色矿山发展完善过程提供可靠的科学依据，从而实现评价的最终目的。

## 5.3 绿色矿山评价的特点

绿色矿山评价具有以下的特点：

1. 系统性

从绿色矿山提出的背景、自身的内涵和确定的目标，可以看出评价其发展首先需要考虑的是可持续性的问题，这就要求评价具有系统性，从多个层次、多个角度来进行评测。绿色矿山发展系统是一个复杂整体系统，主要包括经济子系统、生态资源子系统和社会子系统，三者是相互独立、相互交叉的，各子系统的正常有序运行是顶层系统发挥整体功能的基础，各个子系统间的协调发展是各部门正常运和整体效果发挥的保证，综合考虑子系统的各自特点，个体间的相互交融，个体在整体中的定位和协调合作，整体对各个体的指导决策，不同时段整体对个体的权重倾斜。

2. 原则性

与传统矿产资源开采模式相比，绿色矿山发展的目标也就是"两减少，两提高"，它主要强调在有限的资源条件下实现利益的最大化。有限的资源是生态形势严峻给出的前提条件，利益最大化是经济组织生产中的必然选择。绿色矿山的评价最终要看的是是否实现绿色矿山发展的目标即矿产资源得到最合理的利用。

3. 科学性

绿色矿山综合评价要求能对矿山开发系统的各个层次、各个环节、各个时期做出高度的抽象和概括，并揭示其发展的状态、发展水平、系统阶段性质、系统内邻关系、系统运行规律，从而才能对绿色矿山发展提供科学依据。那么在评价绿色矿山时就要求评价本身是科学的，其必须有成熟的理论依据，可靠的方法辅助，可信的数据指标，从具体的评价本身保证科学的评价结果。

4. 可行性

绿色矿山综合评价首先是科学的，然后是可行的。严密的科学论证保证评价结果的正确。绿色矿山综合评价结果的重点突出、全面详细，来将评价的整个流程具体的实现在每一个绿色矿山的综合评价上。

5. 稳定性

绿色矿山综合评价作为指导矿业的绿色发展的理论支撑和科学依据，必须是相对稳定的，即含义、范围、方法等方面保持相对的稳定性. 使得不同阶段时期的评价结果具有可比性。

## 5.4　绿色矿山评价的程序

绿色矿山综合评价的流程应紧密结合评价的特点与相关方法，需要遵循一定的流程。

（1）结合绿色矿产资源开发的特征确定绿色矿山综合评价的总体目标、具体目标。

（2）评价指标和指标参考标准的确定。各层次的评价目标确定各级评价指标，同时结合绿色矿山发展设置指标参考标准。

（3）指标值的量化及标准化处理。对选取好的评价指标进行各项数据的收集、帮理工作。

（4）指标权数的确定。由于绿色矿山综合评价指标体系中各指标的重要程度不同，在进行综合时有必要对各指标进行加权处理。

（5）评价指标值的量化。

（6）对评价结果进行各角度的定性定量分析，得出绿色矿山各层次的发展状况、发展趋势、发展预测及发展中的问题。

（7）最后针对评价分析结果提出相应的促进绿色矿山发展的建议和措施。

## 5.5　绿色矿山评价指标

随着绿色矿山建设理念的深入推广，有越来越多的企业会成为绿色矿山试点单位，并且之后接受验收，这就需要有配套的指标体系及评价方式来进行全面准确评估绿色矿山建设情况。目前，从不同视角及学科去准确评价绿色矿山建设情况是亟待解决的问题。国内绿色矿山建设的研究时间相对国外较短，评判标准仍处于初级阶段，到目前为止绿色矿山建设评价指标体系还不够完善。

所谓绿色矿山评价指标，就是以循环经济、绿色发展、和谐发展、可持续发展思想等理论为基础，运用相关的评价方法与手段，通过全面分析矿产资源开发活动及矿业企业的特点，多层次、多角度选取一系列包括资源有效利用、生态环境有效保护、内外关系和谐发展等能够反应矿山企业绿色发展水平及其趋势的若干指标，并形成综合评价的体系。

### 5.5.1　绿色矿山评价指标影响因素

综合已有研究，结合矿业经济绿色发展的内涵，即在矿业的生产发展对环境扰动量小于区域环境容量及其自身的净化能力的目标下，通过绿色技术的引进，按照科学、高效、节能、环保、低排的要求进行管控，逐步形成以矿业为主体的产业集聚群，促进实现矿产资源的最优化配置和生态环境影响最小化，将系统外部(经济、环境、技术、政策、社会)与系统内部(产业)相结合，探讨各影响因子与矿业绿色发展之间的相互作用关系。

1. 外部系统影响因素分析

外部系统影响因素指的是对矿业经济绿色发展的外部宏观因素，涉及经济、环境、社会、技术、政策五个方面内容。其中，经济是矿业经济绿色发展的物质基础，环境是矿业经济绿色发展的空间基础，社会是矿业经济绿色发展的理念基础，政策是矿业经济绿色发展的制度保障，技术是矿业经济绿色发展的动力，这些宏观因素交叉影响，共同作用于矿业经济的绿色发展。

经济：经济增长推动了矿业经济的绿色发展。改革开放以来，我国作为拥有丰富自然资源储备的国家，以年均近 10% 的增长速度，创造了"中国奇迹"。随着经济的持续发展，社会对矿产品的需求迅速增长，矿业市场获得了长足发展。除此之外，经济发展水平的不断提高，绿色发展物质基础的逐渐夯实，低能耗、低污染和低排放经济发展理念的相继提出等均促进了矿业经济绿色发展的实现。

粗放型的矿业发展模式对经济可持续发展形成抑制。近年来，随着矿产资源开发区域、范围、规模、深度、强度的不断扩大，资源枯竭、生态破坏、生活环境恶化等问题逐渐呈现，矿产资源的开发利用给人类带来财富的同时也对生产和生活产生了负面影响，已经严重影响经济社会的可持续发展。

环境：环境因素作为矿业绿色发展的重要影响因素，和矿业发展的相互作用主要体现在矿业发展对环境的影响以及环境对矿业发展的制约两个方面。

首先，传统的高消耗、高污染、低产出的矿业发展模式在矿产资源的勘查、开发、选冶和加工过程中均会造成环境的扰动。主要表现为：①矿业活动所引起的矿山地质环境问题。矿产资源的勘查开采具有较强的负外部性，开发过程直接作用于自然界，必然会破坏原有的平衡，从而诱发矿山地质环境问题。近年来，伴随着矿产开采深度的加强，人类因矿产资源开发利用所带来的地质环境问题也日益凸显，生态环境的不断破坏，诱发了地面沉降、滑坡、泥石流、水土流失等多种矿山地质环境问题。②矿山环境污染。矿山环境污染来自矿业生产的全过程，矿产的采矿、选矿、运输、冶炼均可能造成环境的污染。此外，工业行业中和矿业相关的 12 个行业作为重污染行业，其生产发展过程中产生的污染物是环境污染的主要来源，是造成当地环境污染的重要影响因素。

其次，矿业作为国民经济发展的基础产业，因其"先破坏后治理"或"破坏后无力治理"的传统发展模式使我们在实现经济增长的过程中付出了巨大的资源环境代价，由此所引发的生态环境问题已逐渐成为危害人类健康、制约经济和社会发展的重要因素。因此，在当前背景下，对矿业行业进行转型升级，从根本上实现绿色发展，已是当前矿业经济发展所将面临的首要担当。

政策：政策是促进矿业绿色发展的制度保障，对矿业的发展方向具有重要的引领作用。20 世纪 80 年代，我国开始重视可持续发展战略，鼓励矿产资源的综合利用；1996 年，在第八届全国人大第四次会议上提出将可持续发展战略作为国家当前和长远发展战略；2001～2006 年，提出"绿色矿城战略"；2007 年，作为推进绿色矿业元年，国土部正式提出发展绿色矿业的倡议，我国矿业发展开始向绿色发展方向转变；2008 年，《全国矿产资源规划》首次明确提出了发展绿色矿业；2010 年，国土资源部出台了《关于贯彻落实全国矿产资源规划发展绿色矿业建设绿色矿山工作的指导意见》；2011 年，"发展绿色矿业"被纳入《国民经济和社会发展第十二个五年规划纲要》，上升为国家战略；2012 年，党的十八大从战略高度上做出了大力推进生态文明建设的战略决策；截至 2014 年年底，我国已先后分四批公布了国家级绿色矿山试点单位 660 多家，全国各地省级以下绿色矿山不计其数；2015 年，党的十八届五中全会基于"四个全面"的战略布局所倡导的"创新、协调、绿色、开放、共享"五大发展理念，成为决定我国"十三五"发展全局，乃至实现中国"由大变强"的一场深刻变革；党的十九大，进一步强调了"绿水青山就是金山银山"的理念，对矿业绿色发展的理念和绿色矿山的实践方面都产生了广泛而深远的影响。

整体来看，在宏观政策支持体系中的财政支持政策、综合运用矿业权制度、矿区土地征用制度，以及微观支持政策体系中绿色意识、国家级与地区级绿色矿山示范工程建设、不同层次类型的绿色矿山标准的建设等的综合运用下，为矿业经济的绿色发展提供了强有力的支撑。

技术：技术对矿业绿色发展的影响主要体现在资源消耗水平和区域创新水平两方面。

一方面，利用先进技术，发展绿色矿业，是提高矿产资源的利用水平，实现矿产资源潜力向产能转变的重要途径。随着技术水平的提高，积极引进并采用先进技术与装备，淘汰或改造落后生产设备和技术工艺，可以实现单位产值的能源消耗量降低，缩小技术差距，提高整体的综合竞争力，以及矿业的生产安全和环境的保护水平。

另一方面，创新因素是实现经济发展的动力源泉，是保持竞争优势的主要影响因素。矿业的绿色发展离不开技术的创新，科学研究和专利可为矿业发展提供充足的动力。技术进步与设备研发、应用，是实现矿业绿色发展的前提。建立信息化、自动化、智能化的采矿装备，高速、大容量、双向综合数据采集和通讯网络，智能调度、控制与生产管理系统，这将改变传统矿业发展模式。构建矿业发展技术系统，能兼顾效率与安全，降低开发成本，实现信息化管理，对推动矿产资源综合利用，改善矿业环境有很大影响。

社会：社会因素和矿业绿色发展的影响主要体现在矿业对人民生活的贡献和社会发展水平对矿业行业发展的作用两方面。

首先，矿业的生产发展和人们的生活息息相关，主要体现在矿业对人口就业的吸纳，对人们收入与消费的影响三个方面。长期以来，矿业行业对整个社会的就业均表现出较强的吸纳能力，所提供的工资水平也相对较高，对社会整体的稳定起着重要的作用。随着矿业绿色发展理念的提出，矿业绿色发展的逐渐推进，加强了人们资源忧患意识和节约资源保护环境的责任意识，并逐渐形成了节约资源保护环境的生产生活和消费方式，整体提高了公共和企业对矿区绿色经济的认识，并调动了其参与绿色经济发展的积极性。

其次，社会发展水平倒逼矿业发展转型。近年来，随着经济的快速发展，整个社会的发展水平有了明显的转变，物质水平的提升，人们对美好生活的追求更为多样化，原有的粗放型的矿业发展模式已不再适应当前社会发展的需要，进行发展模式的转变，实现矿业的绿色矿业发展已是大势所趋。

2. 内部系统影响因素分析

生产要素：矿业生产和其他与土地有关的生产一样，有三大基本生产要素，即劳动、资本和土地，其中，天然形成的矿产资源属于广义的土地。因此，矿业的三大基本生产要素可以理解为资源禀赋、人力资源和资金资源，生产要素投入的不同对矿业的绿色发展也产生重要影响。矿产资源作为一种物质生产资料，是工农业生产的重要资料，矿业资源的生产为国民经济的发展提供强有力的保障。然而，作为不可再生的一种资源，由于不断的开发利用，面临着开发与保护的矛盾，这就要求合理开发利用和保护矿产资源，实行最严格的资源保护政策，实现矿产资源经济、环境和社会效益的同步发展。

在矿业的绿色发展中，行动的最小单位就是劳动者。推动矿业的绿色发展，人才是关键因素。以企业为主，通过建立矿业人才储备基地，加强高校、科研院所与矿山企业的技术交流，加大研发投入，争取在关键技术和重要产品研制方面找到突破口，促进科研成果的有偿使用，降低重复、低水平的科研劳动和成果，实现科技研发资源的集约化、科研成果的高水平应用化，为矿业的绿色发展提供人才输送，进一步提高企业的自主创新能力，有利于矿业的绿色发展。资金支持对矿业企业的发展同样具有重要影响。受我国金融市场不够完善以及矿业自身发展水平及高风险特性的影响，融资困境等问题在众多矿业企业中普遍存在，并成为制约因素影响企业的生产发展。因此，解决矿业企业资金流通问题，建立全球矿业资本中心，筹划发展矿业资本市场，加快拓展采矿业直接融资渠道，为矿业企业的发展提供资金保障，是推进矿业企业加快发展的重要力量。同时，在环境治理保护和节能减排方面，矿业企业所进行的资金投入力度也对矿业经济的绿色发展有重要影响。

产业规模：矿业的产业规模包括矿业的产出规模和经营规模。根据规模经济理论，一个产业产出规模的扩大会形成规模经济，有利于企业之间在资源、市场、信息、管理等方面的共享；大规模生产也使产业分工越来越专业化，企业生产率不断提高，产品单位生产成本不断下降。矿业企业可通过产业内的专业化分工，长期积累形成区域发展的外部规模经济，进一步形成矿业企业的内部规模经济，促进区域矿业的规模集中，形成区域产业发展优势。

产业结构：矿业的产业结构优化包括产业结构合理化和产业结构高级化。产业结构合理化包括矿业与其他经济产业的协调发展以及产业内的协调发展；产业结构高级化包括矿业产业结构不断向技术密集化、产出高附加值的方向发展。结构优化可提高效率、减少能源资源消耗和环境污染。进行矿业产业结构的调整，有助于增强产业活力，形成产业链和产业群，提高产业的综合竞争力，促进矿业整体的优化升级，推动矿业经济的绿色发展。

### 5.5.2 绿色矿山评价指标的确定

绿色矿山综合评价指标主要反映了矿山资源开发生态经济系统内物质投入与能量消耗以及资源的有效利用的现状。依据绿色矿山评价相关理论进行评价，揭示矿产资源开发生态经济系统循环功能的发展程度和资源利用的有效水平。绿色矿山评价指标体系的构建应当遵循以下几个原则。

1. 科学性原则

绿色矿山评价指标体系的选取应该涵盖矿业经济绿色发展的内涵，以可持续发展理论、绿色经济理论、生态经济理论、外部性理论等为依据，遵循经济规律、生态规律、社会规律，包括矿业经济绿色发展的全过程，符合矿业经济绿色发展的目的和要求，较为客观和真实地反映矿业经济绿色发展程度，从不同角度和侧面对矿业经济的绿色发展水平进行衡量。指标的确定和数据的运算要依据科学的方法，综合经济、环境、资源等众多因素，评价方法要有科学依据。

2. 整体性原则

矿业经济绿色发展的评价指标体系要基于矿业经济绿色发展的内涵，充分体现矿业经济绿色发展的各个方面，涵盖经济、社会、环境、资源等多方面内容，基于多因素进行综合评估，使评价体系构成一个整体性的系统。

3. 可行性原则

在评价指标体系的选取与设立过程中，要考虑到数据的可获性，尽量选择政府公报或统计年鉴等权威的易得性指标，减少评价指标的主观影响，在保持科学客观的基础上，增强评价过程的可操作性和矿业经济绿色发展评价效果的真实可靠性。一般而言，统计资料应用较多，数据获取较容易，数据口径一致，利于分析成果的推广与应用。

4. 可比性原则

从时空观点上看，绿色矿山发展评价最明显的特征就是区域性差异与历史的差异，在选择指标的时候既要因地制宜选取适合的评价指标，也要实现各指标具有统一的计算口径、计算方法和统一的量纲，用于纵横向比较，体现其特点，以便对绿色矿山发展的规律与空间配置分析研究。从而有利于对绿色矿山发展系统进行整体性的框架把握。

总之，绿色矿山建设涉及依法办矿、规范管理、综合利用、技术创新、节能减排、环境保护、土地复垦、社区和谐、企业文化等方面，因而会包含多个指标。指标因素的选取在全面性原则的基础上，应结合矿山建设实际及区域特殊性选取出最能反映问题的本质指标。指标的选取应强调典型性，避免入选意义相近、重复或可由其他指标组合而来的导出性指标。绿色矿山建设是一个动态发展的过程，现有的矿产资源开发利用方式以及当前的资源环境状态是否是可持续的，要综合分析各影响要素的静态水平和动态趋势才能做出客观合理的评价。指标体系构建应以理论分析为基础，充分考虑资料的可获取性、指标的可测性及可比性。指标体系的建立应包含表述特征的定性指标和评价性的定量指标。定性指标要反映出客观实际存在的差异可比性，但也应有一定的量化手段与之相对应；定量指标应均可通过国家权威部门发布的数据直接或间接进行计算。在设计指标体系时，应尽可能减少难于量化或者定性指标的数量。要求指标体系的设置避免过于烦琐，同时指标体系所涉及的数据，必须是我国现行制度中具有或通过努力容易达到的，这样才能使其具有较强的可操作性。

### 5.5.3 绿色矿山评价方法研究与确定

如前所述，绿色矿山评价受诸多因素的影响，准确确定全部影响因素对绿色矿山的影响程度是很困难的，甚至是不可能的，因此只能通过不完备的因素来研究绿色矿山的综合评价，这正是可拓学中讨论的不相容问题。可拓学以不相容问题为研究对象，研究其转化规律及解决方法。应用可拓学方法对绿色矿山进行评价，就是把绿色矿山转换成更容易定量描述的"替代物"，来进行定量分析，可拓评价方法利用了关联函数可以取负值的特点，使评价方法能较全面地分析对象属于集合的程度，因而为绿色矿山评价提供了一种新的方法。

物元分析方法是由我国著名学者蔡文首先提出的，经过20多年的研究与发展，现在已成为一门独立的学科——可拓学。可拓学把客观世界看成是一个物元世界，从而引入物元的概念，以定性和定量相结合的方法来综合考虑事物的量变和质变，把处理客观世界的矛盾问题看成是处理物元之间的关系问题。

可拓学是研究事物的可拓性以及开拓的规律与方法，并用以解决矛盾问题的学科。可拓学之所以成为一门备受世人关注的原创性学科，在于其具有以下特色：

（1）建立了物元理论，以物元的可拓性为依据的物元变换为解决矛盾问题提供了强有力的工具。

（2）提出了化矛盾问题为相容问题的基本思想和方法。

（3）建立了可拓集合理论。以可拓域和临界元素对事物量变到质变进行定量化描述，在可拓集合的基础上，将形成可拓学的定量化工具——可拓数学。

（4）形成并发展了可拓工程方法，把可拓方法成功应用于决策、新产品构思、控制、诊断、评判和识别等领域。

物元分析是研究解决不相容问题的规律和方法的新兴学科，是思维科学、系统科学、数学三者的交叉边缘学科。物元分析的数学工具是基于可拓集合基础上的可拓数学。

物元分析的突出特点是它创立了"物元"这一新概念。所谓物元，是把一个事物的质和量有机地联系在一起的重要概念，也是物元理论的首要基本概念，可具体定义为：把物、特征及关于的量值构成的有序三元组 $R = (N, c, v)$ 作为描述事物的基本元，简称"物元"。然而事物往往是有多个特征的，如果对于事物，用多个特征及其对应的量值来描述，则称 $R$ 为 $n$ 维物元，并记作：

$$R = \begin{bmatrix} N, & c_1, & v_1 \\ & c_2, & v_2 \\ & \vdots & \vdots \\ & c_n, & v_n \end{bmatrix} = (N, C, V) \qquad (5.1)$$

其中 $R_i = (N_i, c_i, v_i)(i = 1, 2, \cdots n)$ 称为 $R$ 的分物元。

物元的可拓性是物元特有的性质，是处理矛盾问题的依据，它包括物元的发散性、可扩性、相关性、蕴含性和共轭性。利用物元的可拓性，以形成物元可拓方法，相应称为发散树方法、分合链方法、相关网方法、蕴含系方法、共轭对方法。

（1）发散树方法。把"一物多征，一征多物，一值多物"等特性概括为物元的发散性。根据物元的发散性，由物元的三要素 $N, c, v$ 其中一个或两个出发进行发散，可以得到多个物元，从而为人们解决问题提供多条可供选择的路径。应用发散性解决求知和求行问题的方法称为发散树方法。

（2）分合链方法

一个事物可以与其他事物结合成新的事物，从而为解决矛盾问题提供了可能性。同样，一个事物也可以分解成若干新的事物，它们具有原事物不具有的某些特征，从而也为解决矛盾问题提供可能性。把事物可以结合和分解的可能性统称为事物的可扩性。可扩性包括可加性、可积性和可分性。利用可扩性去解决求知和求行问题的方法称为分合链方法。

（3）相关网方法。一个事物与其他事物关于某特征的量值之间，同一事物或同族事物关于某些特征的量值之间，如果存在一定的依赖关系，我们称之为相关。由于相关性的存在，一个事物和一族事物关于某一特征的量值的变化会导致关于别的特征的量值的变化, 这种变化相互传导于一个相关网中。这使我们可以利用相关关系去处理求知问题和求行问题。因此, 相关性是研究变换的连锁作用的依据。应用相关性与物元变换解决求知和求行问题的方法称为相关网方法。

(4) 蕴含性方法。设有三个基元 $B_1$, $B_2$, $B_3$, 若 $B_3$ 蕴含 $B_2$, $B_2$ 蕴含 $B_1$, 则 $B_3$ 蕴含 $B_1$。根据基元物、事、关系之间蕴含性, 利用形式化方式对基元进行形式化分析, 如: 假设对应的矛盾问题通过 $B_3$ 不易实现, 则可寻找易于实现的下位基元 $B_2$ 或者 $B_1$。

(5) 共轭对方法。从事物的物质性、系统性、动态性和对立性出发认识事物, 能够更完整地描述事物的结构, 更深刻地揭示事物发展变化的丰质。从这四个角度出发, 相应地提出了虚实、软硬、潜显、负正这四对对立的概念来描述事物的构成, 称为事物的共规性。应用共轭性与物元变换去解决求知和求行问题的方法称为共轭对方法。

可拓集合是可拓学中用于描述事物可变性的定量化工具, 它是可拓学用于解决矛盾问题、形式化描述量变和质变的基础。经典集合用 0 和 1 两个数来描述事物具有某种性质或不具有某种性质, 可拓集合则用取自的实数来表示事物具有某种性质的程度, 正数表示具有该性质的程度, 负数表示不具有该性质的程度, 零则表示既有该性质又不具有该性质, 如一只脚在门内, 一只脚在门外的人属于"门内的人"的集合的程度为零。

可拓集合的定义如下: 设 U 为论域, 若对 U 中任一元素 $u$, $u \in U$, 都有一实数

$$k(u) \in (-\infty, +\infty)$$

与之对应, 则称

$$\tilde{A} = \{(u, y) \mid u \in U, y = k(u) \in (-\infty, +\infty)\} \tag{5.2}$$

为论域 $U$ 上的一个可拓集合, 其中 $y = k(u)$ 为 $\tilde{A}$ 的关联函数, $k(u)$ 为 $u$ 关于 $\tilde{A}$ 的关联度; 称

$$A = \{u \mid u \in U, k(u) \geq 0\} \tag{5.3}$$

为 $\tilde{A}$ 的经典域; 称

$$\bar{A} = \{u \mid u \in U, k(u) \leq 0\} \tag{5.4}$$

为 $\tilde{A}$ 的可拓域 (在所给限制下, 可拓域中的元素 $u$ 可以转化为 $y \in x$); 称

$$J_0 = \{u \mid u \in U, k(u) = 0\} \tag{5.5}$$

为 $\bar{A}$ 的非域(在所给限制下,非域中的元素 $u$ 不能转化为 $y \in x$ )。

当 $k(u)=0$ 时,称点 $u$ 为零点,它或者属于经典域,或者属于可拓域,或者同时属于二者;当 $k(u)=-1$ 时,称点 $u$ 为拓点,它或者属于可拓域,或者属于非域,或者同时属于二者。

由上述定义可见,可拓集合用( $-\infty$ , $+\infty$ )中的数来描述事物具有某种性质的程度,并描述了事物"是"与"非"的相互转化,它既可用来描述量变的过程(稳定域),又可用来描述质变的过程(可拓域)。零点和拓点描述了质变点,超越它们,事物就产生质变;在建立了可拓集合的基础上,还要根据问题的实际情况及所给定的限制去建立它的关联函数,不同的问题所对应的关联函数也是不同的。

在解决实际问题时,遇到的是各种各样的实际事物。问题的矛盾程度是用事物关于某些量值符合要求的程度来表示的。事物的量值有数量值和非数量值,非数量值必须通过数量化变为数量值,然后利用可拓集合在实轴上研究事物与量值之间的关系。而可拓集合是用关联函数来刻画的,因此我们要建立实轴上的关联函数,才能使矛盾问题的过程定量化成为可能。

下面是有关关联函数的几个基本概念:

(1)距:

设 $x$ 为实域( $-\infty$ , $+\infty$ )上的任一点, $X_0 = <a, b>$ 为实域上任一区间,则称

$$\rho(x, X_0) = |x - \frac{a+b}{2}| - \frac{1}{2}(b-a) \tag{5.6}$$

为 $x$ 与区间 $X_0$ 之距。

(2)位置值(位值):

一般的,设 $X_0 = <a, b>$ , $X = <c, d>$ ,且 $X_0 \subset X$ ,则点 $x$ 关于 $X_0$ 、 $X$ 的位值为

$$D(x, X_0, X) = \begin{cases} \rho(x, X) - \rho(x, X_0), & x \notin X_0 \\ -1, & x \in X_0 \end{cases} \tag{5.7}$$

(3)关联函数的基本公式:

设 $X_0 = <a, b>$ , $X = <c, d>$ , $X_0 \subset X$ ,且无公共端点,令

$$K(x) = \rho(x, X_0)/D(x, X_0, X) \tag{5.8}$$

则称 $K(x)$ 为 $x$ 关于区间 $X_0$ 、 $X$ 的关联函数。

在可拓集合中,通过关联函数值,可以定量地描述 $U$ 中任一元素 $u$ 属于正域、负域或零界三个域中的哪一个,即使同属于一个域中的元素,也可以由关联

函数值的大小区分出不同的层次。同时，距的概念的引入，可以把点与区间的位置关系用定量的形式精确描述。当点在区间内时，经典数学中认为点与区间的距离都为 0，而在可拓集合中，利用距的概念，就可以根据距的值的不同描述出点在区间内的位置的不同。距的概念对点与区间的位置关系的描述，使人们从"类内即为同"发展到类内也有程度区别的定量描述。

关于评价指标权重系数的确定，对绿色矿山评价有举足轻重的作用。不同的权重会得出不同的评价结果。由于权重往往是人为确定的，常常带有主观随意性，因此，影响评价的合理性。为尽量合理地确定权重，可采用多决策者的层次分析法。

层次分析法(The Analytic HierarchyPricess，以下简称 AHP)是美国运筹学家 Saaty 教授于 20 世纪 80 年代提出的一种实用的多方案或多目标的决策方法。层次分析法的基本原理是排序的原理，即最终将各方法(或措施)排出优劣次序，作为决策的依据。具体可描述为：层次分析法首先将决策的问题看作受多种因素影响的大系统，这些相互关联、相互制约的因素可以按照它们之间的隶属关系排成从高到低的若干层次，叫作构造递阶层次结构。然后请专家、学者、权威人士对各因素两两比较重要性，再利用数学方法，对各因素层层排序，最后对排序结果进行分析，辅助进行决策。

运用层次分析法建模，大体上可按下面四个步骤进行：

① 建立递阶层次结构模型；

② 构造出各层次中两两比较判断矩阵；

③ 计算各层次相对权重的单排序；

④ 计算各层元素对系统总目标的合成权重，并进行总排序。

其中判断矩阵按如下矩阵构造：

$$
A = \begin{bmatrix} a_{11}, & a_{12}\cdots a_{1n} \\ & \cdots \\ & \cdots \\ a_{n1}, & a_{n2}\cdots a_{nn} \end{bmatrix} = \begin{bmatrix} \omega_1/\omega_1, & \omega_1/\omega_2\cdots\omega_1/\omega_n \\ \omega_2/\omega_1, & \omega_2/\omega_2\cdots\omega_2/\omega_n \\ & \cdots \\ \omega_n/\omega_1, & \omega_n/\omega_2\cdots\omega_n/\omega_n \end{bmatrix} \tag{5.9}
$$

式中，$\omega_1, \omega_2, \cdots \omega_n$ ——各元素相对重要性的权重；$a_{ij}$ ——第 $i$ 个元素相对第 $j$ 个元素的相对重要性估值。

根据递阶层次结构就能很容易地构造判断矩阵。构造判断矩阵的方法是：每一个具有向下隶属关系的元素(被称作准则)作为判断矩阵的第一个元素(位于左上角)，隶属于它的各个元素依次排列在其后的第一行和第一列。

重要的是填写判断矩阵。填写判断矩阵的方法是：向填写人(专家)反复询问；针对判断矩阵的准则，其中两个元素两两比较哪个重要，重要多少，对重要性程度按 1~9 赋值(重要性标度值见表 5.3)。

表 5.3　重要性标度含义表

| 重要性标度 | 含　义 |
|---|---|
| 1 | 表示两个元素相比，具有同等重要性 |
| 3 | 表示两个元素相比，前者比后者稍重要 |
| 5 | 表示两个元素相比，前者比后者明显重要 |
| 7 | 表示两个元素相比，前者比后者强烈重要 |
| 9 | 表示两个元素相比，前者比后者极端重要 |
| 2, 4, 6, 8 | 表示上述判断的中间值 |
| 倒数 | 若元素 $i$ 与元素 $j$ 的重要性之比为 $a_{ij}$，则元素 $j$ 与元素 $i$ 的重要性之比为 $a_{ji} = 1/a_{ij}$ |

由于定量指标的计量单位各不相同，不具有可比性，无法进行科学归纳。因此，在确定指标实际值之后，还必须解决指标间的可综合性问题，即进行指标的正规化处理，通过一定的数值变换来消除指标间的量纲影响。根据岩体的特点和可操作性，本文选择线性无量纲化方法来解决定量指标间的可综合性问题，计算公式如下。

$$q_{tj}{}' = \begin{cases} \dfrac{q_{tj} - q_j^{\min}}{q_j^{\max} - q_j^{\min}}, & 对于越大越好因素 \\[3mm] \dfrac{q_j^{\max} - q_{tj}}{q_j^{\max} - q_j^{\min}}, & 对于越小越好因素 \end{cases} \tag{5.10}$$

$$d_{ij}{}' = \begin{cases} \dfrac{d_{ij} - q_j^{\min}}{q_j^{\max} - q_j^{\min}}, & 对于越大越好因素 \\[3mm] \dfrac{q_j^{\max} - d_{ij}}{q_j^{\max} - q_j^{\min}}, & 对于越小越好因素 \end{cases} \tag{5.11}$$

式中　$q_{tj}$——$t$ 类别第 $j$ 因素的评价标准值；

　　$q'_{ij}$——无量纲化后 $t$ 类别第 $j$ 因素的评价标准值；

　　$q_j^{\max}$——第 $j$ 因素的最大评价标准值；

　　$q_j^{\min}$——第 $j$ 个因素的最小评价标准值；

　　$d_{ij}$——$i$ 种待评岩体第 $j$ 因素的指标值；

　　$d'_{ij}$——无量纲化后第 $i$ 种待评岩体第 $j$ 因素的指标。

## 5.5.4 绿色矿山综合评价模型

以下应用可拓学的物元理论，建立绿色矿山多指标参数综合评价的物元模型。

### 5.5.4.1 确定绿色矿山评价等级的物元集合

（1）绿色矿山评价分级物元。设需要评价的矿山有 $m$ 个，影响绿色矿山评价的因素有 $n$ 个，根据物元的定义，绿色矿山评价可用下面的 $n$ 维物元来描述：

$$R_i = (N_i,\ C,\ V) = \begin{bmatrix} N_1,\ C_1,\ V_{i1} \\ C_2,\ V_{i2} \\ \cdots,\ \cdots \\ C_n,\ V_{in} \end{bmatrix} (i = 1,\ 2,\ \cdots,\ m) \tag{5.12}$$

式中　$N_i$——第 $i$ 个待评价矿山；

　　　$C_n$——影响绿色矿山评价的因素（$n=1,\ 2,\ \cdots,\ n$）；

　　　$V_{in}$——第 $i$ 个矿山对应于 $C_n$ 的量值。

（2）确定经典域。

按照一定的绿色矿山评价分级标准，将绿色矿山评价划分为 $S$ 种等级，则可以得到绿色矿山评价的经典域物元 $R_{ot}$：

$$R_{ot} = (N_{ot},\ C,\ X_{ot}) = \begin{bmatrix} N_{ot},\ C_1,\ X_{ot1} \\ C_2,\ X_{ot2} \\ \cdots,\ \cdots \\ C_j,\ X_{otj} \end{bmatrix} = \begin{bmatrix} N_{ot},\ C_1,\ <a_{ot1},\ b_{ot1}> \\ C_2,\ <a_{ot2},\ b_{ot2}> \\ \cdots,\ \cdots \\ C_j,\ <a_{otj},\ b_{otj}> \end{bmatrix} (t = 1,\ 2,\ \cdots s)$$

$$\tag{5.13}$$

式中　$N_{ot}$——绿色矿山类别；

　　　$C_j$——决定绿色矿山类别 $N_{ot}$ 的因素（$j=1,\ 2,\ \cdots,\ n$）；

　　　$X_{otj}$——$N_{ot}$ 关于对应因素 $C_j$ 所确定的量值范围，即经典域 $<a_{otj},\ b_{otj}>$。

（3）确定节域。绿色矿山的节域物元 $R_p$ 为：

$$R_p = \begin{bmatrix} P,\ C_1,\ X_{p1} \\ C_2,\ X_{p2} \\ \cdots,\ \cdots \\ C_n,\ X_{pn} \end{bmatrix} = \begin{bmatrix} P,\ C_1,\ (a_{p1},\ b_{p1}) \\ C_2,\ (a_{p2},\ b_{p2}) \\ \cdots,\ \cdots \\ C_n,\ (a_{pn},\ b_{pn}) \end{bmatrix} \tag{5.14}$$

式中 $P$——绿色矿山类别的全体;

$X_{pn}$——因素 $C_j$ 的所有取值范围,即节域 $(a_{pn}, b_{pn})$。

(4) 确定待评物元。对于待评矿山,把其中第 $i$ 个矿山所收集到的绿色矿山信息或分析结果用物元表示,即得到待评物元 $R_{io}$:

$$R_{io} = (N_{io}, C, X_i) = \begin{bmatrix} N_{io}, & C_1, & x_{i1} \\ & C_2, & x_{i2} \\ & \cdots, & \cdots \\ & C_n, & x_{in} \end{bmatrix} \quad (i = 1, 2, \cdots, m) \quad (5.15)$$

式中 $N_{io}$——第 $i$ 个待评价矿山;

$C_j$——决定绿色矿山类别 $N_{ot}$ 的因素($j = 1, 2, \cdots, n$);

$x_{ij}$——第 $i$ 个待评价矿山对应于 $C_j$ 的量值,即从待评价矿山收集到的具体数据。

### 5.5.4.2 关联度计算方法

(1) 绿色矿山评价分级因素的关联度。

对于第 $i$ 个矿山的第 $j$ 个因素,关于绿色矿山评价分级 $t$ 的关联度可下式求得:

$$K_{it}(x_{ij}) = \begin{cases} \dfrac{-\rho(x_{ij}, X_{otj})}{|X_{oti}|}, & x_{ij} \in X_{otj} \\[4mm] \dfrac{\rho(x_{ij}, X_{otj})}{\rho(x_{ij}, X_{pj}) - \rho(x_{ij}, X_{otj})}, & x_{ij} \in \overline{X_{otj}} \end{cases} \quad (5.16)$$

$(i = 1, 2, \cdots, m; j = 1, 2, \cdots, n; t = 1, 2, \cdots, s)$

式中:

$$\rho(x_{ij}, X_{otj}) = |x_{ij} - \frac{1}{2}(a_{otj} + b_{otj})| - \frac{1}{2}(b_{otj} - a_{otj}),$$

$$\rho(x_{ij}, X_{pj}) = |x_{ij} - \frac{1}{2}(a_{pj} + b_{pj})| - \frac{1}{2}(b_{pj} - a_{pj}).$$

(2) 绿色矿山分级级别的关联度。

矿石 $N_i$ 关于绿色矿山分级类别 $t$ 的关联度为:

$$K_{it}(N_i) = \sum_{j=1}^{n} W_{ij} K_{it}(X_{ij}), \quad (i = 1, 2, \cdots, m; t = 1, 2, \cdots, s) \quad (5.17)$$

式中 $W_{ij}$——绿色矿山评价分级因素 $C_j$ 的权重分配系数。

### 5.5.4.3 绿色矿山评价等级确定

在用式(5.13)求得矿山 $N_i$ 关于评价分级类别 $t$ 的关联度 $K_{it}(N_i)$ 后,据此即可对被评价的绿色矿山按下面的关联度原则进行划分:

① 当 $K_{it}(N_i) > 0$ 时,完全符合被评价分级的类别;

② 当 $-1 < K_{it}(N_i) < 0$ 时,基本符合被分级的类别,其符合的程度取决于 $K_{it}(N_i)$ 的大小,如果符合两种以上类别,则按相对最优的原则划分;

③ 当 $K_{it}(N_i) < -1$ 时,不符合被分级的类别。

若

$$K_{ito}(N_i) = \max\{K_{it}(N_i) \mid t = 1,\ 2,\ \cdots,\ s\} \tag{5.18}$$

则可定性地判定被评价的矿山 $N_i$ 的绿色矿山评价等级类别为 $t_o$ 类。

# 第6章 矿山环境保护与绿色矿山建设

矿产资源是人类社会文明必需的物质基础。随着工农业生产的发展，世界人口剧增，人类精神、物质生活水平的提高，社会对矿产资源的需求量日益增大。矿产资源的开发、加工和使用过程不可避免地要破坏和改变自然环境，产生各种各样的污染物质，造成大气、水体和土壤的污染，并给生态环境和人体健康带来直接和间接的、近期或远期的、急性或慢性的不利影响。事实证明，一些国家或地区的环境污染状况，在某种程度上总是和这些国家或地区的矿产资源消耗水平相一致。同时，矿产资源是一种不可再生的自然资源，所以，开发矿业所产生的环境问题，日益引起各国的重视：一方面是保护矿山环境，防治污染；另一方面是合理开发利用，保护矿产资源。现将矿产资源在开采、加工和使用过程中产生的环境问题简述如下。

(1) 废石和尾矿对矿山环境的污染。采矿，无论地下或露天开采，都要剥离地表土壤和覆盖岩层，开掘大量的井巷，因而产生大量废石；选矿过程亦会产生大量的尾矿。首先，堆存废石和尾矿要占用大量土地，不可避免地要覆盖农田、草地或堵塞水体，因而破坏了生态环境；其次，废石、尾矿如堆存不当可能发生滑坡事故，造成严重后果。如美国有一座高达244m的煤矸石场滑进了附近的一座城里，造成800余人死亡的惨案。据调查：近20年来我国先后发生过多次大规模的废石场滑坡、泥石流以及尾矿坝坍塌等恶性事故，导致人员伤亡、被迫停产、破坏公路、毁坏农田等恶果；再次，有的废石堆或尾矿场会不断逸出或渗滤析出各种有毒有害物质污染大气、地下或地表水体；有的废石堆若堆放不当，在一定条件下会发生自热、自燃，成为一种污染源，危害更大；干旱刮风季节会从废石堆、尾矿场扬起大量粉尘，造成大气的粉尘污染；暴雨季节，会从废石堆、尾矿场中冲走大量沙石，可能覆盖农田、草地、山林或堵塞河流等；综上所述，废石、尾矿对环境的污染为：占用土地，损害景观；破坏土壤、危害生物；淤塞河道、污染水体；飞扬粉尘、污染大气。

(2) 许多矿山系包括采、选、冶的联合企业，向环境排放大量的"三废"，如不注意防治，将会造成大范围的环境污染。19世纪末日本发生震惊世界的环境污染事件就发生在某铜矿，该矿含铜、硫、铁、砷，冶炼时排放废气除二氧化硫外，还有砷化合物和有色金属粉尘。污染物严重地污染矿区周围面积达 400km²，受害中心区被迫整村迁移。该矿污水排入渡良濑川水体，洪水泛滥时广为扩散，使周围四个县数万公顷的农田遭受危害，鱼类大量死亡，沿岸数十万人流离失所。

（3）采矿生产，特别是露天开采时对矿山周围大气污染甚为严重。开采规模的大型化，高效率采矿设备的使用，以及露天开采向深部发展，使环境面临一系列新问题。大型穿孔设备、挖掘设备、汽车运输产生大量粉尘，使采场的大气质量急剧下降，劳动环境日益恶化。据现场监测，最高粉尘浓度达 400～1600 mg/m³，超过国家卫生标准上百倍。爆破作业产生大量有毒、有害气体。上述污染物在逆温条件下，停留在深凹露天矿坑内不易排出，是加速导致矿工矽肺病的主要原因。此外，汽车运输还产生大量的氮氧化物、黑烟、3,4-苯并芘，这是导致癌症的根源。

（4）采矿工业中噪声污染甚为严重。矿山设备的噪声级都在 95～110dB（A）之间，有的超过 115dB（A），均超过国家颁发的《工业企业厂界环境噪声排放标准》（GB 12348—2008）。噪声不仅妨碍听觉，导致职业性耳聋，掩蔽音响信号和事故前征兆，导致伤亡事故的发生，而且还引起神经系统、心血管系统、消化系统等多种疾病。

（5）采掘工作破坏地面或山头植被，引起水土流失，破坏矿山地面景观；地下坑道的开掘或地表剥离破坏岩石应力平衡状态，在一定条件下会引起山崩、地表塌陷、滑坡、泥石流和边坡不稳定，造成环境的严重破坏和矿产资源的损失，并酿成矿毁人亡的重大恶性事故。1980 年湖北宜昌盐池河磷矿因地下采空区的扩大，引起了地面石灰岩陡峭的山崖开裂，在雨后失稳的岩体开始滑移，约有 10 万 m³ 岩体突然从陡崖上急剧倾泻而下，将山坡下矿部约 6 万 m² 建筑物推垮并掩埋，堆积乱石面积约 6000m²，堵塞了盐池河，造成巨大的经济损失和人员伤亡。特别是地表下沉和塌陷区引起地表水和地下水的水力连通，容易酿成淹没矿井的水灾事故。

（6）矿产资源的合理开发和利用是矿山环境保护的一项重要内容。矿产资源是不可再生资源。为此，加强对矿产资源的综合评价，是合理利用矿产资源的重要保证。要正确选择矿床合理开采方法，保证矿石最高回采率和最低损失、贫化率。大多数金属矿山是多种金属共生，综合回收和利用是保护矿产资源的重要手段。此外，针对我国矿产资源日趋减少的现状，把现已生产矿山大量排放的废石、尾矿作为二次矿产资源进行合理开发和有效利用，变废为宝，既保护了国家的资源，又充分利用了国家资源，同时又净化了环境，可谓一举多得。

# 6.1 矿山大气污染及其防治

地球上的大气是环境的重要组成要素，并参与地球表面的各种过程，是维持一切生物所必需的。大气质量的优劣，对整个生态系统和人类健康有着直接的影响。某些自然过程不断地与大气之间进行着物质和能量交换，直接影响大气的质量，尤其是人类活动的加强，对大气环境质量产生深刻的影响。研究大气受到的污染，是当前面临的重要环境问题之一。

## 6.1.1 主要大气污染物

大气污染物按其形成过程可分为：一次污染物和二次污染物。

一次污染物也称为初次污染物，又称原发性污染物，是指由污染源直接排入环境，其物理和化学性状未发生变化的污染物。如燃煤所形成的一氧化碳（$CO$）、二氧化碳（$CO_2$）、二氧化硫（$SO_2$）、氮氧化物（$NO_x$）等均属于初次污染物。此外，氟利昂、萜烯、火山灰、水体和土壤中的重金属、有机物等也是常见的初次污染物。初次污染物可分为非反应物质，其性质较稳定；反应性物质，性质不稳定，在大气中常与某些其他物质产生化学反应或作为催化剂促进其他污染物产生化学反应。环境污染主要是由一次污染物造成的，其来源清楚，需要采取措施加以控制。

二次污染物，是指排入环境中的一次污染物在物理、化学因素或生物的作用下发生变化，或与环境中的其他物质发生反应所形成的物理、化学性状与一次污染物不同的新污染物。又称继发性污染物。如一次污染物 $SO_2$ 在空气中氧化成硫酸盐气溶胶，汽车排气中的氮氧化物、碳氢化合物在日光照射下发生光化学反应生成的臭氧、过氧乙酰硝酸酯、甲醛和酮类等二次污染物。二次污染物中危害最大，也最受到人们普遍重视的是光化学烟雾。光化学烟雾主要有如下类型：

（1）伦敦型烟雾大气中未燃烧的煤尘、$SO_2$，与空气中的水蒸气混合并发生化学反应所形成的烟雾，也称为硫酸烟雾。

（2）洛杉矶型烟雾汽车、工厂等排入大气中的氮氧化物或碳氢化合物，经光化学作用所形成的烟雾，也称为光化学烟雾。

（3）工业型光化学烟雾在我国兰州西固地区，氮肥厂排放的 $NO_x$、炼油厂排放的碳氢化合物，经光化学作用所形成的光化学烟雾。

按其存在的物理状态可分为颗粒污染物、气态污染物。进入大气的固体粒子和液体粒子均属于颗粒污染物。对颗粒污染物可作出如下的分类。

① 尘粒。一般是指粒径大于 $75\mu m$ 的颗粒物。这类颗粒物由于粒径较大，在气体分散介质中具有一定的沉降速度，因而易于沉降到地面。

② 粉尘。在固体物料的输送、粉碎、分级、研磨、装卸等机械过程中产生的颗粒物，或由于岩石、土壤的风化等自然过程中产生的颗粒物，悬浮于大气中称为粉尘，其粒径一般小于 $75\mu m$。在这类颗粒物中，粒径大于 $10\mu m$，靠重力作用能在短时间内沉降到地面者，称为降尘；粒径小于 $10\mu m$，不易沉降，能长期在大气中飘浮者，称为飘尘。

③ 烟尘。在燃料的燃烧、高温熔融和化学反应等过程中所形成的颗粒物，飘浮于大气中称为烟尘。烟尘的粒子粒径很小，一般均小于 $1\mu m$。它包括了因升华、焙烧、氧化等过程所形成的烟气，也包括了燃料不完全燃烧所造成的黑烟以及由于蒸汽的凝结所形成的烟雾。

④ 雾尘。小液体粒子悬浮于大气中的悬浮体的总称。这种小液体粒子一般是由于蒸汽的凝结、液体的喷雾、雾化以及化学反应过程所形成，粒子粒径小于 $100\mu m$。水雾、酸雾、碱雾、油雾等都属于雾尘。

⑤ 煤尘。燃烧过程中未被燃烧的煤粉尘，大、中型煤码头的煤扬尘以及露天煤矿的煤扬尘等。

以气体形态进入大气的污染物称为气态污染物。气态污染物种类极多，按其对我国大气环境的危害大小，有五种类型的气态污染物是主要污染物。

① 含硫化合物主要指 $SO_2$、$SO_3$ 和 $H_2S$ 等，其中以 $SO_2$ 的数量最大，危害也最大，是影响大气质量的最主要气态污染物。

② 含氮化合物含氮化合物种类很多，其中最主要的是 NO、$NO_2$、$NH_3$ 等。

③ 碳氧化合物污染大气的碳氧化合物主要是 CO 和 $CO_2$。

④ 碳氢化合物此处主要是指有机废气。有机废气中的许多组分构成了对大气的污染，如烃、醇、酮、酯、胺等。

⑤ 卤素化合物对大气构成污染的卤素化合物，主要是含氯化合物及含氟化合物，如 HCl、HF、$SiF_4$ 等。

## 6.1.2  大气污染控制的主要方法

首先要减少或防止污染物的排放，主要措施包括：

①改革能源结构，采用无污染能源(如太阳能、风力、水力)和低污染能源(如天然气、沼气、酒精)。②对燃料进行预处理(如燃料脱硫、煤的液化和气化)，以减少燃烧时产生污染大气的物质。③改进燃烧装置和燃烧技术(如改革炉灶、采用沸腾炉燃烧等)以提高燃烧效率和降低有害气体排放量。④采用无污染或低污染的工业生产工艺(如不用和少用易引起污染的原料，采用闭路循环工艺等)。⑤节约能源和开展资源综合利用。⑥加强企业管理，减少事故性排放和逸散。⑦及时清理和妥善处置工业、生活和建筑废渣，减少地面扬尘。

其次，要治理排放的主要污染物。燃烧过程和工业生产过程在采取上述措施后，仍有要些污染物排入大气，应控制其排放浓度和排放总量使之不超过该地区的环境容量。主要方法有：

①利用各种除尘器去除烟尘和各种工业粉尘。②采用气体吸收塔处理有害气体(如用氨水、氢氧化钠、碳酸钠等碱性溶液吸收废气中二氧化硫；用碱吸收法处理排烟中的氮氧化物)。③应用其他物理(如冷凝)、化学(如催化转化)、物理化学(如分子筛、活性炭吸附、膜分离)方法回收利用废气中的有用物质，或使有害气体无害化。

第三，要发展植物净化。植物具有美化环境、调节气候、截留粉尘、吸收大气中有害气体等功能，可以在大面积的范围内，长时间、连续地净化大气。尤其是大气中污染物影响范围广、浓度比较低的情况下，植物净化是行之有效的方法。在城市和工业区有计划、有选择地扩大绿地面积是大气污染综合防治具有长效能和多功能的措施。

第四，要充分利用环境的自净能力。大气环境的自净有物理、化学作用(扩散、稀释、氧化、还原、降水洗涤等)和生物作用。在排出的污染物总量恒定的情况下，污染物浓度在时间和空间上的分布同气象条件有关，认识和掌握气象变化规律，充分利用大气自净能力，可以降低大气中污染物浓度，避免或减少大气污染危害。例如，以不同地区、不同高度的大气层的空气动力学和热力学的变化规律为依据，可以合理地确定不同地区的烟囱高度，使经烟囱排放的大气污染物能在大气中迅速扩散稀释。

### 6.1.3 露天矿大气污染的防治

#### 1. 露天矿大气污染的特点及其影响因素

由于露天开采强度大，机械化程度高，而且受地面条件影响，在生产过程中产生粉尘量大，有毒有害气体多，影响范围广。因此，在有露天矿井开采的矿区，防治矿区大气污染的主要对象是露天采场。

露天矿山开采过程中，由于使用各种大型移动式机械设备（包括柴油机动力设备）和大爆破，促使露天矿内空气发生一系列尘毒污染，矿物、岩石的风化和氧化等过程也增加对露天矿大气的毒化作用。露天矿大气中混入的污染物质主要有粉尘、有害有毒气体和放射性气溶胶。如果不采取防止污染措施，露天矿内空气中的有害物质必将大大超过国家卫生标准规定的最高允许浓度，对矿工的健康和附近居民的生活环境将造成严重的危害。

露天矿粉尘的尘源主要有两种，一是自然尘源，如风力作用形成的粉尘；二是生产过程中产生的粉尘，如露天矿穿孔、爆破、铲装、运输及溜矿槽放矿等过程都能产生大量的粉尘，其产尘量与所用的设备类型、生产能力、岩石性质、作业方法及自然条件等许多因素有关。

由于露天矿开采强度大，机械化程度高，又受地面气象条件的影响，不仅有大量生产性粉尘随风飘扬，而且还从地面吹起大量风沙，沉降后的粉尘容易再次飞扬。所以露天矿的粉尘及其导致尘肺病发生的可能性是不可低估的。

影响露天矿大气污染的因素很多，主要有以下几个方面。

（1）地质条件和采矿技术的影响。地质条件和采矿技术是影响露天矿山环境污染的主要因素之一。因为矿山地质条件是确定剥离和开采技术方案的依据，而开采方向、阶段高度和边坡以及由此引起的气流相对方向和光照情况又影响着大气污染程度。此外，矿岩的含瓦斯性、有毒气体析出强度和涌出量也都与露天矿环境污染有直接关系。矿岩的形态、结构、硬度、湿度又都严重影响着露天矿大气中的空气含尘量。在其他条件相同时，露天矿的空气污染程度随阶段高度和露天矿开采深度的增加而趋向严重。

露天矿的劳动卫生条件可以随着采矿技术的改革而发生根本性变化。例如，用胶带机运输代替自卸式汽车运输，使用电机车运输。联合运输方式能显著降低露天矿的空气污程度。

（2）地形、地貌的影响。露天矿区的地形和地貌对露天矿区通风效果有着重要的影响。例如山坡上开发的露天矿，最终也形成不了闭合的深凹，因为没有通风死角，故这种地形对通风有利，而且送入露天矿自然风流的风速几乎相等，即使发生风向转变和天气突变，冷空气也照常沿露天斜面和山坡流向谷地，并把露天矿区内粉尘和毒气带走。相反，如果露天矿地处盆地，四周有山丘围阻，则露天矿越向下开发，所造成深凹越大，不仅使常年平均风速降低，而且会造成露天矿深部通风风量不足，从而引起严重的空气污染。

如果废石场的位置较高，而且和露天矿坑凹的距离小于其高度的四倍时，废石场将成为露天矿通风的阻力物，造成通风不良、污染严重的不利局面。

一些丘陵、山峦及高地废石场，如果和露天矿坑边界相毗连，不仅能降低空气流动的速度，影响通风效果，而且促成露天采区积聚高浓度的有毒气体，造成露天矿区的全面污染。

（3）气象条件的影响。气象条件如风向、风速和气温等是影响空气污染的重要因素。例如长时间的无风或微风，特别是大气温度的逆增，能促成露天矿内大气成分发生严重恶化。风流速度和阳光辐射强度是确定露天矿自然通风方案的主要气象资料。为了评价它们对大气污染的影响，应当研究露天矿区常年风向、风速和气温的变化。

高山露天矿区气象变化复杂，冬季，特别是夜间变化幅度更大。例如在1966年苏联西拜斯克露天矿发生了气温逆增，气温逆增89%发生在寒冷季节、34%发生在1月份，致使露天矿大气污染严重。其最大特点是发生在夜间和凌晨。炎热地区的气象，对形成空气对流、加强通风、降低粉尘和有毒气体的浓度是有利的。有强烈对流地区，且露天矿通风较好时，就不易发生气象的逆转。

在尘源和有毒气体产生强度不变的条件下，露天矿大气局部污染程度是下列诸因素的函数：产尘点的风速、风向、紊流脉动速度、尘源到取样地点的距离以及露天矿入风风流的污染状况。露天矿工作台阶上的风速与露天矿的通风方式、气象条件和露天台阶布置状况有关。自然通风时，露天矿越往下开采，下降的深度越大，自然风力的强度愈低，从而加剧深凹露天矿的污染。

（4）矿山机械的生产能力的影响。露天矿机械设备能力对有毒气体生成量的关系大不相同。例如，使用火力凿岩，当不断增加钻进速度时，有毒气体生成量反而逐渐下降；对柴油发动的运矿汽车和推土机而言，尾气产生量和露天矿大气中有毒气体含量随运行速度提高而直线上升。

（5）矿岩湿度的影响。影响空气含尘量的主要因素之一是岩石的湿度。随着岩石自然湿度的增加，或者用人工方法增加岩石湿度能使各种采掘机械在工作时的空气含尘量急剧下降。当电铲工作时，如砂质岩的湿度从4%增加到8%时，电铲周围空气含尘量则从 $200mg/m^3$ 下降到 $20mg/m^3$；即水分增加一倍，台阶工作面空气中含尘量降为原来的十分之一。但每种岩石都有自己的最佳值，超过该值后，空气中含尘量降低不多。所以，如果增加岩体的湿度超过上述极限值，不管从经济和卫生方面考虑都是不合适的。

2. 露天矿大气污染的防治

由于露天开采强度大，机械化程度高，而且受地面条件影响，在生产过程中产生粉尘量大，有毒有害气体多，影响范围广。因此，在有露天矿井开采的矿区，防治矿区大气污染的主要对象是露天采场。

在露天矿的开采过程中，使用了机械化强度高的大型移动式设备，如穿孔设备、装载设备及运输设备等。根据国内有关实测资料表明：穿孔设备的产尘量占总产尘量的 6.30%；装载设备产尘量占总产尘量的 1.19%；运输设备的产尘量占总产尘量的 91.33%；凿岩设备的产尘量占总产尘量的 0.57%；推土设备的产尘占总产尘量的 0.61%。

（1）露天矿机械设备防尘措施。机械设备产尘强度的确定，需要考虑粉尘的生产过程和排放方式，一般有两种方式：一种是产生的粉尘没有经过扩散或泄漏，而是集中由一定的管道排入大气，这种方式的产尘强度主要跟管道中平均粉尘浓度以及管道中含尘空气流量大小有关；另一种是产生的粉尘没有经过集中捕集，而是在生成过程中就被排入大气，这种尘流没有固定的边界，其产尘强度计算较为复杂，不同的尘源类型有不同的计算方法。

（2）穿孔设备作业时的防尘措施。钻机产尘强度仅次于运输设备，占生产设备总产尘量的第二位。根据实测资料表明：在无防尘措施的条件下，钻机孔口附近空气中的粉尘浓度平均值为 448.9mg/m³，最高达到 1373mg/m³。

露天矿钻机的除尘措施可分为干式捕尘、湿式除尘和干湿相结合除尘三种方法，选用时要因地制宜。

干式捕尘是将袋式除尘器安装在钻机口进行捕尘。为了提高干式捕尘的除尘效果，在袋式除尘器之前安装一个旋风除尘器，组成多级捕尘系统，其捕尘效果更好。袋式除尘器不影响钻机的穿孔速度和钻头的使用寿命，但辅助设备多，维护不方便，且能造成积尘堆的二次扬尘。

湿式除尘主要采用风水混合法除尘。这种方法虽然设备简单，操作方便，但在寒冷地区使用时，必须有防冻措施。

干湿结合除尘，主要是往钻机里注入少量的水而使微细粉尘凝聚，并用旋风式除尘器收集粉尘；或者用洗涤器、文丘里除尘器等湿式除尘装置与干式捕尘器串联使用的一种综合除尘方式，其除尘效果也是相当显著的。

（3）矿岩装卸过程中的防尘措施。电铲给运矿列车或汽车卸载时，可使爆破时产生的和装卸过程中二次生成的粉尘，在风流作用下，向采场空间飞扬。卸载过程中的产尘量与矿岩的硬度、自然含湿量、卸载高度及风流速度等一系列因素有关。

我国露天矿山多数使用 4m³ 电铲。据测定：微风时电铲工作场地附近粉尘的平均浓度达 31mg/m³，司机室内平均浓度为 20mg/m³；干燥季节且有自然风流时，司机室最高粉尘浓度为 38mg/m³，平均浓度为 9.3mg/m³，而室外则超过 40 mg/m³。在无防尘措施时，潮湿季节司机室内的平均粉尘浓度为 6 mg/m³，室外为 9 mg/m³。上述数据是在具体条件下实测的，其数值的变化与采掘矿石比重、湿度，以及铲斗附近的风速等因素有关。

装卸作业的防尘措施主要采用洒水；其次是密闭司机室，或采用专门的捕尘装置。装载硬岩，采用水枪冲洗最合适；挖掘软而易扬起粉尘的岩土时，采用洒水器为佳。

岩体预湿是极有效的防尘措施，在国内外煤层开采时都得到应用。在露天矿中，可利用水管中的压力水，或移动式、固定式水泵进行压注，也可利用振动器、脉冲发生器或爆炸进行压注，而利用重力作用使水湿润岩体却是一种简易的方法。露天矿的岩体预湿工艺可分为：通过位于层面的钻孔注水；通过上一平台和垂直或与层面斜交的钻孔注水；也可利用浅井或浅槽使台阶充分湿透并渗透湿润岩体。

(4)大爆破时防尘。大爆破时不仅能产生大量粉尘，而且污染范围大，在深凹露天矿，尤其在出现逆温的情况下，污染可能是持续的。露天矿大爆破时的防尘，主要是采用湿式措施。当然，合理布置炮孔、采用微差爆破及科学的装药与填充技术，对减少粉尘和有毒有害气体的生成量也有重要意义。

① 大爆破前洒水和注水。在大爆破前，向预爆破矿体或表面洒水，不仅可以湿润矿岩的表面，还可以使水通过矿岩的裂隙透到矿体的内部。在预爆区打钻孔，利用水泵通过这些钻孔向矿体实行高压注水，湿润的范围大、湿润效果明显。

② 水封爆破。水封爆破有孔内孔外两种(图6.1)。孔外水封爆破是在炮孔的孔口附近布置水袋和辅助起爆药包，每个炮孔的耗水量约为 0.5~0.7m³，相当爆破 1m³ 矿石耗水量约为 0.01~0.015m³。孔内水封爆破也需设辅助药包，其耗水量小于孔外水封爆破，每个炮孔用水量为 0.4~0.5m³ 即可。

③ 大爆破后通风防尘。大爆破后通风是指将大爆破后充满于巷道中的大量炮烟，在较短的时间内，以较大的风量进行稀释并排出矿井。大爆破作业多安排在周末或节假日进行。通常采用适当延长通风时间和临时调节风流加大爆区风量，为加速通风过程，在爆破前对爆区的通风路线做适当调整，尽量缩小炮烟污染范围。

(5) 露天矿运输路面防尘措施。汽车路面扬尘造成露天矿空气的严重污染是

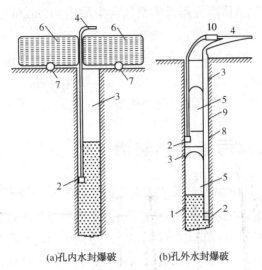

(a)孔内水封爆破　　　　(b)孔外水封爆破

图 6.1　孔内与孔外水封爆破

1—主药包；2—起爆药包；3—炮孔充填物；4—导爆管；

5—孔内水袋；6—孔外水袋；7—辅助药包；

8—附加炮孔充填物；9—保护管；10—导爆连接管

不言而喻的。其产尘量的大小与路面状况、汽车行驶速度和季节干湿等因素有关。目前国内外为防止汽车路面积尘的二次飞扬，主要采取的措施有：路面洒水防尘；喷洒氯化钙、氯化钠溶液或其他溶液；用颗粒状氯化钙、食盐或二者混合处理汽车路面；用油水乳浊液处理路面；人工造雪防尘。

（6）采掘机械司机室空气净化。在机械化开采的露天矿山，主要生产工艺的工作人员，大多数时间都位于各种机械设备的司机室里或生产过程的控制室里。由于受外界空气中粉尘影响，在无防尘措施的情况下，钻机司机室内空气中粉尘平均浓度为 20.8mg/m$^3$，最高达到 79.4mg/m$^3$；电铲司机室内平均浓度为 20mg/m$^3$。因此，必须采取有效措施使各种机械设备的司机室或其他控制室内空气中的粉尘浓度都达到卫生标准，是露天矿防尘的重要措施之一。

采掘机械司机室空气净化的主要内容包括：保持司机室的严密性，防止外部大气直接进入室内；利用风机和净化器净化室内空气并使室内形成微正压，防止外部含尘气体的渗入；保持室内和司机工作服的清洁，尽量减少室内产尘量；调节室内温度、湿度及风速，创造合适的气候条件。

（7）废石堆防尘措施。矿山废石堆、尾矿池是严重的粉尘污染源，尤其在干燥、刮风季节更严重。台阶的工作平台上落尘也会大量扬起，例如，当风速为

5.8~7.3s，苏联卡拉达格斯克露天矿空气含尘量达 412mg/m³，可见，风流扬尘的严重危害。

在扬尘物料表面喷洒覆盖剂是一种防尘措施。喷洒的覆盖剂和废石间具有黏结力，互相渗透扩散，由于化学键力的作用和物理吸附，废石表面形成薄层硬壳，可防止风吹、雨淋、日晒而引起的扬尘。

## 6.2  矿山水污染及其防治

水是人类生活、动植物生长和工农业生产不可缺少的物质，是地球上最丰富的自然资源。随着近代工业生产的迅速发展，工矿企业生产过程中大量用水，排出的工业废水也日益增多；城市人口集中，产生的生活污水数量迅猛增加；许多工业废水和生活污水未经处理直接排入水体，必然引起水体的严重污染，因而造成各种危害。水中有毒物质(氰、铬、汞、镉、酚等)会被人体和生物吸收而使机体受毒；大量有机物和无机物(如硫化物、亚硫酸盐等还原性物质)排入水体后，使水中溶解氧显著下降，甚至达到完全缺氧，因而影响鱼类生活；含有某些无机物的废水排水体后，会使水中硬度或盐量增高，若用此类废水灌溉农田，将使土壤盐碱化。

### 6.2.1  水体污染、自净

在环境污染中，以水体污染发现最早，影响也最大、最广泛。据不完全统计，全世界每年约有 $4.5×10^{11}$ m³ 废水排入水体，我国每年排入水体的废水量约为 $3.03×10^{10}$ m³，其中每 1m³ 的污水又可污染十几立方米的天然水。我国每年因采矿产生的废水、废液排放总量约占全国工业废水排放总量的 10% 以上，而处理率仅为 4.23%。全国的选矿废水年排放总量约为 36 亿 t。我国北方岩溶地区的煤、铁矿山，每年排放矿坑水 12 亿 t，其中 30% 左右经处理使用，其他都是自然排放。这些未经处理或处理不完全的废水直接外排，必将给自然水体造成严重污染，水资源将遭到严重破坏。

水体污染是当前世界上突出的环境问题之一，不少国家的河流、湖泊、海湾和地下水出现了污染，甚至发展为严重污染。造水体污染的原因是水体(包括降水、地面水及地下水)受到人类或自然因素(或因子)的影响．使水的感官性状、物理化学性能、化学成分、生物组成及地质状况产生了恶化。

目前，关于水体污染的定义有三种：一是与水的自净作用相联系的，即认为水体污染是指排入水体的污染物超过了水的自净能力，从而使水质恶化的现象；二是指进入水体的外来物质含量超过了该物质在水体本底中的含量；三是指外来物质进入水体的数量达到了破坏水体原有用途的程度。在上述定义中，认为第三种较为适用，因为它把水体污染与人类的生活和生产活动联系了起来，将水体污染与水的用途紧密结合在了一起。水体污染的发生和过程取决于污染物、污染源及承受水体三个方面的特征及其相互作用和关系。

按造成水体污染原因分：水体污染可分为自然污染和人为污染两大类。自然污染是指自然因素所产生的污染，例如，降水对各种矿石的溶解作用和对大气的淋洗以及地表径流携带各种污染物质进入水体而形成的污染。在矿山，自然污染主要是由于各种矿石的溶解产生的，如茂名北部油页岩矿区潜水水质呈酸性即是因矿区范围内的油页岩矿石溶解所致。但是，一般自然污染只发生在局部地区，因此危害也往往具有地区性。所谓人为污染是指人类在生产和生活中产生的"三废"对水资源的污染：其中工业废水是造成水体污染的主要污染源。

按释放有害物种类分：水体污染一般可分为生理性污染、物理性污染、化学性污染和生物性污染四大类。生理性污染是指污水排入水体后，引起感官性状恶化，衡量指标主要有嗅、味、外观、透明度等。

物理性污染指污水排入水体后，改变了水体的物理性质，使水的混浊度增高，悬浮物增加，呈现颜色，水面漂浮气泡、油膜等，衡量指标主要有混浊度、色度、悬浮物含量等。化学性污染是指污水排入水体后，改变了水体的化学性质，如有机物会消耗水中大量的溶解氧，酸、碱污水使水的 pH 值发生变化，有毒物质超过一定量时，使水体变成"毒水"等，衡量指标有 pH、硬度、生化需氧量(BOD)、化学需氧量(COD)、溶解氧(DO)以及汞、镉、砷、铬、铅等污染物含量。生物性污染是指病原微生物排入水体后，直接或间接使人感染或传染各种疾病，衡量指标有大肠菌类指数、细菌总数等。

污染物投入水体后，使水环境受到污染。污水排入水体后，一方面对水体产生污染，另一方面水体本身有一定的净化污水的能力，即经过水体的物理、化学与生物的作用，使污水中污染物的浓度得以降低，经过一段时间后，水体往往能恢复到受污染前的状态，并在微生物的作用下进行分解，从而使水体由不洁恢复为清洁，这一过程称为水体的自净过程。水体的自净过程有以下三个机制：

物理作用：包括可沉性固体逐渐下沉，悬浮物、胶体和溶解性污染物稀释混合，浓度逐渐降低。其中稀释作用是一项重要的物理净化过程。

化学作用：污染物质由于氧化、还原、酸碱反应、分解、化合、吸附和凝聚

等作用而使污染物质的存在形态发生变化和浓度降低。

生物作用：由于各种生物（藻类、微生物等）的活动特别是微生物对水中有机物的氧化分解作用使污染物降解。它在水体自净中起非常重要的作用。

水体中的污染物的沉淀、稀释、混合等物理过程，氧化还原、分解化合、吸附凝聚等化学和物理化学过程以及生物化学过程等，往往同时发生，相互影响，并相互交织进行。一般说来，物理和生物化学过程在水体自净中占主要地位。

### 6.2.2 矿山废水污染的特点及其形成

1. 矿山废水污染的特点

在矿山范围内，从采掘生产地点、选矿厂、尾矿坝、排土场以及生活区等地点排出的废水，统称为矿山废水。由于矿山废水排放量大，持续性强，而且其中含有大量的重金属离子、酸和碱、固体悬浮物、选矿时应用的各种药剂，在个别矿山废水中甚至还含有放射性物质等，因此，矿山废水在外排过程中对环境的污染是特别严重的，其污染特点主要表现在以下几个方面。

一是矿山废水污染排放量大，且持续时间长。一般情况下，矿山废水的排放量是相当大的，而且其持续时间也较长。在矿山诸多生产工艺中，选矿厂废水的排放量尤其惊人。地下开采，尤其是水力采煤、水沙充填采矿法采矿，废水的排放量较大。在一些矿山关闭后，还会有大量废水继续污染矿区环境。

二是矿山废水污染范围大，影响地区广。矿山废水引起的污染，不仅限于矿区本身，其影响范围，远比矿区本身为广。例如，美国仅由于选矿的尾矿池和废石堆所产生的化学及物理废水污染，致使14881km以上的河流水质恶化。在美国的阿肯色、加利福尼亚几个州内，主要河流都受金属矿山废水的污染，水中所含有毒元素砷、铅、铜等都超过了容许标准浓度。

三是矿山废水成分复杂，浓度极不稳定。矿山废水中有害物质的化学成分比较复杂，含量变化亦较大。如，选矿厂的废水中含有多种化学物质，这是由于选矿时使用了大量的各种表面活性剂及品种繁多的其他化学药剂而造成的。选矿药剂中，有些化学药剂属于剧毒物质（如氰化物），有的化学药剂虽然毒性不大，但当用量较大时，也会造成环境污染。总之，选矿时添加化学药剂的品种和数量不同，废水中的化学成分、浓度大小及危害程度亦有所不同。

2. 矿山废水的形成

在矿山开采的过程中，会产生大量矿山废水，如矿坑水、矿山工业用水、废石场淋滤水、选矿厂废水及尾矿坝废水等，其中矿坑水、矿山工业用水（包括选矿水等）是矿山废水的主要来源。

矿坑水系指在采矿过程中，从开采矿段中涌出的水，亦称为矿坑涌水，一般通过提水泵从坑下中央水仓排向地面，故又称其为矿坑排水。矿井涌水量主要取决于矿区地质、水文地质特征、地表水系的分布、岩层土壤性质、采矿方法以及气候条件等因素。矿坑水的性质和成分与矿床的种类、矿区地质构造、水文地质等因素密切相关。此外，地下水的性质对矿坑水的性质及成分亦有影响，但是，矿坑水在成分和性质上比地下水复杂得多，不能把矿坑水和地下水混为一谈。地下水是矿坑水的一个主要来源。

矿坑水污染可分为：矿物污染、有机物污染及细菌污染，在某些矿山中还存在放射性物质污染和热污染。矿物污染有沙泥颗粒、矿物杂质、粉尘、溶解盐、酸和碱等。有机污染物有煤炭颗粒油脂、生物代谢产物、木材及其他物质氧化分解产物。矿坑水不溶性杂质主要为大于 $100\mu m$ 的粗颗粒，以及粒径在 $100 \sim 0.1\mu m$ 和 $0.1 \sim 0.001\mu m$ 的固体悬浮物和胶体悬浮物。矿井水的细菌污染主要是霉菌、肠菌等微生物污染。矿坑水的总硬度多在 30 以上，故矿坑水多为最硬水，未经软化是不能用作工业用水的。通常，矿坑水的 pH 值在 $7 \sim 8$ 之间，属弱碱性，但是含硫的金属矿山的矿坑水中，$SO_4^{2-}$ 较多，大都是酸性水。

矿山工业用水产生废水的途径很多，主要包括以下几个方面。

（1）矿井排水。矿山地下采掘工作会使地表降水及蓄水层的水大量涌入井下，尤其是水力采煤、水沙充填采矿，更会使矿井排水量增加。由于采矿业产生的废水中含有大量的矿物微粒和油垢、残留的炸药等有机污染物，故在排放过程中造成地表和地下水源的严重污染。

（2）渗透污染。矿山废水或选矿废水排入尾矿池后，通过土壤及岩石层的裂隙渗透而进入含水层，造成地下水资源的污染。同时，矿山废水还会渗过防水墙，造成地表水的污染。

（3）渗流污染。由于含硫化物废石堆直接暴露在空气中，不断进行氧化分解生成硫酸盐类物质，尤其是当降雨侵入废石堆后，在废石堆中形成的酸性水就会大量渗流出来，污染地表水体。

（4）径流污染。采矿工作会破坏地表或山头植被，剥离表土，因而造成水蚀和水土流失现象发生；降雨或雪融后水流搬运大量泥沙，不但堵塞河流渠道而且会造成农田的污染。

综上所述，采矿过程中水污染的途径是多方面的，其污染所造成的后果也是相当严重的。

3. 矿山酸性水的起源

金属矿山酸性废水的形成机理比较复杂，含硫化物的废石、尾矿在空气、水及微生物的作用下，发生风化、溶浸、氧化和水解等一系列的物理化学反应，逐步形成含硫酸的酸性废水。其具体的形成机理由于废石的矿物类型、矿物结构构造、堆存方式、环境条件等影响因素较多，使形成过程变的十分复杂，很难定量研究说明。除上述过程外，还有一些生成酸的其他反应同时进行，会形成酸性废水，比如：矿岩中含有黄铁矿，矿岩中没有足够数量中和酸的碳酸盐或其他碱性物质，黄铁矿被随意排弃在非专用的水池等。

矿山酸性水除了来自含有硫化矿物的矿山外，废石堆和尾矿池亦产生酸性渗流水。

(1) 废石场淋滤水：废石是矿山开采及选矿生产过程中形成的巨大的产物，尤其是露天矿，废石排放量更大。其所含有的硫化物会不断与水或水蒸气接触，不断氧化分解，甚至还形成浓度较高的硫酸盐，从而不断形成酸性水。同时废石不断风化，陆续暴露新的硫化铁矿物，发和氧化反应产生高浓度的酸性溶液，降雨时，大量外泄，造成附近地区的环境污染。

(2) 尾矿池产生的酸性渗流水：尾矿池能渗出酸性水还含有有害的重金属离子、溶解的盐类及未溶解的微小悬浮颗粒物。

(3) 采矿场产生的酸性污水：起因与废石场、尾矿池相似，主要是在采矿场由于地表径流与矿物与废石中含硫物质、重金属元素等发生物理或化学作用产生的。

## 6.2.3 矿山废水中的主要污染物及其危害

概括起来，水体中的污染物可分为四大类。即无机无毒物、无机有毒物、有机无毒物和有机有毒物。无机无毒物主要是酸、碱及一般无机盐和氮、磷等植物营养物质。无机有毒物主要是指各类重金属(汞、铬、铅、镉)和氰、氟化物等。有机无毒物主要是指在水体中比较容易分解的有机化合物，如，碳水化合物、脂肪、蛋白质等。有机有毒物主要是苯酚、多环芳烃和各种人工合成的具有积累性的稳定的化合物，如多氯联苯农药等。有机无毒物的污染特征是消耗水中溶解氧，有机有物的污染特征是具有生物毒性。除上述四类污染物质外，还有常见的恶臭、细菌、热污染等污染物质和污染因素。

一种物质排入水体后是否会造成水体污染取决于：该物质的性质及其在废水中的浓度；含这种物质的废水排放总量以及受污染水体的特性和它吸收污染物质

的容量。下面简述矿山废水主要污染物及其危害。

矿山废水中的主要污染物，包括重金属、酸、有机污染物、油类污染物、氰化物、氟化物和可溶性盐类等。重金属污染和酸污染是废水污染中最普遍的，废水中的重金属主要有铅、锌、镍、铜、汞、铬、镉、钴、锰、钛、钒和铋等。

矿山废水的危害性，包括对生态环境的破坏和对生物体的毒害，主要来自酸污染和重金属污染。矿山酸性废水大量排入河流、湖泊，使水体的 pH 值发生变化，抑制细菌和微生物的生长，影响水生物的生长，严重的导致鱼虾的死亡、水草停止生长甚至死亡；天然水体长期受酸的污染，将使水质及附近的土壤酸化，影响农作物的生长，破坏生态环境。矿山废水含重金属离子和其他金属离子，通过渗透、渗流和径流等途径进入环境，污染水体。经过沉淀、吸收、络合、螯合与氧化还原等作用，在水体中迁移、变化，最终影响人体的健康和水生物的生长。

## 6.2.4 矿山废水的排放标准

环境标准是为维护环境质量、控制污染而制定的各种技术指标和准则的总称。它是伴随环境立法而发展起来的，是环境保护法律体系的组成部分，是具有法规性的技术指标和准则。根据《中华人民共和国环境保护标准管理办法》的规定，我国环境标准分为两级、三类。两级就是国家级和省、自治区、直辖市级。三类就是环境质量标准、污染物排放标准、环境保护基础和方法标准，最后一类只有国家一级。

目前，我国水环境质量标准，主要是依据《地面水环境质量标准》（GB 3838—2002）。该标准根据地面水域使用目的和保护目标将其划分为五类：

Ⅰ类 主要适用于源头水、国家自然保护区；

Ⅱ类 主要适用于集中式生活饮用水水源地一级保护区、珍贵鱼类保护区、鱼虾产卵场等；

Ⅲ类 主要适用于集中式生活饮用水水源地二级保护区、一般鱼类保护区及游泳区；

Ⅳ类 主要适用于一般工业用水区及人体非直接接触的娱乐用水区；

Ⅴ类 主要适用于农业用水区及一般景观要求水域。

同一水域兼有多类功能类别的，依最高类别功能划分。

工业废水中有害物质最高允许排放浓度，分两类：

（1）第一类污染物：它能在环境或动植物体内蓄积，对人体健康产生长远不良影响者。最高允许排放浓度见表 6.1。

（2）第二类污染物：指长远影响小于第一类污染物质的，在排污单位排出口取样，其最高允许排放浓度必须符合表 6.2 的规定。

表 6.1　第一类污染物最高允许排放浓度　　　　　　　　　　　　　　mg/L

| 序号 | 污染物 | 一级标准 | 二级标准 |
|---|---|---|---|
| 1 | 总汞 | 0.005 | 0.01 |
| 2 | 烷基汞 | 不得检出 | 不得检出 |
| 3 | 总镉 | 0.05 | 0.05 |
| 4 | 总铬 | 0.5 | 1.0 |
| 5 | 六价铬 | 0.2 | 0.5 |
| 6 | 总砷 | 0.2 | 0.5 |
| 7 | 总铅 | 0.5 | 0.5 |
| 8 | 总镍 | 0.5 | 1.0 |
| 9 | 苯并(a)芘 | 0.00003 | 0.00003 |
| 10 | 总铍（按 Be 计） | 0.005 | 0.005 |
| 11 | 总银（按 Ag 计） | 0.5 | 0.5 |
| 12 | 总 $\alpha$ 放射性 | 1Bq/L | 1Bq/L |
| 13 | 总 $\beta$ 放射性 | 10Bq/L | 10Bq/L |

表 6.2　第二类污染物最高允许排放浓度　　　　　　　　　　　　　　mg/L

| 污染物 | 一级标准 | 二级标准 | 三级标准 |
|---|---|---|---|
| pH 值 | 6～9 | 6～9 | 6～9 |
| 色度(稀释倍数) | 50 | 80 | — |
| 悬浮物(SS) | 70 | 300 | — |
| 生化需氧量($BOD_5$) | 20 | 30 | 300 |
| 化学需氧量(COD) | 100 | 150 | 500 |
| 石油类 | 5 | 10 | 20 |
| 动植物油 | 10 | 15 | 100 |
| 挥发酚 | 0.5 | 0.5 | 2.0 |
| 总氰化合物 | 0.5 | 0.5 | 1.0 |
| 硫化物 | 1.0 | 1.0 | 1.0 |
| 氨　氮 | 15 | 25 | — |
| 氟化物 | 10 | 20 | 30 |

续表

| 污染物 | 一级标准 | 二级标准 | 三级标准 |
|---|---|---|---|
| 磷酸盐(以 P 计) | 0.5 | 1.0 | — |
| 甲醛 | 1.0 | 2.0 | 5.0 |
| 苯胺类 | 1.0 | 2.0 | 5.0 |
| 硝基苯类 | 2.0 | 3.0 | 5.0 |
| 阴离子表面活性剂 | 5.0 | 10 | 20 |
| 总铜 | 0.5 | 1.0 | 2.0 |
| 总锌 | 2.0 | 5.0 | 5.0 |
| 总锰 | 2.0 | 2.0 | 5.0 |
| 元素磷 | 0.1 | 0.1 | 0.3 |

为了保证矿区环境不受污染和危害，矿区排放的废水还必须符合国家《工业企业设计卫生标准》(GB Z1—2002)的规定，如表 6.3 所示。对矿山企业的行业规定有：现有企业悬浮物最高允许排放浓度为 150mg/L(一级)和 300mg/L(二级)，新扩改企业为 200mg/L(二级)。

表 6.3 地表水体水质卫生要求

| 指标 | 卫生要求 |
|---|---|
| 悬浮物质 | 含有大量悬浮物的工业废水，不得直接排入地面水体，以防淤积河床 |
| 色、嗅、味 | 不得呈现工业废水和生活污水所特有颜色，异臭或异味 |
| 漂浮物质 | 水面上不得出现较明显的油膜和泡沫 |
| pH 值 | 6.5~8.5 |
| BOD(20℃) | 不得超过 3~4mg/L |
| 溶解氧 | 不得低于 4mg/L(东北地区渔业水体低于 5mg/L) |
| 有害物质 | 不得超过表 6.1 规定的最高许可浓度 |
| 病原体 | 含病原体废水必须严格消灭病原体后，才许排入地面水体 |

## 6.2.5 矿山废水污染的控制及其处理的基本方法

### 6.2.5.1 矿山废水污染的控制

1. 控制废水的基本原则

(1) 改革工艺、抓源治本——污染物是从工艺过程中产生出来的，因此，改革工艺以杜绝或减少污染源的产生是最根本、最有效的途径。

（2）循环用水、一水多用——采用循环用水系统，使废水在一定的生产过程中多次重复利用或采用接续用水系统。既能减少废水的排放量，减少环境污染，又能减少新水的补充，节省水资源。

（3）化害为利、变废为宝——工业废水的污染物质，大都是生产过程中的有用元素、成品、半成品及其他能源物质。排放这些物质既造成污染，又造成很大浪费。因此，应尽量回收废水中的有用物质，变废为宝、化害为利，是废水处理中优先考虑的问题。

2. 控制矿山废水的措施

采取"防""治""管"相结合的方法，严格控制废水的形成和排放，是控制和减少水污染的积极措施。

（1）选择适当的矿床开采方法。地下采矿时，选择使顶板及上部岩层少产生裂隙或不产生裂隙的采矿方法。是防止地表水通过裂隙进入矿井而形成废水的有效措施。露天开采时，应尽量采用陡峭边坡的开采方法，以减轻边坡遭水蚀及冲刷现象。及时覆盖黄铁矿的废石，以防止氧化。

（2）控制水蚀及渗透。地下水、地表水及大气降雨渗入废石堆后，流出的将是严重污染了的水。因此堵截给水、降低废石堆的透水性，是防止和减少水渗透的有效措施。

（3）控制废水量。在干燥地区亦可建造池浅而面积大的废水池蒸发废水，这对排水量大的矿山是减少废水处理量的合理办法。

（4）平整矿区及其植被。平整遭受破坏的土地，可以收到掩盖污染源，减少水土流失，防止滑坡及消除积水的效果。植被可以稳定土石，降低地表水流速度，因而能在一定程度上减少水土流失、水蚀及渗透。

### 6.2.5.2　矿山废水处理系统

由几种处理单元过程合理组合成的整体，称为废水处理系统。按处理目标，废水处理系统组成分为四类，即颗粒状物质去除系列、悬浮颗粒和胶体去除系列、溶解物质去除系列、泥渣处理系列。废水处理方法和处理系统的选择确定需考虑的因素很多，主要是废水的水质和水量特征、废水处理后的利用或排放以及对水质的具体要求，最终进行全面的技术经济比较选择确定处理的基本方法。

### 6.2.5.3 矿山废水处理基本方法

矿山废水多为酸性水，通常采用中和法。常用的三种中和方法如下：

（1）利用碱性废水、废渣中和：此方法既能除碱，又能除酸。当附近有电石厂、造纸厂等排出碱性废水、滤渣时，宜予以利用。比如：龙游黄铁矿选矿厂将酸性流程改为碱性流程后，尾矿水呈碱性，与矿区酸性水同时排入河道进行自然中和，改善了被污染水体，使排入河流 2km 区段内仍有鱼类生长。

（2）加石灰和石灰乳中和：此方法成本较高，沉渣多而难处理。比如：向山硫铁矿结合处理矿井酸性水，将选矿厂的酸性流程改为碱性流程，既处理了矿井排出的酸性水，又使精矿品位和回收率有所提高。

（3）用具有中和性能的滤料进行过滤中和：常用的滤料有石灰石、白云石和大理石等。常用的设施有：

① 普通中和滤池：用粒径较小的石灰石作滤料，可处理硫酸含量不超过 1.2g/L 的废水。特点是因反应后生成的硫酸钙经常沉积在滤料表面，使滤料失去中和性能，影响效果。

② 升流式膨胀滤池：是由普通中和滤池改进的滤池，可处理硫酸含量不超过 2g/L 的废水。特点是滤池体积小、管理操作简便。

③ 卧式过滤中和滚筒：用以处理的废水含硫酸浓度可高达 17g/L，对处理硫化矿矿山酸性水是一种较理想的设施。

# 6.3 矿山噪声污染及其防治

随着近代工业的发展，环境污染也随之产生，噪声污染就是环境污染的一种，已经成为对人类的一大危害。噪声污染与水污染、大气污染、固体废弃物污染被看成是世界范围内四个主要环境问题。

物理上噪声是声源做无规则振动时发出的声音。在环保的角度上，凡是影响人们正常的学习、生活、休息等的一切声音，都称之为噪声。声音由物体振动引起，以波的形式在一定的介质(如固体、液体、气体)中进行传播。我们通常听到的声音为空气声。

我们所听到声音的音调的高低取决于声波的频率，高频声听起来尖锐，而低频声给人的感觉较为沉闷。声音的大小是由声音的强弱决定的。从物理学的观点来看，噪声是由各种不同频率、不同强度的声音杂乱、无规律的组合而成；乐音则是和谐的声音。判断一个声音是否属于噪声，仅从物理学角度判断是不够的，主观上的因素往往起着决定性的作用。例如，美妙的音乐对正在欣赏音乐的人来说是乐音，但对于正在学习、休息或集中精力思考问题的人可能是一种噪声。即使同一种声音，当人处于不同状态、不同心情时，对声音也会产生不同的主观判断，此时声音可能成为噪声或乐音。因此，从生理学观点来看，凡是干扰人们休息、学习和工作的声音，即不需要的声音，统称为噪声。当噪声对人及周围环境造成不良影响时，就形成噪声污染。

噪声按声音的频率可分为：低频（<500Hz）噪声、中频（500~1000Hz）噪声和高频（>1000Hz）噪声；按传声介质不同，噪声可分为固体噪声、气体噪声和液体噪声；按噪声随时间的变化，噪声可分为稳态噪声、非稳态噪声和瞬时噪声；按噪声产生的机理，噪声可分为机械噪声、空气动力性噪声和电磁噪声。

机械噪声是由于机械部件之间在摩擦力、撞击力和非平衡力的作用下振动而产生的。例如球磨机、破碎机等发出的噪声是典型的机械噪声。

空气动力性噪声，是由高速气流、不稳定气流以及由于气流与物体相互作用产生的噪声。例如空压机、凿岩机等产生的噪声。

电磁噪声是由于电磁场的交替变化而引起某些机械或空间容积振动而产生的。如电动机、发电机、变压器等发出的噪声。

## 6.3.1 噪声的危害、评价与测控

随着矿山机械化水平的不断提高，矿山各作业场所的噪声污染也日益严重。据调查，从事采矿作业的工人中，有50%以上遭受不同程度的听觉损伤。噪声污染不仅危害职工的身体健康，降低劳动效率，而且干扰通风系统的正常运行。

噪声对人的影响是一个复杂的问题，不仅与噪声的性质有关，而且还与每个人的心理、生理状态以及社会生活等方面的因有关。表6.4列出矿山噪声的危害情况。

表6.4 矿山噪声的危害

| 影响方面 | 内容 |
| --- | --- |
| 影响正常生活 | 使人们没有一个安静的工作和休息环境，烦躁不安，妨碍睡眠，干扰谈话等 |
| 对矿工听觉的损伤 | 矿工长期在强噪声90dB（A）以上环境中工作，将导致听阈偏移，当500Hz、1000Hz、2000Hz听阈平均偏移25dB，称噪声性耳聋 |

续表

| 影响方面 | 内容 |
|---|---|
| 引起矿工多种疾病 | 噪声作用于矿工的中枢神经系统，使矿工生理过程失调，引起神经衰弱症；噪声对心血管系统，可引起血管痉挛或血管紧张度降低，血压改变，心律不齐等；使矿工的消化机能衰退，胃功能紊乱，消化不良，食欲不振，体质减弱 |
| 影响矿山安全生产和降低矿工劳动生产率 | 矿工在嘈杂环境里工作，心情烦躁，容易疲乏，反应迟钝，注意力不集中，影响工作进度和质量，也容易引起工伤事故；由于噪声的掩蔽效应，使矿工听不到事故的前兆和各种警戒信号，更容易发生事故 |

噪声的危害很大，必须对之进行严格控制。为了保护人的听力和健康，保证生活和工作环境不受噪声干扰，这就需要制定一系列噪声标准。

不同行业、不同时间、不同区域规定有不同的最大容许噪声级标准，国家权力机关根据实际需要和可能，颁布了各种噪声标准。

《工业企业噪声卫生标准》（GB Z1—2002），该标准是听力保护标准，所规定的噪声标准是指人耳位置的隐态 A 声级或非稳态噪声的等效声级。该标准适用于现有企业的工业生产车间或作业场所（表 6.5）。

**表 6.5　《工业企业设计卫生标准》(GB Z1—2002)**

| 每个工作日接触噪声时间/h | 8 | 4 | 2 | 1 | 1/2 | 1/4 |
|---|---|---|---|---|---|---|
| 新建企业容许噪声/dB(A) | 90 | 93 | 96 | 99 | 102 | 105 |
| 改建企业容许噪声/dB(A) | 85 | 88 | 91 | 94 | 97 | 100 |
| A 声级最高不得超过 115dB | | | | | | |

环境噪声标准：对于人们的交谈、工作与作息、睡眠以及吵闹感觉等方面的影响，都属于环境噪声标准。

## 6.3.2　噪声的控制原理和方法

构成声系统三个要素是声源、声音传播的途径、接受者。所以控制噪声也必须从这三个环节着手，即从声源上根治噪声，在传播途径上控制噪声和在接受点进行防护。

1. 从声源上根治噪声

（1）合理选择材料和改进机械设计来降低噪声。一般金属材料，如钢、铜、铝等，它们的内阻尼、内摩擦较小，消耗振动能量的能力较弱。因此，凡用这些材料制成的零部件，在激振力的作用下，在构件表面会辐射较强的噪声。而采用内耗大的高分子材料或高阻尼合金就不同了，如锰-铜-锌合金，它的晶体内部存在一定的可动区，当它受到作用力时，合金内摩擦将引起振动滞后损耗效应，使振动能转化为热能而耗散掉，因此，在同样作用力的激发下，减振合金比一般合金辐射的噪声小得多。如用锰-铜-锌合金与45号钢试件相比较，前者内摩擦损耗是后者的12~14倍，在同样激励作用下，前者辐射噪声比后者低27dB(A)。

通过改进设备结构减少噪声，其潜力是很大的。如风机叶片形式不同产生的噪声大小有较大差别，若将风机叶片由直片形改成后弯形，可降低噪声约10dB(A)。改变传动装置也可以降低噪声。从控制噪声角度考虑，应尽量选用噪声小的传动方式。如将正齿轮传动装置改用斜齿轮或螺旋齿轮传动装置，用皮带传动代替正齿轮传动，或通过减少齿轮的线速度及传动比等均能降低噪声。

（2）改进工艺和操作方法降低噪声。改进工艺和操作方法，是从声源上降低噪声的另一种途径。例如，用低噪声的焊接代替高噪声的铆接；用液压来代替高噪声的锤打；用喷气织布机代替有梭织布机等，都会得到降低噪声的效果；在工矿企业，若把铆接改为焊接，把锻打改为摩擦压力或液压加工，均可降低噪声20~40dB(A)。

（3）提高零部件加工精度和装配质量降低噪声。在机器运行时，由于机件间的撞击、摩擦或由于动平衡不好，都会导致噪声增大。可采用提高零部件加工精度和机器装配质量，采用良好的润滑、平时注意检修等方法降低噪声。例如一台齿轮转速在1000r/min的条件下，当齿轮误差从17μm降为5μm时，则其噪声可降低8dB(A)。若将轴承滚珠加工精度提高一级，则轴承噪声可降低10dB(A)左右。

2. 在噪声传播途径上降低噪声

由于目前的技术水平、经济等方面原因，无法把噪声源的噪声降到人们满意的程度，就可考虑在噪声传播途径上控制噪声。

在总体设计上采用"闹静分开"的原则是控制噪声较有效的措施。例如，在城、镇、产业开发区的规划时，将机关、学校、科研院所与闹市区分开；闹市区与居民区分开；工厂与居民区分开；工厂的高噪声车间与办公室、宿舍分开；高噪声的机器与低噪声的机器分开。这样利用噪声在传播中的自然衰减作用，缩小噪声的污染面。此外还可因地制宜，利用地形、地物，如山丘、土坡、深堑或已有建筑设施来降低噪声作用。利用噪声源的指向性合理布置声源位置，可使噪声源指向无人或对安静要求不高的地区。另外，绿化能改善环境、具有降噪作用，种植树木，使树疏密及高低合理的配置，可达到良好的降噪效果。

当利用上述方法仍达不到降噪要求时，就需要在噪声的传播途径上直接采取声学措施，包括吸声、隔声、减振、消声等噪声常用控制技术。各种噪声控制的技术措施，都有其特点和适用范围，采用何种措施，视噪声源的实际情况，参照有关标准，综合考虑技术、经济因素进行选定。

（3）在噪声接受点采取防护措施。在其他技术措施无法控制噪声时，或者只有少数人在吵闹的环境下工作，个人防护乃是一种既经济又实用的有效方法。常用的防声用具有耳塞、防声棉、耳罩、头盔等。它们主要利用隔声原理来阻挡噪声传入人耳，以保护人的听力，并能防止由噪声引起的神经、心血管、消化等系统的病症。常用防噪声用具及效果如表6.6所示。

表6.6　常用防噪声用具及效果

| 种类 | 说明 | 质量/g | 衰减值/dB |
|------|------|--------|-----------|
| 棉花 | 塞在耳内 | 1～5 | 5～10 |
| 棉花涂蜡 | 塞在耳内 | 1～5 | 10～20 |
| 伞形耳塞 | 塑料或人造橡胶 | 1～5 | 15～30 |
| 柱形耳塞 | 乙烯套充蜡 | 3～5 | 20～30 |
| 耳罩 | 罩壳内衬海绵 | 250～300 | 20～40 |
| 防声头盔 | 头盔内加耳塞 | 1500 | 30～50 |

### 6.3.3　吸声处理、隔声及消声器

一般工矿车间和矿井硐室内的表面多是一些坚硬的、对声音反射很强的材料，如混凝土的天花板、光滑的墙面和水泥地面。当声源发出噪声时，对操作人员来说，除了听到由声源传来的直达声外，还可听到由房间或硐室内表面多次反射形成的反射声（又称混响声）。直达声和反射声的叠加，加强了室内噪声的强度。根据实验，同样的声源放在室内和室外自由声场相比较，由于室内反射声的作用，可以使室内声压级提高5～10dB。

如果在室内天花板和墙壁或硐室内表面装饰吸声材料或吸声结构，在空间悬挂吸声体或装饰吸声屏，声源发出的噪声碰到吸声材料，部分声能就被吸收，使反射声能减弱。操作人员听到的只是从声源发出经过最短距离到达的直达声和被减弱的反射声，这种降低噪声的方法称为吸声处理。

值得注意的是：吸声处理方法只能吸收反射声，对于直达声没有什么效果。所以只有当反射声占主导地位时才会有明显的吸声效果。

吸声材料都是一些多孔材料，如玻璃棉、矿渣棉、泡沫塑料、石棉绒、软

质纤维板以及微孔吸声砖等。这类材料的吸声机理为：当声波进入材料的孔隙内，引起空隙间的空气分子和纤维振动，由于摩擦阻力和空气的黏滞阻力及热传导等作用，使相当一部分声能变成热能耗散掉，从而起到吸声作用。因此，多孔材料的内部要求蓬松多孔，各孔之间要连通，同时这些连通的孔隙与外界还要连通。

多孔性吸声材料对于高频声是非常有效的，但对低频声来说，吸声系数就低得多。若用加大厚度及容重，在背后设置空气层等办法，能够改善低频段的吸声性能，但这样做往往不够经济。为了弥补多孔吸声材料的不足，在实用中通常采用各种吸声结构来进行吸声处理。

隔声是噪声控制工程中常用的一种重要技术措施。根据隔声原理，用隔声结构把噪声源封闭起来，使噪声局限在一个小的空间里，把这种隔声结构称为隔声罩；也可以把需要安静的场所用隔声结构封闭起来，使外面的噪声很少传进去，这称为隔声间；还可以在噪声与受噪声干扰的位置之间，设立用隔声结构做成的屏障，隔挡噪声向接受点位置传播，这称为隔声屏。隔声罩、隔声间、隔声屏是按隔声原理设计制成的三种噪声控制设备，在防噪工程中有广泛的应用。

隔声罩或隔声间能把噪声源与接受点完全隔开，在控制噪声上是很有效的。但是，在某些情况下，由于操作、维护、散热或厂房内有吊车作业等原因，不宜采用全封闭性的隔声措施，便可考虑采用隔声屏降低接受点的噪声。所谓隔声屏，就是用隔声结构做成屏障，放在噪声源与接受点之间，利用屏障拦挡噪声直接向接受点辐射的一种降噪措施。由于声波在传播中遇到障碍时具有绕射的特性，所以隔声屏的降噪效果有限。高频声因波长短，绕射能力差，隔声屏效果显著；低频声波长长，绕射能力强，所以效果有限。

消声器是一种使声能衰减而允许气流通过的装置。将其安装在气流通道上便可控制和降低空气动力性噪声。根据其消声原理，可分为阻性消声器、抗性消声器、阻抗复合消声器、扩散消声器和有源消声器。设计一个性能优良的消声器，必须具备以下三个条件：

(1)具备良好的消声性能。即要求消声器在有足够宽的频率范围内具有最佳消声效果，将噪声水平控制在规定范围之内。

(2)具有良好空气动力性能。要求消声器对气流阻力损失足够小，并确保不影响设备的工作效率和进、排气的畅通。

(3)在机械性能上要求消声器体积小、结构简单、成本低。具有一定的刚度和较长的使用寿命，便于现场安装和无再生噪声。

### 6.3.4　矿山机械设备噪声控制

1. 冶金矿山机械设备噪声源分析

噪声是污染矿山环境的公害之一，而矿井作业人员所受危害更甚。在大型矿山开采时，使用了许多大型、高效和大功率设备，随之带来的噪声污染越来越严重。目前解决矿山机械设备噪声污染已经成为环境保护和劳动保护的一项紧迫任务。图 6.2 为现场测定矿山机械设备噪声级范围。

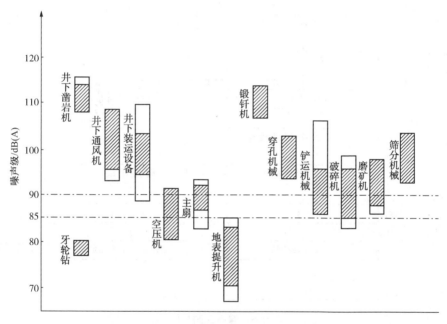

图 6.2　矿山机械设备噪声级范围

从测定结果的分析可知，矿山噪声的特点是：声源多、连续噪声多、声级高，矿山设备的噪声级都在 95～110dB(A)之间，有的超过 115dB(A)，噪声频谱特性呈高、中频。噪声级超过国家颁发的《工业企业噪声卫生标准》，严重危害职工身体健康。

在矿山企业中，噪声突出的危害是引起矿工听力降低和职业性耳聋。据统计，井下工龄 10 年以上的凿岩工 80%听力衰退，其表现为语言听力障碍；20%为职业性耳聋。此外，还引起神经系统、心血管系统和消化系统等多种疾病。并使井下工人劳动效率降低，警觉迟钝，不容易发现事故前征兆和信号，增加发生工伤事故的可能性。

2. 井下噪声的特点、控制程序和处理原则

矿山噪声特别是井下作业点噪声与地面噪声是有差别的。其表现为井下工作面狭窄，反射面大，直达声在巷道表面多次反射而形成混响声场，使相同设备的井下噪声比地面高 5~6dB(A)。

井下噪声的控制工序，首先要进行井下噪声级预测，测定声压级和频谱特性，根据预测结果和允许标准确定减噪量，选择合理控制措施，进行施工安装，再进行减噪效果的测定和评价，噪声控制程序如图6.3。

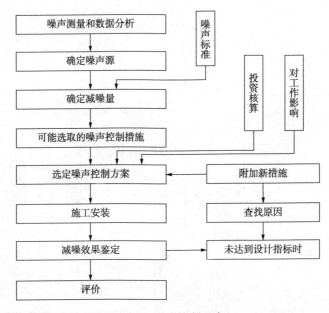

图 6.3　噪声控制程序

由于井下存在多种噪声源，在降低井下噪声时必须遵循以下原则：在降低多种噪声源时，首先要降低其最大干扰的噪声源，这是获得显著效果的唯一途径；一旦最响噪声源已被降到比剩余噪声源低 5dB(A)时，再进一步降低该噪声源对总噪声量的降低不会产生明显的作用；如果噪声是由许多等响噪声源组成，要使总噪声有明显降低，只有对其中全部噪声源进行降噪处理；尽管降低 3dB(A)噪声级是很有限的，但在感觉响度上则有明显的差别，因为噪声降低 3dB(A)相当于声功率减少一半。

3. 风动凿岩机噪声控制

风动凿岩机是井下采掘工作面应用最普遍、噪声级最高的移动设备。一般噪声级达 110~120dB(A)，是目前井下最严重噪声源(图6.4)。

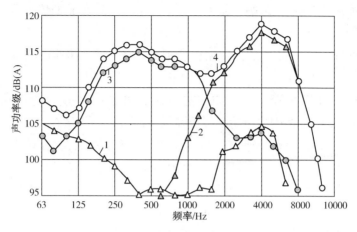

图 6.4 凿岩机频谱特性

1—机壳噪声；2—钎杆噪声；3—排气噪声；4—整机噪声

风动凿岩机噪声源有：废气排出的空气动力性噪声；活塞对钎杆冲击噪声；凿岩机外壳和零件振动的机械噪声；钎杆和被凿岩石振动的反射噪声。对标准凿岩机进行测试表明：68%来自排气噪声；32%来自活塞与钎杆、钎杆与岩石的冲击或碰撞及机壳振动噪声。因此，解决风凿机噪声首先降低排气噪声。

（1）降低排气噪声方法。风动凿岩机噪声主要声源是排气噪声。排气噪声形成的机理：废气经排气口以高速度进入相对静止的大气，在废气和大气混合区排气速度降低引起了无规则的漩涡，漩涡以同样无规则的方式运动、消散，出现许多频带不规则的噪声；活塞往复一次压气从气缸排出两次产生周期性脉动噪声；排气本身就是凿岩机内部机械噪声的传播介质，上述过程产生噪声概括称为"空气动力性噪声"。

至今，人们还无法消除风动凿岩机的排气声源，但用限制排气速度和工作速度的办法来降低排气噪声是有可能的，也就是说，创造最好环流条件，减少气流排出时压力波动，使缸体内部和大气间保持较小的压力差。上述方法可通过在风动凿岩机排气口安装消声装置实现。

凿岩机机外消声装置：在凿岩机的排气口装上一段排气软管，将排出废气引向安装在气腿子内部或距工人一定距离处的消声器。

凿岩机排气口消声装置：根据各类凿岩机的频谱特性和排气口形状以及工人操作方法设计各种类型凿岩机排气口消声器。

（2）降低钎杆冲击噪声方法。钎杆噪声主要是活塞冲击钎尾引起钎杆振动而发出的噪声。通过理论分析试验研究，欲降低钎杆噪声，可采取如下措施：

① 增加活塞与钎杆撞击的延续时间，当撞击时间增加 1 倍，声功率约减少 12dB(A)；

② 增加钎杆结构损失系数，在钎杆表面镀铬，使结构损失系数增加 1 倍，声功率级减少 3dB(A)。

③ 增加钎杆横截面半径。如增加 1 倍，可在高频分为的声功率级减少 13.5dB(A)，低频率范围的声功率级可降低 4.5 倍；

④ 减少撞击偏心率，当撞击率减少 1 倍时，声功率级在全部频率内降低 6dB(A)；

⑤ 在钎肩处加橡皮垫，可使钎杆在钎肩处增加 1 个约束，使钎杆与活塞更趋于对中，加垫后凿岩机噪声级降低 3dB(A)。

(3)降低机械噪声方法。机械噪声是由机械部件振动、摩擦而产生，属于高频噪声。采用超高分子聚乙烯包封套，使凿岩机噪声由 115dB(A)降至 100dB(A)。还可以使用一种吸收噪声的合金制作凿岩机外壳，该合金能吸收振动应力，故衰减噪声能力特别强。

除外，还要采用结实的非谐振材料，如用尼龙做某些构件，使邻近零件的相对运动变为尼龙和钢的运动，从而完全消除钢对钢的运动。

(4) 降低岩壁反射噪声的方法。由于巷道空间有限，反射噪声形成混响场，从而增加凿岩机噪声强度。国外曾试验在井下巷道周壁喷射高膨胀泡沫稳定层。该泡沫是一种烷基稳定泡沫，膨胀比 25∶1，喷射后泡沫稳定层能牢固地粘在巷道壁面上，并保持一段时间不会脱落。因含水泡沫又软又多孔，可有效地降低岩壁的反射噪声。其吸声效果随着距离凿岩机距离的增大而增加，频率越高效果就越好。当泡沫层厚度为 51mm 时，可以使总的岩壁反射噪声大约降低 40%，较好地改善听觉环境。

4. 凿岩台车噪声控制

为提高采矿和掘进速度，目前国内外广泛地采用多机凿岩台车。美国和加拿大联合研制应用于万能-1 型台车的隔声防震司机室和法国赛马科掘进台车都装配有隔声防震操作间，为多机凿岩台车作业时全面改善井下环境提供安全舒适的条件。

我国梅山铁矿在 CTC-141 型采矿凿岩台车上安装隔声防震操作室，其隔声结构采用多层复合结构。操作室外壁为 1mm 的铅板夹在两层 15mm 厚的聚氨酯泡沫塑料之间，泡沫塑料外侧覆盖 1mm 的钢板，操作室的内壁覆盖 0.3mm 的微孔铝板。操作室的前方装配两层不同厚度强化玻璃，整个操作室是由上述复合结构和玻璃窗等组成的隔声组合结构。操作室安装在台车双梁尾部，用螺栓连接，便于装卸。室底层装四个弹簧起减震作用，室内有双人座椅，室顶两侧架设探照灯，使司机视野宽广，能清楚地看到顶、底板炮眼。玻璃窗顶部有两个喷嘴向玻璃喷出液体清洁剂，一个动壁型刮水器用来保持玻璃清洁，防止玷污玻璃而影响视线。操作室内安装有滤气装置和负离子发生器，净化进入操作室内的空气中的粉尘、油雾和其他有害杂质，并使负离子通过风口和风流均匀混合进入室内，提高操作室内负离子浓度，改善室内空气质量。经测定：该操作室的隔声效果、滤尘效果、负离子发生量等项指标均达到设计要求。改善凿岩台车操作人员的工作环境，满足矿山工业卫生的要求。

5. 通风机噪声控制

（1）通风机噪声源分析。通风机噪声主要包括以下三部分：

空气动力性噪声：由扇风机叶片旋转驱动空气，使巨大能量冲击机壳产生各种反射、折射而形成。

机械噪声：扇风机机壳、风门和其他零件的冲击、摩擦而形成。

电磁噪声：由电动机驱动、运转而形成。

这三个噪声中，空气动力性噪声危害最大，具有噪声频带宽、噪声级高、传播远等特点，并且比其他两个噪声源高 20dB（A），因此是扇风机噪声控制的重点。

（2）扇风机噪声控制方法。控制扇风机噪声的根本性措施是：改进风机的结构参数，提高风机的加工精度，从研制低噪声、高效率的新型风机入手，在设计新风机时可通过下列措施降低噪声：

① 流线型进风道并配置弹头形整流罩，整流罩直接固定于叶轮，可使气流均匀，减少阻力损失；

② 装配流线型电机；

③ 增大电机定子和风机叶轮之间的距离；

④ 增加风机转动装置和导流器之间的距离。

对于目前正在使用的高噪声扇风机，可采取以下措施：

主扇噪声控制：① 用隔声室隔离机体噪声：将发声体和周围环境隔开。

② 排风口消声装置：采用矿渣膨胀珍珠岩吸声砖或水泥蛭石混合料吸声砖，是目前主扇排风口消声装置中比较理想的材料。

局扇噪声控制：① 用各种吸声材料和消声材料制成阻性消声器。原理是当声波进入消声器后吸声材料将一部分声能转化为热能而耗损掉。该消声器可使局扇风机噪声降低到 90dB(A) 以下，但往往由于矿内空气十分潮湿，加上油、雾、粉尘的沉积，使用一段时间后消声效果明显下降。

② 微穿孔板消声器。采用双层微穿孔板套制而成。

③ 柔性消声器。近年来，瑞典研制成功一种矿井局扇柔性消声器。可降低噪声 13~20dB(A)，广泛地使用在国外金属矿井。

6. 空压机噪声控制

（1）产生及特性。空压机噪声是由进、出口辐射的空气动力性噪声，机械运动部件产生机械性噪声和驱动机(电动机或柴油机)噪声组成。声压级由低频到高频逐渐降低，呈现为低频强、频带宽、总声级高的特点。由于矿井空压机房多建在副井口附近，噪声掩蔽运输和提升信号，容易造成井口地面的运输工伤事故。

（2）控制方法：

① 进气口装消声器。在整个空压机组中，以进气口辐射的空气动力性噪声为最强，解决这一部位噪声的方法是安装进气消声器。针对空压机进气噪声是低频声较突出的特点，消声器设计以抗性消声器为主。

② 机组加装隔声罩。空压机组隔声罩壁是选用 2.5mm 厚的钢板，内壁涂刷 5~7mm 厚的沥青作阻尼层。

③ 空压机管道的防震降噪。空压机的排气至贮气罐的管道，由于受排气的压力脉动作用，而产生振动及辐射出较强的噪声，可采取避开共振管长、在排气管道中加装节流孔板等方法方法防震降噪。

④ 贮气罐的噪声控制。空压机不断地将压缩气体输送到贮气罐内，罐内的压缩空气在气流脉动的作用下，产生激发振动，从而伴随强烈的噪声，同时激励壳体振动辐射噪声。这种噪声除采取隔声方法外，也可以在贮气罐内悬挂吸声体，利用吸声体的吸声作用，阻碍罐内驻波形成，从而达到吸声降噪的目的。

⑤ 空压机站噪声综合治理。目前，采矿企业内空压机站均有数台空压机运转，如对每台空压机都安装消声器，虽能取得一定的降噪效果，但整个厂房噪声水平并不能取得根本改善，可采取如下措施：

建造隔声间。根据空压机站运行人员的工作性质要求，并不需要每班 8h 都站在机旁。建造隔声间作为值班人员的停留场所，是控制噪声切实可行的措施。在隔声间内应有各台机组的开、停机按钮和控制仪表。可使隔声间噪声降低到 60~65dB(A)。

在空压机站内进行吸声处理。可以顶棚或墙壁上悬挂吸声体，降低噪声 4~10dB(A)。

7. 球磨机噪声控制

（1）球磨机噪声产生机理。球磨机主要由筒体、主轴承、传动装置、电动机等几部分组成。球磨机的噪声主要由筒体内的钢球、物料与衬板之间的相互撞击和研磨产生，该噪声由筒体表面向外辐射，属于柱状声源。

筒体噪声又分为两部分：一部分是由撞击和研磨产生的空气声经筒体透射到周围；另一部分是筒体在钢球、物料撞击衬板多点激励下的声辐射。两者相比，后者更为强烈。

除筒体产生噪声外，电动机、联轴器、传动装置也产生较大的噪声，约达90dB（A），但与筒体噪声相比，属于次要地位。

（2）球磨机噪声控制：① 确定合理的钢球数。钢球间的相互撞击是在钢球过多的情况下发生的，过多的钢球对物料的粉碎无作用，反而增加撞击噪声。因此，通常在球磨机中所装钢球体积占筒体容积30%~35%，而钢球最大直径为筒体直径的1/24~1/8时才算合理。

② 改变钢球的材料。在满足粉碎物料的条件下，可用高阻尼合金球代替钢球。这种材料比钢的内耗大，所以激发的噪声比钢球小。

③ 设置弹性层。球磨机的噪声是由于球磨机滚筒内钢球撞击到衬板上，并经筒壁向外辐射。因此，在滚筒的内表面与衬板之间铺设弹性层，消除二者之间的刚性连接，从而降低辐射噪声。要选用工业用的耐热软橡胶垫作为弹性层，内衬厚度与滚筒外壳厚度通常的比值为2∶1。但当弹性较大时对生产效率会有影响。因此，对于各种类型球磨机必须通过试验来选定弹性层的硬度和厚度。

④ 改变内衬板材料。一般球磨机衬板材料采用锰钢，钢球落在其上产生较大撞击声。如采用橡胶衬板代替锰钢，可大大降低噪声。据某矿进行试验结果表明，其声级由原来的102dB（A）下降至93dB（A），频谱特性由高频变为低频。

⑤ 阻尼包扎、减振隔声。在球磨机筒外壁上紧紧包扎一层阻尼隔声材料，降低筒体振动的声辐射。其操作步骤为：先在筒外壁粘贴一层橡胶，再加一层玻璃棉或工业毛毡，最外层用金属铁皮，并用卡箍夹紧筒体。一般可获得10dB（A）以上的降噪量。

⑥ 安装隔声罩或建造隔声间。在条件许可时，将球磨机集中到专门的球磨机室内，将球磨机室改造为专用隔声间，效果会较隔声罩更好，但必须注意解决球磨机运行中的监控、室内散热和检修问题。

# 6.4 矿山土地复垦和固体废弃物综合利用

矿床开采过程中采出大量矿石和岩石，必然出现一定范围的采空区、塌陷区、废石场和尾矿池，因而破坏了采矿场地范围内的土地，使这部分土地失去了原先的用途；而且由于废水的排放以及其他污染源的作用，对采矿场范围外的土地利用还会带来严重的危害。因此，从环境保护的要求出发，必须做到生产期间，尽可能不断地恢复被破坏的土地，消除各种污染源的危害；在采矿结束后，对被遗弃的土地进行全面恢复工作。

土地复垦是指采用工程、生物等措施，对在生产建设过程中因挖损、塌陷、压占和自然灾害造成破坏、废弃的土地进行整治、恢复利用的活动。采矿工业占用的土地随着矿山生产活动的日趋结束，绝大部分经过恢复后仍可用于农、林、牧、渔业或旅游业，若条件合适，也可以作为发展其他工业或城乡建设用地。将采矿等人为活动破坏的土地因地制宜地恢复到所期望状态的行动或过程，称为矿山土地复垦。

## 6.4.1 国内外矿区土地复垦的现状

矿产资源开采对土地资源的破坏损害，井工开采以地表塌陷和矸石山占压为主，而露天开采则以直接挖损和外排土场占压为主。

我国的土地复垦始于 20 世纪 60 年代，一些矿山陆续开展复垦工作，大多数是在废石场或结束的尾矿堆上进行简单的平整和覆土造田；露天采矿区的复垦工作大部分是开采埋藏较浅、呈缓倾斜或水平状赋存的砂矿矿床。1986 年 6 月 25 日，国家颁布《中华人民共和国土地管理法》，1988 年 10 月 21 日发布《土地复垦规定》，使我国的土地复垦工作开始初步走向法制轨道。采矿塌陷地、矸石山、露天采矿场、排土场、尾矿场和砖瓦窑取土坑等各类破坏土地的复垦工作受到了全社会的高度重视，土地复垦工作也取得了很大的进展。但由于我国的土地复垦工作起步晚，复垦资金渠道尚不畅通，开展土地复垦工作至今还是举步维艰。土地复垦率还很低，复垦质量也远不如国外。

从我国的实际情况来看，农业复垦和林业复垦是两种较为常见的矿山土地复垦方式。虽然我国的土地面积十分广阔，但是由于可用耕地面积较少，所以在进行土地复垦工作时，相关工作人员的首要目的就是对农业用地进行复垦，扩大我国的耕地面积。此外，虽然土地复垦工作得到相关部门的普遍重视，但是对土地复垦的研究仍然具有一定的局限性，土地复垦工作仍是以单一植被恢复工作为主，并未对自然生态系统的恢复工作引起应有的重视。这就导致土地复垦工作无法满足矿山生态系统恢复的需求。

截至 2004 年 11 月，我国各种人为因素造成破坏废弃的土地约 2 亿亩左右，约占耕地总面积的 10% 以上，其中仅采矿破坏的土地面积就达 $6 \times 10^6$ 亩。这些被破坏的土地多为农业用地，其复垦率不到 12%，比发达国家低 50 多个百分点。

欧美等国家土地复垦技术研究较早，可追溯至 19 世纪末。大规模的生态恢复工程在 20 世纪中期普遍展开，并在施工技术、土壤改造、政策法规、现场管理等领域取得了大量成果和成功的经验，且各有特色。

## 6.4.2 矿区土地复垦技术和模式

### 1. 土地复垦技术

土地复垦是新兴的交叉学科，过去土地复垦常常被当作纯工程问题，尚未建立其理论体系，土地复垦是采矿工程、土木工程、土壤科学等学科的结合体，分为工程复垦与生物复垦两个阶段。在工程复垦中常用的方法是综合利用复垦技术。生物复垦是采取生物等技术措施恢复土壤肥力和生物生产能力，建立稳定植被层的活动，它是农林用地复垦的第二阶段工作。废弃土地复垦后，除作为房屋建筑、娱乐场所、工业设施等建设用地外，对用于农、林、牧、渔、绿化等复垦土地，在工程复垦工程结束后，还必须进行生物复垦，以建立生产力高、稳定性好、具有较好经济和生态效益的植被。

### 2. 土地复垦模式

矿区土地复垦应根据矿体的赋存情况和采用的开采方法，并结合当地的具体情况，充分考虑环境效益、社会效益和经济效益，选择未来土地复垦及利用方式。目前，主要把矿区塌陷土地划分为建筑、农业、林牧和水产养殖四类复垦利用区。

（1）建筑区，位于或靠近市城建区、地理位置特殊、交通方便的塌陷区，适于复垦为城市建设用地，以满足城市的建设与发展需要。

（2）农业区，对于地势较平坦、土层深厚、土壤肥沃、有灌溉水源的塌陷区，均以复垦为农业用地为主，并实行田、林、路统一规则，综合治理。

（3）林牧区，对于靠近山区，地形坡度大，地势高、土层薄、土壤贫瘠，不宜种植农作物的塌陷区，以发展林牧业为主。

（4）水产养殖区，常年积水或季节性积水的塌陷区，通过起低垫高，随方就圆，自然利用，或深挖池塘，饲养鱼虾，种植莲菜，发展水产养殖。

### 6.4.3 矿山土地复垦方法

矿山开采后的土地复垦作，由于各矿床赋存条件不同，故所采用的复垦工艺技术也不尽相同，但共同经验是：矿山土地复垦工作必须与开采工艺相协调，统一计划，边开采边复垦，在复垦时充分利用采矿设备，既发挥现有设备效率，又降低复垦成本，缩短复垦周期。按土地复垦的地点，开采后的土地复垦工作分如下几种：

（1）采空区复垦。利用废石或尾矿充填采空区，然后铺覆表土，把采空区恢复成有用的土地，可用来种植农作物、牧草或植树造林，或作旅游胜地。

（2）废石场复垦。是将结束了的废石场平整后，然后覆土造田，种植农作物和植树，而且可以消除废石场泄出的酸性水对农作物的危害和污染水系。

（3）尾矿池复垦。尾矿池结束后占用了大片土地，又是产生沙暴和污染水系的根源。在结束后的尾矿池顶部种植农作物、牧草或植树造林，是环境保护的重要内容。值得注意的是，尾砂中有害物质能否侵入复垦后的食物链中，对人是否存在潜在危害，有待进一步研究。

（4）塌陷区复垦。各矿区的地势、地貌、区域气候、地下水位的高低不同，地下采矿引起地表大面积的塌陷对地表损害程度亦不一样，必须根据未来土地的使用方式进行复垦。

1. 露天矿采空复垦

对于缓倾斜或水平赋存矿体的露天矿采空区典型的复垦步骤简述如下。

（1）采区的合理划分。一般可安排两个或两个以上的采区，每个采区沿矿体走向再划分成若干个采场或开采块段，当第一采区开采时，第二采区进行剥离，交替连续进行，采剥互不干扰。但是每个采区分别有计划地做到剥离、采矿和废石回填互相配合，将废岩土填在采区内，避免往返运输和多次搬运，缩短覆盖物回填的运距，提高工效，加速复垦周期，降低复垦成本。有条件的矿区，可以划分成剥离、采矿、回填三个采区，提高工效更快。

（2）表土采掘和储存。露天开采后复垦的第一阶段工作是将露天矿境界内表层的耕植土采掘后，运往临时的表土储存场或直接铺覆在已回填废石的采空区。

表土采掘方法：

① 直接将表土层装入运输工具运至铺覆地点。这种方法适用于表土层较厚且已准备好覆盖表土的场所。采掘表土层使用挖掘机；运输采用铁路运输、皮带

运输机和汽车；地表整平采用铲运机、推土机。

② 将表土沿工作线堆存，然后装入运输工具运往覆土地点直接覆盖或临时堆存。这种方法适用于表土层厚度不大的情况。采掘表土层使用推土机；装车用挖掘机；运输用机车、皮带运输机或汽车；地表整平采用铲运机、推土机。

③ 将表土堆存在采场工作边坡，然后用剥离设备采、装、运往覆土地点。这种方法适用于不同厚度表土层。采掘表土层使用推土机、铲运机、挖掘机；运输采用皮带运输机、汽车等；整平表土使用铲运机。

在选择复垦机械设备时，应力求应用现有采掘设备。而覆盖土或剥离物料的运距是选择复垦设备的主要因素。当运距较短，一般在 30~90m 以内时，选用推土机，而大型推土机经济运距可达 150m 以上；当运距较长，一般大于 2.5km 时，而土壤又属于难装载的原状土或堆积土，则采用挖掘机；对于易装载的松动土或堆积土，则采用前端式装载机，两者都和自卸式汽车相配合，而当装运物料的湿度或黏聚力太大，地下水位较高时，可采用索斗铲。

表土储存方法：

① 表土临时堆场设在开采阶段的上部平台，当小型露天矿生产能力较小时，可用推土机或铲运机将表土运往上部平台堆场储存。我国常德金刚石矿采用这种方法。

② 表土临时堆放在先行阶段工作面上，随着工作面的推进，推土机把阴植土层推运到工作面上堆存。经过一段时间之后，再运往复垦地点铺撒。

③ 表土运往另设的临时堆场贮存，当有条件时.也可直接运往复垦区铺覆，这是最好的办法。在国外，大型露天矿采用了带可伸缩排土皮带的选排运输排土桥，能把表土铺覆在复垦区上部，把硬岩铺覆在采空区底部。

（3）回填和整平

采空区的回填正是利用剥离的岩土恢复被破坏的土地。回填时，应将大块岩石或有害含毒岩土堆置在采空区的底部，块度小的堆在上面，组成合理的级配。在覆盖表层土前要进行平整和修整边坡，其边坡角要小于自然安息角，并根据复垦的内容，保证边坡角能使农业和林业生产机械装备正常工作。若回填工作能够有计划地在采区内与剥采工作相配合，则效果更佳。

（4）铺垫表土。露天采场复垦最后一道工序是铺垫表土，有条件的矿山可在铺垫表土前先垫一层底土，以保持原有土壤结构。

铺垫表土可分为机械铺垫与制浆灌垫两种。机械铺垫即用铲运机、推土机、前端式装载机等将表土从临时堆场或直接从剥离区运往已回填整平的复垦区，均匀撒垫表土厚为150~200mm；制浆灌垫是将大片复垦区用土堤划分成若干地块，每块面积为2~4m²，通过管道灌注配好的泥浆，一般是分几次部注，以便于流水晒干，最终达到复垦设计标高。

（5）复垦后再种植。复垦后进行再种植时，首先要满足植物生长的条件，即土壤中满足植物生长所需要的元素、土壤的肥力和选用适合该土壤的肥料。其次是改造采空区环境使其能满足植物生长的要求，包括克服地表侵蚀，创造植物根系贯穿的条件，解决补给水和供给足够肥料，保证再种植植物正常生长。

按使用复垦设备，露天矿采空区复垦方法可分为索斗铲开采复垦法、汽车回运复垦法、轨道回运复垦法、无轮回运复垦法、铲运机复垦法和水力开采复垦法等。现仅以铲运机复垦法为例加以说明。

最近几年露天矿开采复垦中，普通地使用强大牵引动力的大容积铲运机。铲运机复垦的主要特征为可以独自剥离采掘区的表层耕植土，直接运往复垦区进行复垦。铲运机复垦工艺主要有三种方式(图6.5)。

（1）铲运机循环剥离、运输、铺垫表层耕植土的复垦工艺；

（2）靠露天矿边帮临时堆置表层耕植土的复垦工艺；

（3）就近临时堆存耕植土的复垦工艺。

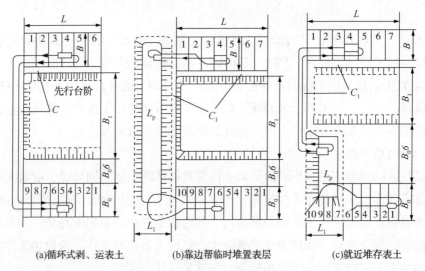

(a)循环式剥、运表土　　　(b)靠边帮临时堆置表层　　　(c)就近堆存表土

图6.5　铲运机复垦的三种主要工艺方式

## 2. 废石场复垦

废石场本身就是破坏周围环境的污染源。废石场复垦就是整治废石堆场，恢

复土地，进行种植，控制废石堆场对周围环境的转染。影响废石场复垦的因素有：废石场与采矿场及剥离工作面的相对距离、废石场的地形条件、占地面积、废石场的几何尺寸、剥离物的性质和废石堆置顺序等。

（1）废石堆场复垦的类型：① 废石弃堆于废弃的露天矿坑，尤其是深凹露天坑，将矿坑填满后平整、复土、再种植。把露天开采后破坏的土地恢复成农业用地或植树造林。

② 废石堆弃于露天开采后的采空区，一般是水平矿床的浅露天旷。边开采边堆置废石，以后逐年平整废石堆，并进行复垦和种植。

③ 废石在采场外弃堆已形成了一个废石场，占用大量土地，废石场本身已构成破坏周围环境的污染源。

（2）废石场的复垦程序：·① 整治废石场，使之符合当地法令性要求。如有些国家或地区要求将废石堆推倒整平恢复成原有地形，然后覆盖表土，部分或全部恢复土壤的肥力，使土壤满足植物生长的要求。也有些国家或地区并不要求将废石堆推倒整平，而要求对废石堆进行整治，以满足一定堆置要求，如边坡角、堆高等。整治后在废石堆表面进行植被或造林，以防止废石堆对周围环境的污染。在整治废石堆场时，应当合理安排废石堆的结构，将对植物生长不利的粗粒废石和有害物料尽量堆置在下层，或用覆盖物加以覆盖，尤其是酸性高的废石在风化过程中会产生酸性物质，并可浓缩集中易溶解的铁、锰、铅、硫和其他有害的金属离子，对植物生长不利，必须加以掩埋和覆盖。

② 根据废石或废土进行再种植的可能性，决定在废石堆表面是否要铺覆表土。表土一般是从预先储存的耕作土临时堆场取土，或直接从采场运来刚剥离的表土。表土的覆盖厚度要求在 $40 \sim 60cm$。

③ 在整治好的废石场上进行再种植时，应考虑种植植物对废石场的适应能力和生长速度。由于废石场上岩石较多，土壤少，一般在岩石层上进行农业复垦是比较困难的，宜采用林业复垦。林业复垦是开发被破坏土地的最廉价、最简便的方法。最适合栽植的是 1 年生的阔叶树苗和 2 年生的针叶树苗。树苗不宜过大，大树苗成活率低。树苗要壮实，有发达根系。废石场顶部一般栽种针叶树，斜坡底脚和高度不超过 4.5m 的台阶上可栽种杨树、槭树、榕树、槐树、紫穗树；在废石场北坡和东坡上栽种黑胡桃、杨树、楂树、槭树，而南坡和西坡上栽种松树、洋槐。栽树切忌造纯林，应栽混交林，以利树苗生长和防治病虫害。

### 3. 尾矿池的复垦

尾矿池与废石场一样占用大量的土地。尾矿池表面终年暴露于空气中，一个结束了的尾矿池由于水分迅速蒸发，很快就干涸了。这种干涸的尾矿池，在一般风速下会产生"沙暴"，当风速超过 15km/h 时，可迅速地将尾矿池表面所有植物毁灭。因此，尾矿池复垦的关键是处理、改善表面结构，以进行种植。

（1）尾矿池复垦的程序：① 尾矿池干涸后在表面产生一层不透气的坚硬外壳，这层外壳必须全面挖松，否则无法进行再种植。

② 尾矿池表层挖松后，一般采用破碎的石灰石中和酸性尾矿，用白云石碎片中和碱性尾碎石粒径要求小于 6mm。这些碎石不但起中和作用，同时也改善了尾矿池表层的"土壤"结构，有利于再种植，有条件的地方可再铺一层表土更好。

③ 尾矿池表面不强求统一平整，可根据复垦后再种植要求，对少数地方局部平整成较缓的坡度

④ 在平整后的尾矿堆场顶部铺摊一层表土，将中和药剂和肥料掺入表土层中，通常每亩施用高效化肥 1120kg。

⑤ 再种植的播种工作后，要在苗床上铺盖稻草、麦秸、树叶或木屑等覆盖物，并进行人工喷水，以利种子发芽生长。

国外有些矿山利用采矿剥离的废石覆盖尾矿堆场，这是一种可取的方法。覆盖的废石可以稳定尾矿，抵御风和水的侵蚀，使尾矿的细粒不致被风刮起，也阻止了尾矿的流动，减少尾矿尘和水蚀引起的环境污染。废石覆盖还可以作为植物生长的介质。碎石适宜于树木生根，能保护树根，阻止水分蒸发，将水分保持在植物的根系，并为再种植提供了必要的条件，还起了加固尾矿坝的作用。用颜色较深的废石覆盖的尾矿堆地表层，能起到吸收太阳能的作用，提高表层温度，有利于植物的生长。采矿剥离的废石缺乏有机物质和养料，最好在废石表层铺摊表土，并施加有机肥料，这将有利于再种植。

（2）尾矿池再种植：尾矿池再种植就是利用植被覆盖尾矿池表面，防止尾矿尘暴污染空气和周围城镇、农田，减少渗透性酸性水污染水系。尾矿池再种植的困难是：

① 尾矿不像普通土壤那样可以维持植物生长，尾矿物质结构粗劣，不能凝聚。尾矿几乎完全缺乏植物生长所必需成分，连一般细菌也没有。

② 由于尾矿是异常细的颗粒，长期水淹或积水，有时尾矿池表面虽然已干涸，但实际上整个尾矿池仍是一个难以接近的沼泽地。

③ 尾矿池平坦而开阔，尾矿粒子很细，遇到刮风时经常发生尘暴，在再种植前必须把尾矿固结一定时期，否则很容易受吹砂磨蚀的影响，将新种植的嫩苗全部毁掉。

④ 尾矿池往往是堆置在山谷或自然洼地，池底大部分是基岩，妨碍植物、树木根系的生长。

### 4. 塌陷区复垦

地下采矿会引起地表大面积的塌陷，塌陷区面积随矿体厚度、层数、埋深及倾角而变化。地下矿物的不断开采使地表发生缓慢下沉，形成了平缓的沉陷盆地。多层矿床的开采，地表沉陷量的叠加，又使下沉的平缓盆地不断扩大、加深；当其沉陷深度超过该区潜水位时开始积水，形成水深在 2m 以内的浅积水区和水深在 2m 以上的深积水区。而各矿区的地势地貌、区域气候、地下水位高低相差悬殊。塌陷对土地损害大致可分三种类型。

（1）丘陵山地。塌陷后地形地貌无明显变化，不积水，塌陷影响小，只要将局部的漏斗式塌陷坑和裂缝填堵，加以平整即可恢复原有的地形地貌。我国西北、东北和华北大部分矿区就属于此类。

（2）黄河以北平原地区，因地下水位较深，年降雨量少，地表塌陷后只有一小部分积水，这些地区本来水面就少，对这点宝贵水面经美化、绿化后成为人工湖或养鱼塘，用以调节小气候，使其具有更好的环境效益和社会效益。对低洼地区将旱地改造为水田，则是化害为利之举。

（3）位于我国黄淮平原的中、东部和长江以南的平原地区，那里地势平坦，潜水位高，是我国粮棉重点产区，塌陷对耕地破坏严重，不但塌陷面积大，塌陷深度大，长年积水，水深由数米到十余米，部分土地被盐渍荒芜，因而是复垦综合治理的重点地区。

### 5. 塌陷区复垦技术方法

（1）疏干法。该方法应用于潜水位不太高、地表下沉不大，且正常的排水措施和地表整修工程能保证土地的恢复利用。它的优点是工程量小，投资少，见效快，且不改变土地原用途，但需对配套的水利设施进行长期有效的管理，以防洪涝，保证塌陷地的持续利用。由于这种方法应用条件局限性大，因而仅适用于少量的采煤塌陷地的缓坡地段，对于地下浅水位相对较低，地面倾角小于 2°，易发生季节性积水的塌陷地，通过开挖沟渠，形成有效水利系统，可将塌陷地复垦成良田。

（2）挖深垫浅法。这种方法是用挖掘机械将塌陷深的区域再挖深，形成水（鱼）塘，取出的土方充填塌陷浅的区域形成耕地，达到水产养殖和农业种植并举的利用目标。它主要用于塌陷较深、有积水的高、中潜水位地区，还应满足挖出的土方量大于或等于充填所需土方量，且水质适宜于水产养殖。由于这方法操作简单、适用面广、经济效益高、生态效益显著，因而被广泛用于采煤塌陷地的复垦。如永城市进行土地复垦时，采取的"建设用地+养殖用地"的模式，就是采用挖深垫浅的方法，主要是根据塌陷区位条件、塌陷状况和用地需求，将塌陷区复垦后作为各类建设用地和渔业养殖用地。

（3）充填复垦。这种方法已在我国不少地方进行了实践，如抚顺矿务局用露天矿剥离物充填塌陷地，淮北岱河、朔里煤矿用煤矸石充填塌陷地，淮北相城矿用粉煤灰充填塌陷地。这种方法多用于有足够的充填材料且充填材料无污染或污染可以经济有效防治的地区。因此，这种方法有一定的局限性，且可能造成二次污染。但由于这种方法既解决了塌陷地复垦，又解决了矿山固体废弃物的处理，因此，其经济效益最佳。但前提是充填物易经济地获取，且充填物无污染。焦作、平顶山和义马等煤业集团，大多采用这种以粉煤灰或煤矸石等为填充物的充填复垦模式。

（4）直接利用法。对于大面积的塌陷地，特别在大面积积水或积水很深的水体，以及未稳定塌陷地或暂难复垦的塌陷地，常根据塌陷地现状，因地制宜地直接加以利用，如网箱养鱼、养鸭、种植浅水藕或耐湿作物等。

## 6.4.4 矿山固体废弃物的综合利用

我国矿产资源的特点是贫矿多，富矿少；难选矿多，易选矿少；共生矿多，单一矿少。在矿产资源综合利用方面，我国中、小型矿山企业综合利用程度比较差，大部分小型矿山企业和小矿山根本不进行综合利用，不能做到贫富兼采、综合利用。如：我国金属共、伴生矿产资源总回收率只有50%，而国外先进水平均在70%以上，差距达20个百分点。

矿山资源的综合利用工作是一项重要的工作，尾矿、煤矸石、粉煤灰等固体废弃物的治理和开发利用也是资源综合利用的重要内容。开展矿山资源的综合利用，不仅可以增加矿产原料的品种、产量，提高产品质量，而且可变废为宝、化害为利、一矿变多矿、小矿变大矿，使矿山资源得到合理开发、充分利用。

矿山固体废物的主要来源是采矿后产生的废石和矿山选矿产生的尾矿。矿山废石的堆积和尾矿坝的构筑，不仅侵占大量土地和农田，而且大量的矿山废石、尾矿的排放，会严重破坏土地资源的自然生态环境，破坏自然景观，并且因其成分复杂，含有多种有害成分甚至放射性物质，严重污染水源和土壤，污染矿区和周围环境。目前，我国对矿山固体废物的利用率还是偏低。

煤矸石是我国目前排放量最大的工业固体废弃物之一，年产量达到3.8亿t，目前已累计堆放 50 多亿 t。我国每年的煤矸石排放量占当年煤炭产量的 10%~15%。大量煤矸石长期堆放不仅占用土地，而且造成环境污染。开展资源综合利用，是实施节约资源基本国策的重要途径。

因此，如何对矿山固体废物进行综合处理，既改善矿山生态环境，又充分利用矿山固体废物中的有用成分，变废为宝，缓解矿产资源供需紧张矛盾，是人类社会面临的重要课题。

### 1. 废石的综合利用

在矿山开采过程中，无论是露天开采剥离地表土层和覆盖岩层，还是地下开采开掘大量的井巷，必然产生大量废石。如在我国露天开采矿山中，冶金矿山的采剥比为(1:2)~(1:4)；有色矿山采剥比大多在(1:2)~(1:8)；最高达(1:14)；黄金矿山的采剥比最高达(1:10)~(1:14)。矿山每年废石排放总量超过 6 亿 t，仅我国露天铁矿山每年剥离废石就达 4 亿 t。目前全国剥离废石的堆存总量已达数百亿 t，是名副其实的废石排放量第一大国。另外，矿山采出的矿石中也夹有大量的废石。如金属和非金属矿每采 1t 矿石将产出 0.2~0.3t 废石，煤矿采掘和洗煤等过程中产生的煤矸石可达原煤产量的 70%。每年我国煤矿排矸石量达(1-2)亿 t，历年煤矸石堆积量已达(40-50)亿 t。

矿山采矿废石特别是近矿体的矿化废石，一般多含有低品位的有用元素，对其中的有用元素综合回收利用，也是减少矿山固体废物排放、解决资源供需矛盾、提高矿山经济效益的一种有效途径。由于露采境界内的低品位废石属于采剥总量的一部分，无论回收与否，矿山投入的探、采等费用是不能少的，因此回收废石中的资源，成本低，利润高。

矿山废石中的煤矸石还可用作建材原料。如以矸石和水泥为原料生产空心砌块砖，工艺简单，投资少，成品质量稳定。每生产 100 万块砌块砖可消耗矸石 11t，与黏土制砖比较，可少破坏土地，有利于保护宝贵的土地资源。以矸石为原料可生产低标号水泥。燃烧过的矸石还是一种具有一定活性的硅铝酸盐，可制造彩色水泥并能提高水泥标号。在煤矸石中，除含有多种有益于农作物生长的元素外，还含有大量泥质页岩，泥质页岩有机质含量一般在 20% 左右，用作肥料可以增加土地肥力，也可改善土壤结构。废石用于地下采空区回填，可防止地面沉降塌陷与开裂，减少地质灾害的发生。

### 2. 尾矿的综合利用

大多数金属和非金属矿石经选矿后才能被工业利用，选矿也会排出大量的尾矿。尾矿是工业固体废弃物的主要组成部分。大量尾矿的堆积不仅占用了土地和造成了资源的浪费，而且也给人类生活环境带来了严重污染和危害。同时，随着矿产资源的大量开发和利用，矿石日益贫乏，尾矿已成为制约矿山可持续发展的重要因素。据统计，我国目前年采矿量已超过 50 亿 t，尾矿排放量 2000 年达 6 亿 t，仅金属矿山堆存的尾矿就达 50 余亿 t，并以每年 4 亿~5 亿 t 的排放量剧增。因此，从我国尾矿资源的实际出发，大力开发尾矿的综合利用，提高资源利用效率，有着十分重要的经济意义和社会意义。

我国尾矿利用工作起步较晚，但进展较快，20 世纪 80 年代以来，一些矿山企业迫于资源枯竭，环境保护以及解决就业问题等多种压力，开始重视对尾矿资源的开发利用，并在尾矿中回收有价金属与非金属元素，尾矿制作建筑材料，磁化尾矿作土壤改良剂，尾矿整体利用等方面已经取得了实用性成果。

（1）尾矿再选和有价元素的回收。我国矿产资源的一个重要特点是单一矿少，共伴生矿多。

由于技术、设备及以往管理体制等原因，有的矿山由于选矿回收率不高，矿产综合利用程度不足，现已堆存甚至正在排出的尾矿中含丰富的有用元素。尾矿中含有的多种有价金属和矿物未得到完全回收。目前，由于技术设备的改进，有许多矿山对尾矿进行再选，回收利用其中的有价组分。

（2）尾矿用作建筑材料。我国利用尾矿作建筑材料的研究始于 20 世纪 80 年代。目前国内利用尾矿作混凝土骨料、筑路碎石、建筑用沙、建筑陶瓷、微晶玻璃等，其特点是利用量较大，但附加值较低。其次，可利用尾矿制作烧结空心砌砖，并可制作高档广场砖，成本低廉，市场效应好。

（3）尾矿用作采空区填充料。采空区充填是直接利用尾矿的最有效途径之一。这种方法工艺简单，就地取材，降低了充填成本和整个矿区生产成本，降低了矿石贫化率和损失率，提高了回采率。许多矿山现采用尾矿充填技术，通过管道自流输送尾矿胶结充填料。另外还可以利用尾矿充填露天采坑或低洼地带，再造土地。

（4）尾矿用作土壤改良剂及微量元素肥料。尾矿中往往含有 Zn、Mn、Cu、Mo、V、B、Fe、P 等微量元素，这是维持植物生长和发育的必需元素。尾矿经磁化施入土壤后，可提高土壤的磁性，引起土壤中磁团粒结构的变化，尤其是导致土壤中铁磁性物质活化，使土壤的结构性、空隙度、透气性得到改善。

（5）尾矿用于复垦植被。1988 年 11 月，国务院颁布了土地复垦规定，规定了"谁破坏谁复垦"的原则。这一规定出台，引起了有关部门的重视，有力地促进了矿山土地复垦工作的步伐，并且在尾矿库的复垦植被方面也取得了较大进展。

（6）尾矿用于建立生态区。加拿大铁矿公司（IOC）联合政府部门和环保组织制定了尾矿管理方案，确立了尾矿生态化气（TBI）计划。该计划主要是在尾矿排放区域人为建造一些陆地和人工湿地，种植品种不同的当地植物，进一步优化周围环境。

近年来，我国一些大中型矿山企业开始重视尾矿的二次开发和利用，但是，由于我国的采矿技术远远落后于发达国家，剩在尾矿中的有用组分含量过高，造成巨大的损失。尾矿中不仅含有贵金属、有色金属和黑色金属，还有大量的非金属。尾矿中有用组分丰富，如不进行综合利用，将造成资源的严重浪费：开展尾矿综合利用是提高生产效率最有前景的发展方向，是选矿厂以最短途径向少尾和无尾矿工艺过渡的捷径。少尾和无尾矿工艺充分利用了矿产资源，扩大了矿山工业原料基地，扭转了目前我国金属矿山生产类型单一，资源匮乏，抵制产品市场价格波动能力较弱的现状，有效提高了矿山企业的市场适应能力和经济效益。还解决了刻不容缓的生态环境问题，产生了巨大的经济效益。

3. 矿山固体废弃物综合利用存在的问题

（1）由于固体废弃物产生量大，服务周期长，堆浸渣量大，因此废石场占地面积大，改变了山沟的地形地貌、破坏地表植被，由原植被茂密的自然山沟变为废石堆积的阶地，改变原地表径流方向，使地表调节径流和涵养水源的能力下降，导致生态环境恶化。

（2）大量废石堆置于废石场，且废石之间属不紧密结构，若不妥善处置，一旦遇雨水冲刷，可能造成泥石流，直接威胁到下游矿区的安全。

（3）由于废水处理站采用石灰中和和漂白粉分别处理酸性废水和含氰废水，产生的中和渣中富含铜、铅、锌等重金属，属于危险废物，且年产生量很大。

总之，废石与尾矿资源化是保持矿业可持续发展的必然选择，也是保护自然资源、保护矿山环境的主要内容。矿山固体废弃物二次开发利用是改善矿山生态环境、缓解矿产资源供需紧张矛盾的有效途径之一。我国在尾矿利用、二次资源开发上取得一些成就，但与国外相比还存在一定差距，矿山企业要建立与市场经济接轨的固体废物管理与运行机制，走产业化道路，发展中国的矿山经济，改善矿山环境。

# 6.5　矿井热害及其防治

随着矿井开采深度和强度的不断增大，矿井机械化、电气化程度不断增强，地热和机械设备散发的热量显著增加，使井下气温升高。此外，一些地处温泉地带的矿井，从岩石裂隙中涌出的热水及受热水环绕与浸透的高温围岩，也都能使井下气温升高、湿度增大。这样就更加恶化了井下工作环境，严重地影响井下作业人员的身体健康和劳动生产率，成为一种灾害，习惯上称热害。为了降低热害，必须采取降低井下空气温度的措施。寒冷的矿区，为了防止因井筒结冰而造成提升、运输事故，防止人员上下班受寒生病，进风流采取加热的措施。

## 6.5.1　人体热平衡与矿井环境质量

人体散热主要以对流、辐射及出汗蒸发的方式进行。根据传热学知，对流、辐射和蒸发三种方式的散热量主要与气温、湿度、风速这三个因素有关。当空气中的温度较低时，对流、辐射作用加强，人体向外散热量过多，人就会感到寒冷不适；当温度适中时，人就感到舒服；当空气中的温度超过 25℃ 并接近于人的体温时，对流与辐射大大减弱，汗蒸发散热加强，气温达到 37℃，人体将从空气中吸收热量而感到闷热，有时还会引起中暑。因此井下温度不宜过高或过低，一般不应超过 25℃。另外，相对湿度大于 80%，人体出汗不易蒸发；相对湿度低于 30% 时，则感到干燥，并引起黏膜干裂；最舒适的相对湿度是 50%~60%。矿井相对湿度多为 80%~90%，故井下气候的调节多从温度和风速来考虑，随着温度的增高，可适当提高风速，以提高散热效果。

总之，影响人体散热的因素主要是周围的气候条件，即空气的温度、湿度和风速三者的综合作用，并决定了矿井环境的质量；单独用某一因素评价矿井空气环境质量的好坏都是不够的，必须考虑评价矿井空气环境质量的综合指标。

矿内空气温度是决定矿内气候条件的重要因素，它直接或间接地影响着人体的散热状态。如果空气温度超过 27℃ 时，人体散热极为重要，甚至从空气中吸热，使人体内热量积蓄过多，热平衡遭到破坏，出现过热症状甚至中暑。因此，冶金矿山安全规程规定，采掘工作面的空气干球温度不得超过 27℃；高硫矿井和热水型矿井的空气湿球温度不得超过 27.5℃。

当地面空气进入矿内后，由于井下各种热源进行热交换，其状态参数（温度、湿度）随着风流的前进会不断发生变化。影响井下气温变化的主要因素有：矿井进风（地面空气）温度（地表大气）、矿内空气的压缩和膨胀、岩石温度、矿岩氧化放热、矿内热水散热、机电设备散热、人体散热（工作人员的能量代谢）、矿内水分蒸发吸热和井巷通风强度等。

地面空气温度的高低，直接影响着矿内空气温度的变化，尤其是浅井，影响更为明显。我国地处北纬亚热带到寒温地带，气温变化幅度很大，因而受地面气温的影响有较大差别。由于地面气温在一年之中随着季节而发生周期性的变化，就是一日的气温也随着时间发生周期性变化，这种变化近似为正弦曲线。地面气温的周期性变化，使矿井进风路线上的气温也发生相应的周期性变化。但是，井下日气温的变化随着进风井口的距离增加而迅速衰减，到达一定值后，基本保持不变。井下年气温变化虽也随着距进风口的距离增加而衰减，但比井下日气温的衰减速度要缓慢些。

当空气沿井筒下行时，由于空气柱的作用，空气受压缩而放出热量，使气温升高；反之，当空气上行时，就会因膨胀而吸收热量，使气温降低。如果认为空气在压缩和膨胀过程中与外界没有热量交换，就可以把这个过程看作单纯的绝热过程。对于矿井通风井巷来看，当地面空气进入井巷后，气温与井巷周壁岩石温度有差异时，岩石与空气之间会出现热交换过程，但其主要热交换方式为传导和对流，且是一个复杂的不稳定过程，并伴随着质的交换。

在矿内某些矿岩中，主要指硫化矿石，如黄铁矿、磁黄铁矿等，容易和周围介质中氧结合，放出大量的热。如黄铁矿在 $10\sim15℃$ 即开始氧化，若有水存在，则生成硫酸，变成酸性水，使氧化加快；若无水时，则生成二氧化硫和无水硫酸铁。

在开采过程中产生的粉尘，由于其与空气接触面积大，故能促进氧化并放出热量，若采用加大通风量不但难以排除氧化放出的热量，反而会使氧化加剧。因此，国内外一些硫化矿床开采的矿山，井下温度很高，如苏联乌拉尔铜矿采区内的空气温度达 $58\sim60℃$，我国某铜矿回采工作面空气温度达到 $32\sim40℃$，最高达 $45\sim60℃$。

地处温泉地带的矿井，某些地点地下循环水的温度很高，甚至超过当地岩温，成为热水型矿井。从裂隙出来的热水向空气大量散热使气温升高而形成热害。在掌握出水点位置、涌水量、水及排水沟（管）的特征和布方式后，用水沟排放热水时的散热量，即可按经验公式进行计算。

井巷通风强度对于风流与岩体之间热交换有显著的影响。当进风流的气温低于岩温时，井巷周围岩体将向风流散热，而且散热量随着风速的增大而增加。岩体放出来的热量将被加大了的风流所吸收，最终仍可使气温有所降低。然而，实际表明，采用加大通风量来降低气温，在其他条件不变时，这种降温效果与进风原始气温关系很大，而且风速增大也有一定限度，当风速超过这个限度时，井下气温不再显著下降。如对某矿井 760m 水平的一条运输大巷的实测表明，在正常的情况下，巷道周壁岩石的温度为 32.5℃，巷道内气温为 28.5℃，风速为 1.35m/s。当风速增加到 3m/s 时，其空气温度由 28.3℃下降到 24.5℃，当风速增加到 10m/s 时，其空气温度不再显著下降。因此，只有在一定风速范围内，通风强度对风流和岩体之间的热交换才有显著效果。

矿内机电设备的运转、电力照明、灯火燃烧、人体放热、矿内水分蒸发吸热等都会影响矿内气温。

综上所述，影响矿内热害形成的因素很多，矿内热源主要来自围岩放热、矿岩氧化放热以及矿内热水散热等方面。应当指出的是，围岩放热和矿井深度有关。一般来说，矿内岩石温度是随着开采深度的增加而升高的。如印度的科拉金矿开采深度为 1000m 时，岩石温度为 36℃，开采深度为 8000m 时，岩石温度增至 49℃，当开采深度增加到 2500m 时，其岩石温度增至 56℃。我国安徽省某硫铁矿，矿内岩石温度为 40℃；安徽省某铜矿，矿内岩石温度则高达 40~60℃。总之，随着矿井深度的不断增加，矿内热害问题也愈来愈突出，必须引起人们的注意。

空气温度、湿度、风速和热辐射称为微气候的四要素。它们都影响着人体热平衡，且各要素之间的影响在很大程度上可互换。如环境相对湿度增高对人体所造成的影响可以被风速的增加所抵消等。矿内热环境对人体的影响，主要表现在体温调节、水盐代谢、循环系统、消化系统、神经系统及泌尿系统等方面。这些变化在一定程度内发生是适应性反应，但超过限度则可产生不良的影响。人在热环境中作业劳动生产率将显著降低，这是由于人体在热环境中可出现中枢神经系统紊乱使肌肉活动能力下降。

高温对工作效率的影响，大体有几个阶段：在温度 27~32℃时，主要影响是局部用力工作效率下降，并且促使用力工作的疲劳加速，当温度高达 32℃以上时，需较大注意的工作及精密性工作的频率也开始受影响。

日本北海道 7 个矿井调查表明：气温在 30~37℃时，工作面事故率较 30℃以下增加 1.5~2.3 倍。据我国里兰矿及长广煤矿的调查，井下工人在热环境中劳动效率大大下降。南非在 20 世纪 50 年代后期对温度、湿度和风速对工人生产率的影响进行了广泛的研究。研究发现，当实效温度由 27℃增加到 30℃时，生产率明显下降；当实效温度为 34.5℃时，生产率下降到实效温度为 27℃的 25%。由于高温导致矿山劳动生产率的降低，从而使矿山生产定额减少，最终导致采矿费用的增加。

综合上述情况，为了保护矿山劳动安全和工人的身体健康，提高劳动生产率，提高经济效益，改善矿井气候条件是很有必要的。

## 6.5.2 矿井热害防治措施

1. 矿内无须人工制冷设备的降温方法：

（1）利用通风方法降温：

① 适当增加通风：增加风量，提高风速，可以使巷道壁对空气的对流散热量增加，风流带走的热量随之增加，而单位体积的空气吸收的热量随之减少，使气温下降。与此同时，巷道围岩的冷却圈形成的速度又得到加快，有利于气温缓慢升高。适当加大工作面的风速，还有利于人体对流散热。另外，回采工作面的通风方式也影响气温，在相同的地质条件下，由于 W 型通风方式比 U 型和 Y 型能增加工作面的风量，降温效果较好。

② 利用调热井巷通风：利用调热巷道通风一般有两种方式，一种是在冬季将低于 0℃ 的空气由专用进风道通过浅水平巷道调热后再进入正式进风系统。在专用风道中应尽量使巷道围岩形成强冷却圈，若断面许可还可洒水结冰，储存冷量。当风温向零度回升时，即予关闭，待到夏季再启用。淮南九龙岗矿曾利用-240m 水平的旧巷为调热巷道，冬季储冷，春季封闭，夏季使用，总进风量的一部分被冷却，使-540m 水平井底车场降温 2℃。另外一种方式是利用开在恒温带里的浅风巷作调温巷道。

（2）选择合理的开拓、开采方式：

① 建立合理的通风系统。加强通风降温，首先必须建立合理的通风系统，要求在确定开拓系统并进行采准布置设计时，应使进风风流沿途逐步减少，比如将进风风路开凿在传热系数较小的岩石中，开各种热源；开掘专用的巷道把热水、热空气单独送入回风巷；尽量采用全负压的掘进通风方式以及改单巷掘进为双巷掘进或采用绝热风筒进行供风等。对地热型的高温矿井，宜采用能缩短进风路程、分区进风的混合式通风系统。多井筒混合式通风系统的进风路线最短，因而它的降温效果比中央式通风系统好。合理划分通风区域，利用废旧井巷和大直径地面钻孔直接向工作面供风，有时也起到降温作用。

②选择合理的开采顺序。后退式开采的矿井，生产初期通风路线较长，使采煤工作面进风温度增高。但由于通风作用使煤岩散热形成冷却带，工作面本身风流温升将减少 0.6~1.6℃。前进式开采的矿井工作面风温将增高 2.0~2.5℃。

漏风对风温也有影响。后退式开采时，采区平巷漏风很小；前进式开采时，漏风率可达进风量的 20%~30%。把进风巷布置在导热系数低的岩石中，采用双巷掘进、全矿井负压掘进都有利于降温。平顶山八矿 - 430m 水平大巷采用双巷掘进，降温可达 1.6~7.5℃。

③ 确定合理的工作面长度。增加矿井产量有利于深井降温。分析表明，开采产量提高 1 倍，可使工作面末端风温降低 1~4℃。

增加工作面长度对降温不利，由于目前增加产量的主要方法是增加工作面数目和提高推进速度。因此，在深井高温矿井中采用分区式布置，有利于风流中温度降低。

（3）其他降温隔热方法：利用地下水降温；在局部地点使用压气引射器；冰块局部降温；个体防热；减少各种热源放热。

**2. 矿内采用人工制冷设备的降温方法**

从低温热源吸取热量排向高温热源所用的机械称为制冷机。根据完成制冷循环所用的方法不同，大致可分为压缩式、蒸汽喷射式和吸收式三类，而压缩机又由于采用的制冷剂不同，分为空气压缩制冷与蒸汽压缩制冷。在空气调节工程中最常用的是蒸汽压缩式制冷。本节只介绍蒸汽压缩式制冷机的主要组成部分及工作原理。

制冷机的构造如图6.6所示。制冷降温系统由制冷机、空气冷却系统、冷却循环水系统三大部分组成。主要包括制冷、输冷、散冷、排热四大系统。目前国内外的大部分矿井降温系统都是采用这种形式。

**3. 矿井空气冷却系统的布置方案**

（1）空气冷却设备布置在地面的冷却系统。采用这种冷却系统，可以使矿井采掘工作面获得足够的降温效果，但这时必须大幅度降低地面入风温度（不能低于零度，以防井筒结冻），否则必须大量增加风量，从而增加开采费用。如图 6.7（a）所示，为地面空气冷却系统示意图。制冷在压缩机制冷机组中进行，盐水在蒸发器与空气冷却器之间循环，制冷剂在冷凝器中用冷却水冷凝，冷却水回水进入冷却塔冷却。

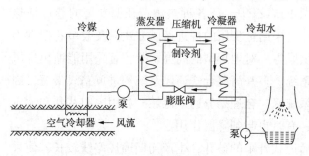

图 6.6　冷冻机制冷工作原理

风量大而巷道长度小的矿井，可采用吸收式制冷装置，如图 6.7（b）所示。

这种装置可以利用矿井锅炉的蒸汽或热水(100~120℃)，也可利用廉价的二次能源作动力。

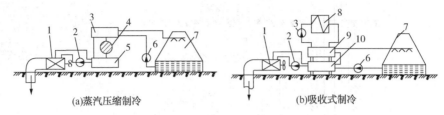

(a)蒸汽压缩制冷　　　　　　(b)吸收式制冷

图 6.7　地面制冷冷却空气系统

1—空气冷却器；2—冷媒泵；3—冷凝器；4—压缩机；5—蒸发器；6—循环水泵；

7—冷却塔；8—锅炉；9—发生器、冷凝器；10—吸收器、蒸发器

（2）在地面布置制冷机在深水平冷却空气的冷却系统。该系统直接在深水平冷却空气，可以减少降温的能耗，大大地降低井下热害状况。为了避免制冷剂沿途大量漏失和在管道中存在很高的压力，一般利用第二载冷剂(盐水)，经过低压换热器把冷量送到井下。循环泵将在蒸发器中冷却过的盐水送到高压换热器内，再把加热后的盐水沿回水管道送回蒸发器，水泵仅在盐水的循环中消耗能量。第二载冷剂(盐水或水)在低压下循环于换热器与空气冷却器之间，如图 6.8 所示。

该系统较前所述系统更为合理，但其缺点是需要高压设备和庞大的循环系统，费用较高，需采用盐水作载冷剂，对管道有腐蚀作用。

（3）在深水平布置制冷机在地面排除冷凝热的冷却系统。制冷机布置在深水平可以减少沿途管道的冷损，因而可以提高制冷剂的蒸发温度，并可利用水来代替盐水作载冷剂。但是，必须供应冷却冷凝器的冷却水，冷

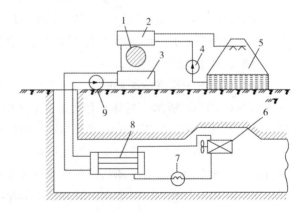

图 6.8　地面制冷井下冷却空气系统

1—压缩机；2—冷凝器；3—蒸发器；4—循环水泵；5—冷却器；

6—空气冷却器；7—二次冷媒泵；8—中间换热器；9——次冷媒泵

却水回水往往要在地面喷雾水池中或冷却塔中冷却。如图 6.9 所示。

在这种系统中，载冷剂(水)从置于深水平的制冷机的蒸发器送到空气冷却

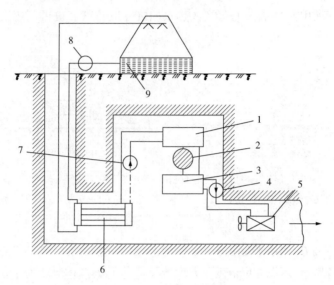

图 6.9　地面排热的井下制冷冷却空气系统

1—冷凝器；2—压缩机；3—蒸发器；4—冷媒泵；5—空气冷却器；

6—中间换热器；7—冷凝泵；8—循环水泵；9—冷却塔

器，空气在这里被冷却和干燥。载冷剂在蒸发器与空气冷却器之间通过泵实现循环。制冷机的冷凝器由地面经过中间换热器供给冷却水进行冷却。由于冷却水在沿途升温，使制冷剂的冷凝温度提高，也使冷凝器在冷却系统复杂化，从而使压缩机的传动功率增加。但这种系统可以用低压管道将冷水送到井下，并可以把制冷机布置在井下的任何地点。

（4）在深水平排除冷凝热的冷却系统。在深水平利用矿井水冷却冷凝器的系统，如图 6.10(a) 所示。当井下有大量清洁水源时，可采用这种系统，当没有大量清洁水源时，必须利用回风流来排除制冷机的冷凝热。

在这个系统中，空气冷却器布置在运输平巷内，用以冷却工作面的入风。冷凝器利用冷却水冷却，而冷却水则布置在回风水平的水冷却器中，利用回风流进行冷却。在水冷却器中，回水在回风流中因雾化、蒸发和散热而降温。利用布置在冷凝器和水冷却器之间的泵实现冷却水的循环。当回水直接与回风流接触时可能被污染，这时必须在过滤器中将水进行局部净化，以便使系统中循环水的含尘量不超过容许浓度。

（5）联合制冷冷却空气系统。该系统在地面和井下均设有制冷装置。比利时某矿就采用这种系统，如图 6.11 所示。该矿在地面装有 4 台氨压缩机，总制冷能力可达 $8736 \times 10^6$ J/h，冷风能力达 18 $m^3$/min。供 6 个里顿式水轮机消能发电，化害为利，降低了输送冷媒的电耗。冷却塔将水从29℃冷却到13℃，冷却量为350m³/h。

上述五种系统各有利弊，选用何种形式，应根据矿山具体情况，经详细技术经济分析比较后确定。

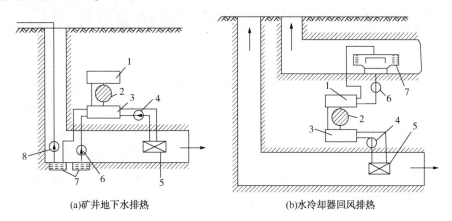

(a)矿井地下水排热　　　　　　　(b)水冷却器回风排热

图6.10 井下排热的井下制冷冷却空气系统

1—冷凝器；2—压缩器；3—蒸发器；4—冷媒器；

5—空气冷却器；6—循环水泵；7—井下水仓；8—排水系统

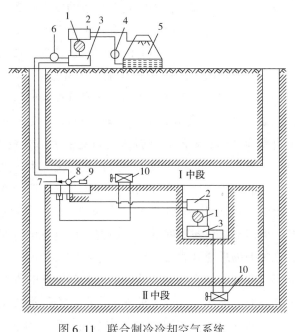

图6.11 联合制冷冷却空气系统

1—压缩机；2—冷凝器；3—蒸发器；4—循环水泵；5—冷却器；6、8-冷媒泵；7—水轮机；

9—电动机；10—空气冷却器

# 第7章　安全生产与绿色矿山建设

矿山生产与其他生产活动一样，是人类利用自然创造物质文明的过程。在这一过程中，人类会遇到而且必须克服许多来自自然界的不安全因素。在矿山生产过程中人们要利用许多工程技术措施、机械设备和各种物料，相应地，它们也带给人们许多不安全因素。人们一旦忽略了对不安全因素的控制或者控制不力则将导致矿山事故。矿山事故不仅妨碍矿山生产的正常进行，而且可能造成人员伤亡、财产损失和环境污染。因此，搞好矿山安全生产是保护人员生命健康、顺利进行矿山生产的前提和保证。

在我国的经济发展中，国家始终把员工的生命安全放在第一位，提出了"预防为主，防治结合，综合治理"的安全生产理念。安全生产就是保证企业在生产的过程中不发生或少发生安全事故，因为安全事故的发生必然会伴随着企业员工的伤亡，同时也会中断企业的正常生产，给企业和员工带来不可估量的经济和精神伤害，保障生产的安全，既是保障企业的利润，也是维护员工的正常利益。金属矿山企业安全生产形势严峻，事故多有发生，严重影响矿山效益和社会声誉。因此在实际的生产经营过程中，正确地认识企业安全投入的作用，了解企业安全投入所能产生的经济效益和社会效益，为企业进行安全投入决策提供可行的依据，使企业能够自发地进行必要的安全投入，自觉加大对企业安全生产的投入，从根本上改良企业的安全生产状态，减少事故损失，拥有十分重要的意义。

然而，旧有的观念认为进行安全投入会增加企业的生产成本，以及安全投入不能创造应有的价值，从而认为企业的安全投入是一种"零效益"投入，是可以减少或是避免的。但是通过近段时间的分析研究，可以看出对安全投入的这种认识是不正确的，这种旧的思想观念必须转变。企业的安全生产是企业建设和企业文化十分重要的组成部分，是不可忽视的，而且是与企业的生产效益、企业发生的安全事故不可分割的。事实上企业重视安全生产，不仅不会减少企业所获得的利益，相反企业可以从安全生产状况的改善中获得一定的经济效益，"安全的本身就是一种效益"，所以，提高对安全投入经济效益和社会效益的认识是非常有意义的。

安全投入是指企业在生产运营的过程中，为了保障企业员工及生产设施在工作中免于伤害，所进行的人力、物力、财力等一切形式的投入。企业对安全的投入并不是没有限制的，它会受到社会和企业经济效益的约束。在社会上，如果企业对安全投入过少，引发企业安全事故频发，造成严重的安全事故后果，则会严重影响企业的社会形象，制约企业的发展；从经济上来说，企业对安全的投入也不能超过企业安全自身的需求，过多的投入只能是对经济的一种浪费，过少的投入，则不能达到保障企业生产安全的目的。

对于企业安全事故所造成的损失，可以分为直接和间接两种形式：在企业的生产中，由于安全事故造成了企业员工的伤亡以及企业设备的损坏，便是企业安全事故带来的直接损失；而由于企业安全事故，造成企业停产整顿，影响了企业正常履行合约，损害了企业的社会形象，这些则可以算作安全事故带给企业的间接损失。

企业生产过程中的安全性，是指企业通过对安全防护设施的投入、对员工的安全教育以及企业的安全管理方法的应用，使得在企业生产中，能够保障企业员工的生命财产安全和企业设施的完好，使得企业的正常生产不会中断，可以说安全就是要保证企业生产持续性的一种状态。效益可以分解为经济性和社会性，而价值只是对一个事物经济性的一面进行了具体评价，所以，可以说效益是对价值的深化，比价值更全面。

企业安全投入所产生的效益是复杂而多样化的，从经济性上来说企业安全投入效益可以分为经济效益和非经济效益，安全投入的经济效益主要是指由于企业安全投入，降低了企业安全事故的发生，减少了安全事故造成的直接经济损失和间接经济损失。而非经济效益主要是指安全事故的减少，为企业带来的生产效率的提高，企业形象的上升，非经济效益最后也会转化为经济效益，从而用来对企业安全投入的效益进行统一的量化比较。从大的方面来说，安全投入既有针对国家社会的，也有针对企业及个人的，就是说安全投入既可以宏观把握，也可以进行微观调控。但最重要的是我们应该认识到进行安全投入，第一目标并不是为了能够取得多好的投入效益，而是为了保障人们在工作中的安全性，这是不可更改的，而至于企业估算安全投入能否取得效益，也是在保障企业员工的生命得到保证的基础上，对进行的安全投入有效优化。

在现实的生产活动中，对企业安全的投入也并不是没有限制的，它必然会受到当前社会的经济发展水平及科学技术的制约，并不能无限加大企业对安全的投入，如果过多进行安全投入，也是对社会经济的不合理利用，是一种浪费。因此，在企业安全投入的过程中，应当在保证生产安全性的前提下，考虑安全投入的经济性，从而使得企业能利用较少的经济投入，就可以达到企业安全生产的目的，从而为企业创收。

企业进行安全投入后所能产生的经济效益有很多的定性描述方法，如矿石百万吨死亡率、矿山安全事故发生率、一万工时事故发生次数、一万工时矿山员工的伤亡人数等，通过对矿山安全事故的一些定性描述，可以对矿山安全投入的效果有一个非常直观的了解，对企业接下来的安全投入决策有一个正确的指引。企业安全投入所产生的效益可以通过一些数学的方法来进行表述，具体的可以利用安全产出与安全投入来进行比较量化，可以对安全效益有直观的认识。

企业的安全投入与企业的经济效益是不可分割、缺一不可的，在企业的生产过程中，企业不能盲目追求效益，而忽视了对生产过程中安全的投入。在企业的生产中，由于各种各样的环境、人为及厂房设备等因素，会形成不同形式的危险源，从而影响企业的安全生产。企业发生安全事故，一方面会给企业员工造成生命威胁，影响员工的生产效率，同时必定会造成企业生产停顿，加大对处理事故后果所投入的成本，从而降低了企业所能获得效益。企业进行安全投入，就是为了采取有效的措施，在企业生产中避免或减少安全事故发生，降低企业处理安全事故所花费的时间及成本。所以说，应当加强企业安全投入的认识，理解安全投入与企业效益是一体两面的，都是不可缺少的。而要达到安全投入与企业效益的双赢，则需要去我们对企业安全投入有更加深入的了解。

现代科学技术的进步，彻底改变了矿山生产面貌，矿山安全技术也不断发展、更新，大大增强了人们控制不安全因素的能力。如今，已经形成了包括矿山防火、矿山防水、地压控制、爆破安全、防止瓦斯及粉尘爆炸等一系列专门安全技术在内的矿山安全技术体系。特别是在矿山安全检测技术方面，先进的科学技术手段逐渐取代了人的感官和经验，可以灵敏、可靠地发现不安全因素，从而使人们可以及早采取控制措施，把事故消灭在萌芽状态。例如，我国已经研制和应用声发射技术、红外探测技术等手段进行岩体压力监测及浮石探测；应用电子计算机监控的矿内火灾集中、连续、自动报警系统及时预报矿内火灾等。

现代矿山生产系统是个非常复杂的系统。矿山生产是由众多相互依存、相互制约的不同种类的生产作业综合组成的整体；每种生产作业又包含许多设备、物质、人员和作业环境等要素。一起矿山伤亡事故的发生，往往是许多要素相互复杂作用的结果。尽管每一种专门矿山安全技术在解决相应领域的安全问题方面十分有效，在保证整个矿山生产系统安全方面却非常困难，必须综合运用各种矿山安全技术和相关领域的安全技术。矿山安全的一个重要内容，就是根据对伤亡事故发生机理的认识，应用系统安全工程的原理和方法，在矿山规划、设计、建设、生产、直到结束的整个过程中，都要预测、分析、评价其中存在的各种不安全因素，综合运用各种安全技术措施，消除和控制危险因素，创造一种安全的生产作业条件。

# 7.1　金属矿山安全生产概述

在我国金属矿山的开采中，除了人为造成的安全问题以外，最主要的就是矿山所在的地质环境变化对矿山安全生产的影响。我国的地质环境因素较为复杂，矿山所处地区一般为高山或丘陵地带，而矿山开采是在地表面以下进行的，在开采中会形成较多的空区，这样就会对矿山岩石的力学分布产生较大的影响。在生产的过程中，我们应当随时监测矿山的岩石力学变化，了解矿山生产的环境因素。而且，地表下的环境具有多样性，既有地下水、地应力、地热等的影响，也有岩石缝隙、岩石构造等的变化，所以矿山开采环境因素复杂，安全形势不容乐观。

对我国金属矿山地质情况的统计资料进行分析，可以得出金属矿山主要的地质灾害类型可以分为以下几个方面：

（1）地面陷落。在矿山的开采过程中，会形成一个个很大的采空区，当采空区受到外力的作用，造成岩石的移动及破坏，可能导致地表岩体移动掉落，形成大的塌陷坑。这种情况对矿山的安全生产及矿山周围民众的生产生活都具有较大的危害。并且，在塌陷坑形成的过程中，地表的塌陷会以一种波的形式向远处传播，造成持续危害。

（2）采场冒顶。是指矿山在开采的过程中采场上层的岩体或块体由于下面采区的扰动向下滑落，造成采场安全事故，不只影响矿山的正常开采，而且对采区工作人员的生命造成严重的威胁。在矿山企业正常的生产过程中，企业会经常进行敲梆问顶，来确定顶层岩体的稳定性，从而能够避免或减少顶层冒落的危险。

（3）采场深部的岩爆现象。随着矿山科学技术的发展，企业能够采掘埋藏更深的矿石资源，但同时也面临着新的问题和挑战。随着深度的增加，在高应力的作用下岩石容易发生岩爆现象，现有很多采掘深度大于 1000m 的矿山都出现了类似的情况。

（4）地下水对矿山安全生产的影响。在我国的广大地区，地下水系统比较发达，给我们的日常生活带来了很多的便利。但在矿山的开采过程中，如果矿山的地下水较多，那么在进行矿山的采场布置及开采顺序的选取时，就必须加以考虑。在生产中。若地下水穿透岩层，或突发涌水，会给企业和员工造成重大的事故灾害。

（5）不合理的开采措施引起的安全事故。在我国有些矿山，特别是民营矿山，缺少专业的技术指导，在矿产利用的过程中，随意开采，不按正规的标准进行运作，对开采完成后的地区不进行有效的处理，除了造成矿产资源浪费，还会给企业后续的开采带来影响，造成严重的矿山安全事故。

我国金属矿山安全生产事故频发的原因主要有以下几点。

首先是金属矿山采矿作业条件复杂，技术整体水平不高。采矿作业条件复杂，技术整体水平不高。通过对矿山生产的分析，可以认识到矿山的安全很大程度上会受到矿山周边环境的约束，而我国地质环境的多样化，就导致了我国金属矿山在生产过程中所面临的生产条件是多种多样的，并不能制定一个统一的标准能够对所用矿山的安全生产进行规范。因此，在实际的矿山设计及生产的过程中，需要对开采矿山周边环境的实际情况进行合理有效的考察，确定矿山生产的不利条件及有利因素，从而确定矿山实际开采的合理工序。并且我国现有的矿山开采大部分都是在地下进行的，即为地下矿山开采，那么在开采中所需要考虑的环境因素更为多变，其安全生产的重要性更为突出，一旦矿山发生了安全事故，其造成的损失是无法估量的。虽然我国的矿山开采具有悠久的历史，但技术水平不高，现代化工艺发展不够，较大部分的工作还停留在依靠人力进行控制和操作的基础上，这就造成了对矿山资源利用不够充分，对人员的保护不够完善的问题。如果能够提高我国矿山开采的科学技术水平和自动化水平，就更能保证我国矿山开采的安全性。

其次是安全生产设备和安全技术研究投入不足。根据对我国矿山安全事故原因的统计数据的分析，可以发现，在金属矿山安全事故中，有很大部分是由于安全生产防护设备不足、安全生产环境存在隐患及员工的安全责任意识不到位所引发的。综合考虑就是指矿山在生产的过程中，对安全生产设备的投入不够，没有达到能够保证企业正常生产的需求，对企业的安全生产状况认识不足，不能采取有效的措施避免或减少矿山企业生产中的安全事故。在我国的矿山生产中，对安全投入的管理比较混乱，没有形成一种有效的统计规范。矿山企业的安全投入受到很多方面的制约，在生产中，当企业取得的效益较好时，管理者可能愿意花费大量的资金进行企业安全的整改，当企业不能取得良好的效益时，企业的管理者就可能忽视对企业安全的投入。

　　再者，矿山安全专业技术人员缺少，安全管理水平不高。在我国，随着经济的发展，对矿产资源的需求也越来越大，促进了矿山行业的发展。但在矿山生产的过程中，严重缺少矿山开采、矿山管理等方面的专业人员，现有的矿山企业很多都是聘用一些相关专业的人员对矿山进行管理运营。在正常的生产过程中，一般人员可以进行处理，而当企业面对一些突发的重大事故时，缺少专业的技术人员，就可能造成事故无法得到有效控制和解决。而对于矿山的正常生产管理和安全管理，则更需要一些专业人员对矿山企业的安全生产有正确清晰的认识，从而才能有效指导企业进行高效安全的矿山生产。

　　在我国矿山投入正常的生产运营之前，都会进行必要的基础设施建设，这就更需要专业的技术人员来对矿山进行合理的规划管理，如矿山尾矿库的选址及建设，矿山生产流水线的布置及矿山的开采工艺和开采顺序的选取等，都离不开专业知识的应用，只有进行规范、标准合理的基础建设，才能保证企业后续生产的正常安全运营。

　　第四是矿山企业盲目地追求经济效益。在我国形成市场经济的条件下，矿山企业在生产的过程中容易忽视对矿山安全的投入，而片面追求企业所能获得的经济效益。有些企业对矿山安全投入的认识不足，认为企业的安全投入是可有可无的，而没有了解安全投入的本质，对安全的投入可能更多的是为了应付上级领导的检查，这种做法是十分错误的，给矿山安全生产留下了很多隐患。

## 7.2　金属非金属矿山"六大系统"

　　近年来，为了规范矿山的安全生产模式，改善矿山安全生产形势，保障矿山人员的生命财产安全，国家正在大力推广矿山安全避险"六大系统"建设工程。根据《国务院关于进一步加强企业安全生产工作的通知》（国发〔2010〕23 号）和国家安全监管总局关于印发《金属非金属地下矿山安全避险"六大系统"安装使用和监督检查暂行规定》（安监总管一〔2010〕168 号）等相关文件要求，到 2012 年 12 月底前，地下矿山必须建设安全矿山安全避险"六大系统"。矿山安全避险"六大系统"包括井下人员定位系统、供水施救系统、紧急避险系统、监测监控系统、压风自救系统和通信联络系统等。

　　矿山安全避险"六大系统"是新中国成立以来，在矿山安全方面推行的最大也是最重要的系统工程。以前，国家和矿山企业在矿山的安全方面采取了一系列安全措施，但都只是单一、独立的系统，目前推进的矿山安全避险"六大系统"是将各独立的安全系统进行有机整合，形成一个安全监测、预防和施救的集成操作平台，可大大提高矿山的生产安全管理水平。矿山安全避险"六大系统"是一个长期的矿山安全保障机制，可以进一步提高矿山的本质安全化，为矿山的安全基础设施建设奠定良好的基础。但由于安全避险"六大系统"的资金投入较大，而有些企业对"六大系统"的认识不足，认为进行安全避险"六大系统"的投入会减少矿山企业的经济效益；还有的认为依托矿山现有的安全措施，矿山安全可以得到保障，不需要再进行新的投入。这些错误的观念阻碍了"六大系统"工程的建设。矿山安全保障措施的改进及推广是一个长期的任务，随着矿山开采工程的不断深入以及环境变化的复杂性，矿山的安全形势越来越严峻，只有保证生产安全才能保证矿山企业的效益。

安全避险"六大系统"建设的目的是提高应急救援能力和灾害处置能力、保障矿井人员的生命安全，全面提升矿山安全保障能力的技术保障体系。建设完善安全避险"六大系统"是深入贯彻落实科学发展观，坚持以人为本、执政为民的具体体现，是国发〔2010〕23号文件的明确要求，也是依靠科技进步和先进适用技术装备，从源头上控制安全风险、从根本上提升地下矿山安全保障能力的有效措施。

## 7.3　矿山防水与泥石流防治

矿山建设和生产过程中，一般都会遇到渗水或涌水现象，但是如果渗入或涌入露天矿坑或矿井巷道的水量超过了矿山正常排水能力，则采矿场或巷道可能被水淹没，酿成矿山水灾。矿山一旦发生水灾，则会使矿山生产中断，设备被淹，造成人员伤亡。

导致矿山水灾的水源有地表水和地下水两类。地表水是指矿区附近地面的江河、湖泊、池沼、水库、废弃的露天矿坑和塌陷区积水，以及雨水和冰雪融化水等。地下水是指含水层水、断层裂隙水和老空积水等。这些水源的水可能经过各种通道或岩层裂隙进入矿内。据统计，在矿山水灾事故中，约10%～15%的水源来自地表水，约85%～90%的水源来自地下水。地下水与地表水相比，虽然其涌水量和水压都比较小，却由于不如地表水那样容易被人们发现而很容易发生意外透水事故。

在矿山水灾中，以矿井透水事故发生最多，后果最为严重。矿井透水是在采掘工作面与地表水或地下水相沟通时突然发生大量涌水，淹没井巷的事故。国内外各类矿山，因矿井透水淹井造成严重灾难的事例屡见不鲜。例如，1935 年，山东省鲁大公司淄川炭矿公司北大井（即现在的淄博矿务局洪水煤矿），由于水文地质情况不明，又未采取必要的探水措施，在巷道掘进到与朱龙河连通的周瓦庄断层时，河水突然灌入，涌水量高达 578～648m³/min，经过 78h 后，全矿井被淹没，造成 536 人死亡，这是世界上最大的矿井水灾之一。

除了矿井透水事故之外，矿山泥石流危害也引起了人们的关注。泥石流是一种挟带大量泥砂、石块的特殊洪流，具有强大的破坏作用。一些处于山区的矿山企业可能受到泥石流的威胁。例如，1984 年，四川省某矿发生泥石流，巨大的泥石流摧毁房屋 4.15×10⁶m²，毁坏矿山供风、供水管路和通讯、运输线路 26.7km，造成 121 人死亡，矿区被迫停产 14 天，损失极其严重。

为了防止矿山水灾的发生，要采取综合治理措施。在矿区范围内存在着水源和形成涌水通道是矿山水灾发生的必要条件。因此，一切防水措施都要从消除水源、杜绝涌水通道着手。为了防止发生矿井突然透水事故，应该遵循"有疑必探，先探后掘"的原则，采取"查、探、堵、放"，即查明水源、调查老空，探水前进、超前钻孔，隔绝水路、堵挡水源，放水疏干、消除隐患的综合防水措施。

## 7.3.1 矿山地表水综合治理

### 1. 矿山地表水源

矿山地表水水源包括雨雪水和江河、湖泊、洼地积水两类。

雨雪水：降雨和春季冰雪融化是地表水的主要来源。在用崩落法采矿或其他方法采矿时在地表形成塌陷区的场合，雨雪水会沿塌陷区裂缝涌入矿内。在雨季降雨量大、大量雨水不能及时排出矿区的情况下，雨水通过表土层的孔隙和岩层的细小裂隙渗入矿内，或洪水泛滥，沿塌陷区或通达地表的井巷大量灌入而造成矿山水灾。

江河、湖泊、洼地积水：矿区附近地表的江河、湖泊、池沼、水库、低洼地、废弃的露天矿坑等积水，以及沿海矿山的海水等，可能通过断层、裂隙、石灰岩溶洞与井下沟通，造成矿井透水事故。

《金属非金属矿山安全规程》规定，为防止地表水患，必须搞清矿区及其附近地表水流系统和受水面积、河流沟渠汇水情况、疏水能力、积水区和水利工程情况，以及当地日最大降雨量、历年最高洪水位。并且，要结合矿区特点建立和健全防水、排水系统。

2. 地表水综合治理措施

地表水综合治理是指在地表修筑防、排水工程，填堵塌陷区、洼地和隔水防渗等多种防水措施综合运用，以防止和减少地表水大量进入矿内。具体有如下措施。

（1）合理确定井口位置。《金属非金属矿山安全规程》规定，矿井（竖井、斜井、平硐等）井口标高，必须高于当地历史最高洪水位1m以上。工业场地的地面标高，应该高于当地历史最高洪水位。特殊情况下达不到要求的，应该以历史最高洪水位为防护标准修筑防洪堤，在井口筑人工岛，使井口高于最高洪水位1m以上。这样，即使雨季山洪暴发，甚至达到最高洪水位时，地表水也不会经井口灌入矿井。

（2）填堵通道和消除积水。矿区的基岩裂隙、塌陷裂缝、溶洞、废弃的井筒和钻孔等，可能成为地表水进入矿内的通道，应该用黏土或水泥将其填堵。容易积水的洼地、塌陷区应该修筑泄水沟。泄水沟应该避开露头、裂缝和透水岩层，不能修筑沟渠时，可以用泥土填平夯实并使之高出地表。大面积的洼地、塌陷区无法填平时，可以安装水泵排水。

（3）整治河流。当河流或渠道经过矿床且河床渗透性强，河水可能大量渗入矿内时，可以修筑人工河床或使河流改道。在河水渗漏严重的地段用黏土、碎石或水泥铺设不透水的人工河床，可以制止或减少河水的渗漏。例如，四川南桐某矿河流经过矿区，修筑人工河床后，雨季矿井涌水量减少30%～50%。防止河水进入矿内最彻底的办法是将河流改道，使其绕过矿区。为此，可以在矿区上游的适当地点修筑水坝拦截河水，将水引到事先开掘好的人工河道中。河流改道的工程量大，投资多，并且涉及当地工农业利用河水等问题，故不宜轻易采用，需要仔细调查后再做决策。

（4）挖沟排（截）洪。位于山麓或山前平原的矿区，在雨季常有山洪或潜流进入，增大矿井涌水量，甚至淹没井口和工业广场。一般应该在矿区井口边缘沿着与来水垂直的方向，大致沿地形等高线挖掘排洪沟，拦截洪水并将其排到矿区以外。在地表塌陷、裂缝区的周围也应该挖掘截水沟或筑挡水围堤，防止雨水、洪水沿塌陷、裂缝区进入矿区。

（5）留安全矿柱。如果河流、湖泊、水库、池塘等地表水无法进行排放或疏导，也不宜将其改道或迁移的话，可以预留防水矿柱，隔断透水通道，防止地表水进入矿内。

（6）做好雨季前的防汛准备工作。有计划地做好地表水防治准备工作是防止地表水造成矿井水灾的重要保证。《金属非金属矿山安全规程》规定，每年雨期前一个季度应该由主管矿长组织一次防水检查，并编制防水计划，其工程必须在雨季前竣工。我国某些地区雨量比较集中，尤其应该在雨季汛期之前加固和修整地面防水工程；调整采矿时间，尽量避开汛期开采；加强对防洪工程设施的检查，备齐防洪抢险器材。此外，露天和地下同时开采的矿山，在某些特殊条件下进行开采的矿山，如开采有流砂、溶洞的矿床，在江河、湖海下面采矿，或在雨季有洪水流过的干涸河床、山沟下面采矿，必须制定专门的防水、排水计划。

### 3. 矿山泥石流防治

泥石流是一种挟带有大量泥砂、石块和巨砾等固体物质，突然以巨大速度从沟谷或坡地冲泻下来，来势凶猛、历时短暂，具有强大破坏力的特殊洪流。

（1）泥石流的种类。分布在不同地区的泥石流，其形成条件、发展规律、物质组成、物理性质、运动特征及破坏强度很不相同。

① 按泥石流流域的地质地貌特征，有标准型泥石流、河谷型泥石流和山坡型泥石流之分。标准型泥石流是典型的泥石流，流域呈扇形，面积较大，有明显的泥石流形成区、流通区和堆积区。河谷型泥石流的流域呈狭长形，沿河谷既有堆积又有冲刷，形成逐次运搬的"再生式泥石流"。山坡型泥石流的流域呈斗状，面积较小，没有明显的流通区，形成区直接与堆积区相连。

② 按物质组成，泥石流分为泥流、泥石流和水石流，这取决于泥石流形成区的地质岩性。

③ 按物理力学性质、运动和堆积特征，泥石流分为黏性泥石流和稀性泥石流。黏性泥石流具有很大的黏性和结构性，固体物质含量占 40% ~60%，在运动过程中有明显的阵流现象，使堆积区地面坎坷不平。这种泥石流以突然袭击的方式骤然爆发，破坏力大，常在很短时间内把大量的泥砂、石块和巨砾搬出山外，造成巨大灾害。稀性泥石流的主要成分是水，黏土和粉土含量较少，泥浆运动速度远远大于石块运动速度，石块以滚动或跃移的方式下泄。泥石流流动过程流畅，堆积区表面平坦。稀性泥石流具有极强烈的冲刷下切作用，在短时间内将沟床切下数米或十几米深的深槽。

④ 按泥石流的成因，有自然泥石流和人为泥石流之分。后者是人们在矿山或土石方挖掘工程(包括修筑铁路、公路等)中，由于盲目排弃岩土引起滑坡、塌方所导致的泥石流。无论自然泥石流还是人为泥石流，其形成的必要条件都是具备丰富的松散土、石等固体物质，陡峭的地形、坡度较大的沟谷地，集中、充沛的水源等。

矿山泥石流主要是人为泥石流，大多以滑坡或坡面中刷的形式出现。一般地，其发展过程是前期出现洪水，随之出现连续的稀性泥石流。此后，流量锐减，出现断泥现象。数分钟后，带有巨大响声的黏性泥石流一阵一阵地涌来。

（2）防治泥石流的措施。防治泥石流的方针是"以防为主，防治结合，综合治理，分期施工"。防治泥石流包括防止泥石流发生和在发生泥石流时避免或减少破坏的措施两个方面。作为采取防治现流措施的依据，要首先弄清泥石流活动规律。

① 泥石流的勘测与调查。泥石流的勘测与调查包括对整个泥石流流域的勘测调查和当地居民的调查访问。前者是进行野外考察工作搜集各种自然条件、人类活动及泥石流活动规律等资料。在泥石流暴发比较频繁而又可能直接观察到的地区，可以建立泥石流观测站，直接取得泥石流暴发时的资料。后者是通过访问，获得有关泥石流的历史资料。综合分析这些勘测与调查得来的资料并辅以必要的计算，可以判断泥石流的类型、规律及破坏情况等。

② 防止泥石流发生。防治泥石流要根据泥石流的特征来进行。在泥石流可能发生的沟谷上游的山坡上植树造林，种植草皮，加固坡面，修建坡面排水系统以防止沟源侵蚀，实现蓄水保土，减少或消除泥石流的固体物质补给，控制泥石流的发生。

③ 拦挡泥石流。在泥石流通过的主沟内修筑各种拦挡坝，坝的高度一般在5m 左右，可以是单坝，也可以是群坝。泥石流拦挡坝可以拦蓄泥砂石块等固体物质，减弱泥流的破坏作用，以及固定泥石流沟床，平缓纵坡，减小泥石流的流速，防止沟床下切和谷坡坍塌。坝的种类很多，其中格栅坝最有特色。格栅坝是用钢构件和钢筋混凝土构件装配而成的，形状为栅状的构筑物。它能将稀性泥石流、水石流携带的大石块经格栅过滤停积下来，形成天然石坝，以缓冲泥石流的动力作用，同时使沟段得以稳定。

④ 排导泥石流。泥石流出山后所携带的泥砂石块迅速淤积和沟槽频繁改道，给附近的矿区、居民区、农田及交通干线带来严重危害。在泥石流堆积区的防治措施包括导流堤和排洪道等排导措施。导流堤用于保护可能受到泥石流威胁的矿区或建筑物等。排洪道起顺畅排泄泥石流的作用。

矿山泥石流是人类的采矿活动造成的，其预防和治理应该从规范采矿活动着手。

（1）将泥石流防治纳入矿山建设总体规划。主要是合理选择排土场、废石场，在基建和采矿过程中，根据实际需要分期分批实施，防止泥石流危害。

（2）选择恰当的采矿方式。一般地，与地下采矿相比，露天采矿剥离的土、岩多；浅部剥离的松散固体物质迅速聚集，极易发生泥石流；剥采工作进入深部之后，废石多为新破碎的岩块，不易发生泥石流。

（3）选择恰当的排土场、废石场。零散设置的排土场、废石场往往是小规模泥石流的发源地；在沟头设置的排土场、废石场，其堆积体常以崩塌或坡面泥石流的方式进入沟床，为泥石流提供物质来源；山坡上的排土场、废石场，堆积体在自重或坡面径流的作用可能形成坡面泥石流，在山前形成堆积扇；沟谷内的排土场、废石场，堆积体在暴雨洪中向下会形成沟谷型泥石流；排土场、废石场堆积越高，稳定性越差，越易发生泥石流。

（4）消除地表水的不利影响。

（5）有计划地安排土、岩堆置，复垦等。

## 7.3.2　矿山地下水防治

### 1. 矿山地下水源

可能导致矿山水灾的地下水源有含水层积水、断层裂隙水和老空积水等。

（1）含水层积水。矿山岩层中的砾石层、砂岩层或具有喀斯特溶洞的石灰岩层都是危险的含水层。特别是当含水层的积水具有很大的压力或与地面水源相沟通时，对采掘工作威胁更大。当采掘工作面直接或间接与这样的岩层相通时，就会造成井下透水事故。例如，吉林省某铜矿，在掘进大巷时爆破使喀斯特溶洞水大量涌出，最高涌水量 $92m^3/min$，以致全矿被淹，经过半年时间才恢复生产。

（2）断层裂隙水。地壳运动所造成的断层裂隙处的岩石往往都是破碎的，易于积水，尤其是当断层与含水层或地表水相沟通时，导致矿山水灾的危险性更大。淄川炭矿公司北大井透水事故，就是掘进时通到与地表河流相通的裂隙较大的断层而发生的。

（3）老空积水。井下采空区和废弃的井巷中常有大量积水。一般来说，老空积水的水压高、破坏力强，而且常常伴有硫化氢、二氧化碳等有毒有害气体涌出，是酿成井下水灾的重要水源。矿山生产过程中可能导致透水事故的几种主要水源如图7.1所示。

### 2. 矿井地下水综合治理

（1）做好矿井水文地质勘查和观测工作。为了采取防治矿井透水措施，预防矿井水灾发生，必须查明矿井水源及其分布，做好矿山水文地质勘查和观测工作。在查明地下水源方面应该弄清以下情况：

① 冲积层和含水层的组成和厚度，各分层的含水及透水性能；

② 探明断层和破碎带的分布及状况；

③ 探明隔水层的分布及状况；

④ 老空区的状态和分布情况；

⑤ 地下矿开采地表错动或塌陷范围及涌水量的变化情况；

⑥ 收集地面气象、降水量和河流水文资料，查明地表水体分布情况；

⑦ 通过探水钻孔或水文观测孔查明矿井水的来源，弄清矿井水与地下水和地表水的补给关系。

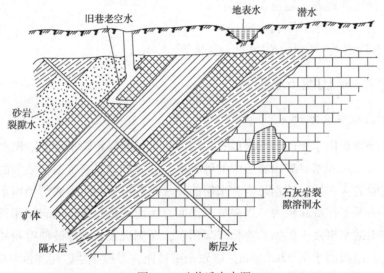

图 7.1　矿井透水水源

(2)超前探水。在水文地质条件复杂、有水害威胁的矿井进行采掘作业，必须坚持"有疑必探、先探后掘"的原则。当遇到下述任何一种情况时，都必须打超前钻孔探水前进：

① 掘进工作面接近溶洞、含水层、流砂层、冲积层或大量积水区域时；

② 接近有可能沟通河流、湖泊、贮水池、含水层的断层时；

③ 打开隔离矿柱放水时；

④ 在可能积存泥浆的火区或充填尾砂尚未固结的采空区下部掘进时；

⑤ 采掘工作面出现透水预兆时。

超前钻孔的超前距离、位置、孔径、数目、方向和每次钻进的深度，应该根据水头高低、岩石结构与硬度等条件来确定。

在探水作业中要注意观察钻孔情况。如果发现岩石变软(发松)，或沿钻杆向外流水超过正常打钻供水量，或有毒有害气体逸出等现象，必须停止打钻。这时不得移动钻杆，除派专人监视水情外，应该立即报告主管矿长采取安全措施。在水压大的地点探水，要安设套管，套管上安装水压表和阀门。探到水源后，立即利用套管放水。

（3）排水疏干。有计划地将可能威胁矿井生产安全的地下水全部或部分地排放，疏干矿床，是防止采掘过程中发生透水事故最积极、最有效的措施。疏干方法有三种：地表疏干、地下疏干和地表与地下联合疏干。

① 地表疏干。地表疏干是在地面向含水层内打钻孔，用深井泵或潜水泵把水抽到地表，使开采地段处于疏干降落漏斗水面之上的疏干方法。当老空区积水的水量不大，又没有补给水源时，也可以由地表打钻孔排放。

地表疏干钻孔应该根据当地的水文地质条件，以排水效果最佳为原则，布置成直线、弧形、环形或其他形式。地表疏干能预先降低地下水位（水压），在较短时间内能为采掘工作创造安全生产条件；与地下疏水相比，疏干工程速度快、成本低、比较安全、便于维护和管理。但是，采用这种方法需要高扬程、大流量的水泵，电力消耗大。因此一般只在地下水位较浅时采用。

② 地下疏干。当地下水较深或水量较大时，宜采用地下疏干方法。对于不同类型的地下水源，采用的疏干方法也不相同。在疏放老空区积水时，如果老空区没有补给水源，矿井排水能力又足以负担排放积水时可以直接放水。如果老空区积水与其他水源有联系，短时间内不能排完积水时，应该先堵后放，即预先堵住出水点，然后再排放积水。如果老空区有某种直接补给水源，但是涌水量不大，或者枯水季节没有补给时，应当选择适当时机先排水，然后利用枯水时期修建必要的防漏工程或堵水工程，即先放后堵。在老空区位于不易泄水的山洞、河滩、洼地，雨季渗水量过大，或者积水水质很坏，易腐蚀排水设备的场合，应该将其暂时隔离，待到开采后期再处理积水。此外，若老空积水地区有重要建筑物或设施，则不宜放水，而应该留矿柱将其永久隔离。疏放含水层的水时，可以采用巷道疏干、钻孔疏干及联合疏干三种方法进行。

③ 联合疏干。根据矿区的具体情况，有时采用地表疏干与地下疏干相结合的联合疏干方法。放水工作应该由有经验的人员根据专门设计进行。

（4）隔水与堵水。疏放地下水，消除水害危险源，是防止矿井透水最积极的措施。但是，受矿山具体条件限制，有时无法疏放地下水，或者虽然可以疏放地下水，在经济上却不合理。这时，应该考虑采取隔离水源和堵截水流，即隔水、堵水措施。

① 隔离水源。隔离水源是防止水源的水侵入矿井或采区的隔离措施，有留隔离矿(岩)柱和建立隔水帷幕两种方法。

为了防止采矿过程中各种水源的水进入矿内，在受水威胁的地段留一定宽度或厚度的矿(岩)柱将水源隔离，此段矿(岩)柱称作隔离矿(岩)柱，又称防水矿(岩)柱。一般地，在下列的条件下进行采矿的场合，需要留隔离矿(岩)柱：

矿体直接被松散的含水层所覆盖，或者处于地表水体之下；

矿体一侧与强含水层接触或局部处于强含水层之下；

矿体在局部地段与间接底板承压含水层接近；

矿体在局部地段与间接顶板含水层接近，顶板冒落达到含水层；

矿体与充水断层接触；

采掘工作面接近被淹井巷或老空积水区。

《金属非金属矿山安全规程》规定，相邻的井巷或采区，如果其中一个有涌水危险，则应该在井巷或采区间留出隔离矿(岩)柱。确定隔离矿(岩)柱尺寸的原则是，既要有足够的强度抵抗水的压力，又要尽可能减少矿石损失。由于影响隔离矿(岩)柱尺寸的因素很复杂，如矿体赋存条件、地质构造、围岩性质、水源的压力和水量、开采方法等，所以，目前尚没有一种公认科学的计算方法。一般地，先按理论或经验公式计算后，再根据实际情况进行修正。

隔水帷幕是在水源与矿井或采区之间的主要涌水通道上，将预先制备的浆液经过钻孔压入岩层裂隙，浆液沿裂隙渗透扩散并凝固、硬化，形成防止地下水渗透的帷幕。一般在下列条件下使用：

老空区积水或水体与强大水源有联系，单纯用排水方法排除积水不经济或不可能；

井巷穿过富含水层，必须隔离；

井巷严重淋水；

涌水量特别大的矿井，为减少涌水量，降低排水费用。

为了取得预期的隔水效果，必须根据水源情况制订切实可行的注浆隔水方案。注浆隔水方案包括确定隔水部位、钻孔布置、注浆材料的配制、注浆方法、注浆系统、施工工艺和方法、隔水效果观察及安全措施等。

注浆材料的选择非常重要，它关系到注浆工艺、工期、成本及注浆效果。注浆材料的种类较多，可分为硅酸盐类和化学类两大类。其中硅酸盐类包括水泥浆和水泥-水玻璃浆两种；化学类包括水玻璃类、无机材料类、高分子材料类三种。

注浆工艺有静水注浆和动水注浆两种。静水注浆时地下水处于静止状态，浆液打散缓慢，容易控制，浆液不易流失，但是需要增加许多工程和辅助的设施来使地下水处于静止状态。动水注浆时地下水处于自然流动状态。在地下水流速度不大的场合，水的流动有助于浆液扩散充填空隙，对注浆有利；在水流速度大的场合，浆液容易被冲走，不利于充填固结。在动水注浆时可以根据浆液的扩散情况，在浆液中加入适量的促凝剂(水玻璃、氯化钙)以加速凝结，也可以在浆液中加入缓凝剂以扩大浆液的扩散面积。

② 堵截水流。采掘工作面一旦发生透水事故，汹涌的水流将迅速地沿井巷漫延，威胁整个矿井的安全。在井下适当的位置堵截透水水流，可以将水害控制在一定范围内，避免事故扩大、淹没矿井。通常，在巷道穿过的有足够强度隔水层的适当地段内设置防水闸门和防水墙来堵水。

防水闸门是由混凝土墙垛、门框和能够开闭的门扇组成的堵水设施。防水闸门设置在发生透水时需要堵截水流而平时需要运输、行人的巷道内。例如，通往水害威胁地区巷道的总汇合处、井底车场、井下水泵房、变电所的出入口处等。安设防水闸门处的围岩应该稳固、不透水。混凝土墙垛的四周要楔入岩石内，以承受较大的水压力和不漏水。门框的尺寸应该能满足运输和行人要求。门扇用钢板制成，通常为平板状，当水压超过 2.5 ~ 2.9MPa 时，可以采用球面形。防水闸门平时呈敞开状态，所在处安设短的活动钢轨道，在发生透水事故时可以迅速将活动钢轨拆除，把防水闸门关闭。

防水墙是用不透水材料构筑的，用以隔绝积水的老空区或有透水危险区域的永久性堵水设施。防水墙应该构筑在岩石坚固、没有裂缝的地段，要有足够的强度以承受涌水压力，不透水、不变形、不位移。防水墙上应该装设测量水压用的小管和放水管。放水管用以防止防水墙在未干固之前承受过大水压。

根据构筑防水墙所使用的材料，防水墙可分为木制防水墙(见图 7.2)、混凝土防水墙(见图 7.3)、砖砌防水墙和钢筋混凝土防水墙。

防水墙的形状有平面形、圆柱形和球形。平面形防水墙构造简单，应用较广。在水压不大的窄小巷道中，常采用木制平面形防水墙。在水压较大时，可以采用圆柱形或球形防水墙，在水压特别大的场合，可以采用多段型钢筋混凝土防水墙(见图 7.4)。为了保证防水墙有一定的承压能力，防水墙必须有足够的厚度。防水墙的厚度要根据承受的最大水压、围岩和构筑材料的允许强度计算。

## 7.3.3　矿山透水事故防治

### 1. 透水预兆

采掘工作面透水之前，一般都会出现一些预兆，预示透水事故即将发生。井下人员熟知这些预兆，就可以事先预测到透水事故的发生，从而及时采取恰当措施防止发生矿井水灾。

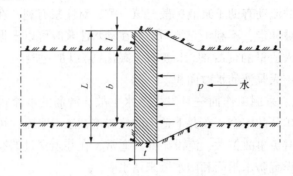

图 7.2 木制防水墙

L— 防水墙宽度； b— 巷道宽度； l— 楔入岩壁深度； t ——防水墙厚度

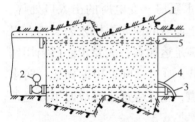

图 7.3 混凝土防水墙

1—截口槽；2—水压表；3—保护栅；

4—放水管；5—细管

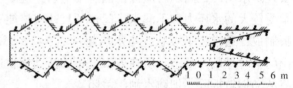

图 7.4 多段型防水墙

透水之前常会出现下列预兆：

（1）巷道壁"出汗"，这是由于积水透过岩石微孔裂隙凝聚在巷道岩壁表面形成的。透水前顶板"出汗"多呈尖形水珠，有"承压欲滴"之势，这可以和自燃预兆中"巷道出汗"的平形水珠相区别。

（2）顶板淋水加大，犹如落雨状。

（3）空气变冷、发生雾气。

（4）采矿场或巷道"挂红"，水的酸度大，味发涩，有臭鸡蛋气味。

（5）岩层里有"吱吱"的水叫声，这是因为压力较大的积水从岩层的裂缝中挤出时，水与裂缝两壁摩擦而发出的声音。

（6）底板突然涌水。

（7）出现压力水流。若出水清净，则说明距水源稍远；若出水混浊，则表明已临近水源。

（8）工作面空气中有害气体增加，从积水区散发出来的气体有沼气、二氧化碳和硫化氢等。

矿井地下水源种类不同，透水预兆也不同。因此，根据出现的预兆可以判断水源的种类。

（1）老空积水。一般积存时间很久，水量补给差，通常属于"死水"，所以"挂红"，酸度大，水味发涩。

（2）断层水。由于断层附近岩层破碎，工作面地压增加而淋水增大。断层水往往补给较充分，多属于"活水"，所以没有"挂红"和水味发涩现象。在岩巷中遇到断层水，有时可在岩缝中出现淤泥，底部出现射流，水发黄。

（3）溶洞水。溶洞多产生在石灰岩层中，透水前顶板来压、柱窝渗水或裂缝浸水，水色发黄或发灰，有臭味，有时也出现"挂红"。

（4）冲积层积水。冲积层积水处于矿井浅部，开始时水小、发黄，夹有泥砂，以后水量变大。

《金属非金属矿山安全规程》规定，在掘进工作面或其他地点发现透水预兆，如工作面"出汗"、顶板淋水加大、空气变冷、发生雾气、挂红、水叫、底板涌水或其他异常现象，必须立即停止工作，并报告主管矿长，采取措施。如果情况紧急，必须立即发出警报，撤出所有受水威胁地点的人员。

**2. 透水时应采取的措施**

井下一旦发生透水事故时，在透水现场的人员除了立即向上级领导报告外，应该迅速采取应急措施。在场人员应该尽可能地就地取材加固工作面，堵住出水点，防止事故继续扩大。如果水势很猛，局面已经无法扭转时，应该有组织地按事先规定的避难路线迅速地撤到上一中段或地面。在万一来不及撤离而被堵在天井、切巷等独头巷道里的场合，被困人员要保持镇静，保存体力，等待援救。矿领导接到井下透水报告后，应该按照事先编制的安全措施计划迅速组织抢救。通知矿山救护队或兼职救护队，同时根据透水地点和可能波及的地区，通知有关人员撤离危险区，尽快关闭防水闸门，待人员全部撤至井底车场后，再关闭井底车场的防水闸门，保护水泵房，组织排水恢复工作。透水后，井下排水设备要全部开动，并精心看管和维护排水设备，使其始终处于良好的运转状态。要维持井下正常通风，以便迅速排除老空积水区涌出的有毒有害气体。要准确核查井下人员。当发现有人被堵在危险区时，应该迅速组织力量抢救被困人员。

**3. 被淹井巷的恢复**

被淹井巷的恢复工作包括排除积水、修整井巷和恢复生产等内容。其中排水工作比较复杂，应该由矿主要领导统一指挥，组织工程技术人员和工人查清水源情况，弄清淹没特点和排水工作条件，及时掌握井巷被淹的实际情况，选择最有效的排水方法和排水制度。在组织被淹井巷的排水工作时，需要正确地估算被淹井巷中的水量，以便确切地决定排水设备能力和恢复生产所需要的时间。

被淹井巷的水量包括静水量和动水量两部分。

矿井透水时一次涌入被淹井巷的水量为静水量。实际工作中用被淹井巷中水的体积与井巷体积比值，即淹没系数来概算被淹井巷的静水量。淹没系数可用地质类比法或观测井巷被淹过程中水位变化情况求得。

被淹井巷的动水量是指井巷被淹后单位时间内的涌水量。井巷被淹后矿井水文地质状况发生了变化，井巷内水位的变化会引起动水量的变化。可以根据水泵排水量计算动水量。

排除井巷积水的方法有直接排水法和先堵后排法两种。在涌水量不大或补给水源有限的情况下，增加排水能力，直接将静水量和动水量全部积水排除。在涌水量特别大、增加排水能力也不能将水排干时，应该先堵塞涌水通道，截断补给水源，然后再排水。根据被淹井巷的具体情况，可以因地制宜地采用多种措施和方法。排水使用的排水设备有吊桶、水箱、箕斗、离心式水泵、气泡泵等。

被淹井巷恢复工作是在比较困难的条件下进行的，危险因素较多，因而应该采取必要的安全措施。

被淹井巷排水期间，为了使水泵不间断地运转，必须有联系信号以协调地面和井下的工作。在水泵机组附近必须有足够的照明，井下人员要携带照明灯具。在恢复被淹井巷的全部过程中，要特别加强矿内通风，防止有毒有害气体危害人员的健康。在组织排水工作之前，应该对矿内大气成分进行化学分析。如果有沼气出现时，要采取防止气体爆炸的措施。在井筒内装、拆水泵、排水管等作业时，人员必须佩戴安全带与自救器，防止发生坠井和中毒、窒息事故。被淹的井巷如果长时间被水浸泡，在修复井巷时要防止冒顶、片帮伤害事故。

## 7.4 尾矿库安全

矿山开采出来的矿石经过选矿选出有用的矿物后剩下的矿渣叫尾矿。一般地，尾矿以浆状排出，堆存在尾矿库里。尾矿库是筑坝拦截谷口或围地构成的用以贮存尾矿的场所。把尾矿存放到尾矿库里，有效地防止了对农田和水系的污染，减少了对环境的危害。但是，一旦尾矿库发生溃坝等事故，则可能造成大量人员伤亡、财产损失和环境污染。尾矿库是一座人为形成的高位泥石流危险源，近年来金属非金属矿山尾矿库的安全性受到了广泛关注。

### 7.4.1 尾矿库的类型

一般地，尾矿库都选择适宜的地形建设，根据地形的不同尾矿库有山谷型、傍山型、平地型和河谷型四种类型。

1. 山谷型尾矿库

在山区或丘陵地区利用三面环山的自然山谷，在下游谷口地段一面筑坝，进行拦截形成尾矿库（见图7.5）。它的特点是：初期坝不太长，堆坝比较容易，工作量较小，尾矿坝往往可堆得很高；汇水面积往往不太大，排洪设施一般比较简单；管理维护相对比较简单。但是当堆坝高度很高时，也会给设计、操作和管理带来一定的难度。

图 7.5 山谷型尾矿库

2. 傍山型尾矿库

在丘陵和湖湾地区，利用山坡洼地，三面或两面筑坝围截形成尾矿库（见图7.6）。它的特点是：初期坝相对较长，堆坝工作量较大，堆坝高度不可能太高；汇水面积较小，排洪问题比较容易解决，但因库内水面面积一般不大，尾矿水的澄清条件较差；管理维护相对比较复杂。

3. 平地型尾矿库

平地型尾矿库是在平缓地形周边筑坝围成的尾矿库（见图7.7）。其特点是初期坝和后期尾矿堆坝工程量大，维护管理比较麻烦；由于周边堆坝，库区面积越来越小，尾矿沉积滩坡度越来越缓，因而澄清距离、干滩长度以及调洪能力都随之减少，堆坝高度受到限制，一般不高；但汇水面积小，排水构筑物相对较小；国内平原或沙漠戈壁地区常采用这类尾矿库。

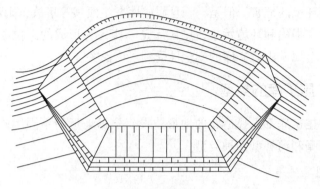

图 7.6　傍山型尾矿库

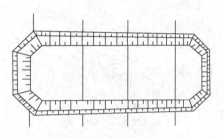

图 7.7　平地型尾矿库

**4. 河谷型尾矿库**

河谷型尾矿库是截取一段河床，在其上、下游两端分别筑坝形成的尾矿库（见图 7.8）。有的在宽浅式河床上留出一定的流水宽度，三面筑坝围成尾矿库，

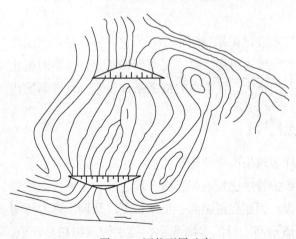

图 7.8　河谷型尾矿库

也属此类。它的特点是不占农田；库区汇水面积不太大，但尾矿库上游的汇水面积通常很大，库内和库上游都要设置排水系统，配置较复杂，规模庞大。这种类型的尾矿库维护管理比较复杂。

国内金属非金属矿山的尾矿库以山谷型尾矿库居多。

## 7.4.2　尾矿库的构造

无论哪种类型的尾矿库，

都由尾矿输送系统、尾矿坝、库容和排水系统构成。

1. 尾矿坝

尾矿坝是贮存尾矿和水的尾矿库外围的坝体构筑物，一般包括初期坝和堆积坝。所谓初期坝是指基建时筑成的、作为堆积坝的排渗体和支撑体的坝；堆积坝是生产过程中在初期坝坝顶以上用尾矿充填堆筑而成的坝。

根据使用的筑坝材料不同，初期坝有土坝、堆石坝、混合料坝、砌石坝和混凝土坝等。其中，土坝造价低，施工方便，常用于缺少砂石料地区，但是透水性差，浸润线常从坝坡逸出，易产生管涌，导致垮坝，一般需要设置排渗设施；堆石坝由堆石体及其上游面的反滤层和保护层构成，透水性好，可降低尾矿坝的浸润线，加快尾矿固结，有利于尾矿坝的稳定。

按堆积坝的堆筑方式，尾矿坝有上游式筑坝、中线式筑坝和下游式筑坝三种。

上游式筑坝采用向初期坝上游方向充填尾矿加高坝的筑坝工艺。上游式筑坝的稳定性较差，抗地震液化性能差，如不采取一定的措施不适于在高地震烈度地区使用，但由于筑坝工艺简单、管理容易、成本低，在国内矿山应用广泛。

中线式筑坝采用在初期坝的坝轴线位置上用旋流粗砂冲积尾矿的筑坝工艺，在生产管理与维护方面比上游式筑坝复杂。

下游式筑坝采用向初期坝下游方向用旋流粗砂冲积尾矿的筑坝工艺，坝体稳定性好、抗地震液化能力较强，适用于高地震烈度地区的筑坝，但筑坝生产管理与维护比较复杂且成本较高。

2. 库容

向尾矿库排放的尾矿沿尾矿坝沉积。水力冲积尾矿形成的沉积体表层称作沉积滩，通常指露出水面部分。沉积滩面与堆积坝外坡的交线称作滩顶，是沉积滩的最高点。由滩顶至库内水边线的距离称作滩长，习惯上又称作干滩长；由滩顶至设计洪水位之间的高差称作安全超高。尾矿库是贮存尾矿的空间，其容积——库容是非常重要的技术参数。某一坝顶标高时尾矿库的全部库容称作全库容，包括有效库容、死水库容、蓄水库容、调洪库容和安全库容五部分（见图7.9）。

有效库容是容纳尾矿的库容，是某一坝顶标高时初期坝内坡面及堆积坝外坡面以内（下游式筑坝则为坝内坡面以内）、沉积滩面以下、库底以上的空间。有效库容决定最终可能容纳的尾矿量。调洪库容是某一坝顶标高时最高沉积滩面、库底、正常水位三者以上，最高洪水位以下的空间。调洪库容用来调节洪水，正常生产情况下不允许被尾矿或水侵占。安全库容是最高洪水位、尾矿沉积滩面和库底以上，坝顶水平面以下的空间。它是为了防止洪水漫顶预留的安全储备库容，正常生产情况下不允许被尾矿或水侵占。

一般来说，尾矿库库容越大、坝越高，一旦发生事故对下游的危害越严重。

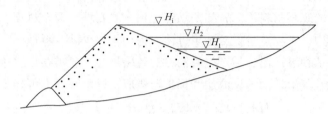

图 7.9　尾矿库的库容示意图

$H_i$—某一坝顶标高；$H_1$—正常水位；$H_2$—最高洪水位

3. 排水系统

排水系统的作用在于排出库内积水，包括尾矿水和洪水。排水系统的排水能力应该保证尾矿库最高洪水位时安全超高和干滩长度满足规程要求。

排水系统主要由排水井或排水斜槽、排水管、排水隧洞、溢洪道和截洪沟等构成。除了溢洪道和截洪沟外，其余排水构筑物都逐渐被厚厚的尾矿所覆盖，承受很大的上覆荷载。因此，除在设计上应该保证它有足够的强度外，对施工质量的要求也很严格。溢洪道用于洪水流量大的尾矿库排洪，其排水能力大，有正堰式和侧槽式两种。截洪沟的作用是截住沟以上汇流面积的暴雨洪水，减少入库水量，起辅助排洪的作用。

### 7.4.3　尾矿坝溃坝

尾矿库内存储的尾矿具有很大的势能，一旦尾矿坝发生溃坝事故，大量尾矿顺势而出，危及下游人员、财产和环境安全。近年来金属非金属矿山发生了多起严重的尾矿坝溃坝事故。

尾矿坝溃坝的实质是坝体失稳。坝体要经受筑坝期正常高水位的渗透压力、坝体自重、坝体及坝基中孔隙压力、最高洪水位有可能形成的稳定渗透压力和地震惯性力等载荷作用，当坝体强度不能承受载荷作用时则将失稳。影响尾矿坝稳定性的因素很多，导致尾矿坝溃坝的主要原因有渗透破坏、地震液化和洪水漫顶等。

1. 渗透破坏

水的存在增加了滑坡体的重量，渗透力的存在增加了坡体下滑力，所以水的作用会引起坡体下滑力的增加。降雨造成的地表径流和库水会冲刷和切割坝坡，形成裂隙或断口，降低坝体稳定性。同时，水在坝体内的流动引起的冲刷和渗流作用也会降低坝体的稳定性。尾矿坝的稳定问题不同于一般的边坡稳定问题，在渗流作用下的尾矿强度指标有明显的降低。由于堆积坝加高是在初期坝高的基础之上进行的，随着坝顶标高的增加库容增加，浸润线抬高而尾矿浸润范围增大，坝体的安全系数减小，溃坝的可能性增加。与天然土类相比，尾矿是一种特殊的散粒状物质，有其特殊的物理和化学性质。它的颗粒表面凹凸不平，内部有孔洞，密度小，级配均匀。尾矿沉积层的密度低，饱和不排水条件下的抗剪强度低。另外，尾矿无黏性，允许渗透压降小，在渗流作用下极易发生管涌等形式的破坏。因此，找出浸润线的高低与尾矿库安全系数之间的关系，对坝体加高工程和安全稳定性具有重要意义。

2. 地震液化

构成坝体的尾矿在地震作用下颗粒重新排列，被压密而孔隙率减小，颗粒的接触应力一部分转移给孔隙水，当孔隙水压力超过原有静水压力并与有效应力相等时，动力抗剪强度完全丧失，变成黏滞液体，这种现象称地震液化。地震液化会导致坝体失稳破坏。影响坝体地震液化的因素很多，主要有尾矿的物理性质、坝体埋藏状况和地震动载荷情况等。尾矿颗粒的排列结构稳定和胶结状况良好、粒径大和相对密度大，则抗液化能力高，较难发生液化。覆盖的有效压力越大，排水条件越好，液化的可能性越小。地震震动的频率越高，震动持续的时间越长，越容易引起液化。此外，对于液化的抵抗能力在正弦波作用时最小，震动方向接近尾矿的内摩擦角时抗剪强度最低，最容易引起液化。

地震应力引起的坝体内部剪应力增大是影响尾矿坝稳定性的另一重要因素。不考虑水对边坡稳定性的影响，将地震看成影响和控制边坡稳定的主要动力因素，由此产生的位移、位移速度和位移加速度同地震过程中地震加速度的变化有着密切的联系。

3. 洪水漫顶

尾矿坝多为散粒结构，洪水漫过坝顶时，由水流产生的剪应力和对颗粒的拉拽力作用造成溃坝事故。造成洪水漫坝的主要因素有水文资料短缺造成防洪设计标准偏低、泄洪能力不足、安全超高不足等。此外，施工质量、运行管理也直接影响着尾矿坝的抗洪能力。

### 7.4.4 尾矿库事故预防

防止尾矿库事故发生需要从设计、施工、维护和管理等各环节入手。

尾矿库的勘察、设计、安全评价、施工及施工监理等应当由具有相应资质的单位承担。应选择有良好信誉和专业水平的建设施工队伍，明确工程质量标准，加强监督管理，确保工程质量。在尾矿库建设前应该严格按照规定程序，切实做好基础资料的收集和方案论证工作。在尾矿库设计工作中要严格遵守《尾矿库安全技术规程》等有关技术规范和标准。根据《非煤矿矿山建设项目安全设施设计审查与竣工验收办法》（国家安全生产监督管理总局、国家煤矿安全监察局令第18号，2005）及有关法律、法规的规定进行安全评价。尾矿库工程竣工验收合格后才能交付使用。

尾矿库随着坝体的逐年增高，需要依次封堵排水井的进水口和进行其他的管理工作，才能保证坝体的安全。在生产过程中，基坝、排水井和排水管（洞）长期受水压、渗透、冲刷、溶蚀、气蚀、磨损、腐蚀等物理、化学作用，经受洪水、严寒、冰冻等恶劣气候条件的影响，以及施工过程可能遗留下的隐患，尾矿库的经常维护和控制，就显得尤为重要。做好尾矿排放、筑坝、防汛、防渗、防震和维护、修理、检查、观测等日常管理工作，配合科学有效的管理机制，才能保证尾矿库的安全运行。

《尾矿库安全监督管理规定》（国家安全生产监督管理总局第6号令，2006）要求，生产经营单位负责组织建立、健全尾矿库安全生产责任制，制定完备的安全生产规章制度和操作规程，实施安全管理。应该保证尾矿库具备安全生产条件所必需的资金投入，配备相应的安全管理机构或者安全管理人员，并配备与工作需要相适应的专业技术人员或者具有相应工作能力的人员。从事尾矿库放矿、筑坝、排洪和排渗设施操作的专职作业人员必须取得特种作业人员操作资格证书，方可上岗作业。尾矿排放与筑坝，包括岸坡清理、尾矿排放、坝体堆筑、坝面维护和质量检测等环节，必须严格按设计要求和作业计划及《尾矿库安全技术规程》精心施工。

尾矿库安全检查是尾矿库日常安全管理的重要内容，是发现异常和事故隐患的有效手段。通过安全检查发现尾矿坝裂缝、渗漏、管涌或滑坡等情况时，要及时采取措施处理。经过安全评价被确定为危库、险库和病库的尾矿库，应该采取措施处理。当尾矿库发生坝体坍塌、洪水漫顶等事故时，应该启动应急预案进行应急抢险，防止事故扩大，避免和减少人员伤亡，并立即报告安全生产监督管理部门和当地政府。

尾矿库闭库要经过安全评价和闭库整治设计，经过安全生产监督管理部门批准，并且闭库之后的安全管理由原单位负责。对停用的尾矿库，闭库整治设计应该按正常库标准设计，确保尾矿库防洪能力和尾矿坝稳定性系数满足安全要求，以维持尾矿库闭库后的长期安全稳定。尾矿库经过批准闭库后，原单位必须做好闭库后的尾矿库坝体及排洪设施的维护工作，未经设计论证和批准，不得重新启用或改作他用。重新启用尾矿库或移作他用时，必须进行技术论证、工程设计、安全评价，并经安全生产监督管理部门批准。

## 7.5 矿山防火与防爆

### 7.5.1 矿山火灾与爆炸事故

火灾是一种失去控制并造成财物损失或人员伤害的燃烧现象。发生在矿山企业内的火灾统称矿山火灾。发生在厂房、仓库、办公室或其他地面建筑物设施里的火灾称作地面火灾；发生在矿井的各种巷道、硐室、采矿场或采空区中的火灾称作矿内火灾。在矿井井口附近发生的地面火灾，如果所产生的高温和烟气随风流进入矿井，威胁井下人员安全时，也被称作矿内火灾。

矿山火灾按其发生的原因，有内因火灾与外因火灾之分。前者是由于矿岩氧化自燃而引起的；后者是由于矿岩自燃以外的原因，如吸烟、明火或电气设备故障等引起的火灾。据统计，我国冶金、有色金属、黄金等金属非金属矿山中，外因火灾占矿山火灾事故的 80% ～ 90%，是矿山火灾的主要形式。非煤矿山的内因火灾，主要发生在开采有自燃倾向的硫化矿物的矿山。

与地面设施相比较，矿井内部只有少数出口与外界相通，近似于一种封闭空间。因此，矿内火灾有许多不同于地面火灾的特点。矿山火灾发展过程与地面建筑物室内火灾发展过程类似。在火灾初起期里，由于燃烧规模较小，与室内火灾的情况没有什么区别。在火灾成长期里，火势迅速发展，但是，当火势发展到一定程度时，由于矿内供给燃烧的空气量不足，不完全燃烧现象十分明显，产生大量含有有毒有害气体的黑烟。一般来说，发生在矿内井巷中的火灾很少出现爆燃现象。矿内一旦发生火灾，火灾产生的高温和烟气随风流迅速在井下传播，对矿内人员生命安全构成严重威胁。根据理论计算，巷道里的一架木支架燃烧所产生的有毒有害气体足以使 2km 以上巷道里的人员全部中毒死亡。矿内火灾时高温空气的热对流产生类似矿井自然风压的火风压，破坏原有的矿井通风制度，引起矿内风流紊乱，增加控制烟气传播的困难性。

矿内火灾时消防与疏散存在一定的困难性。金属非金属矿山井下作业面多且分散，使得早期发现矿内火灾比较困难，往往在火势已经发展到了成长期以后才被发现，错过了初期灭火的时机。矿内火灾形成以后，受矿井条件限制，矿内火灾的消防工作比较困难。一方面，地面人员很难获得矿内火灾的详细信息，很难掌握火灾动态，因而消防指挥者很难对火灾状况做出正确的判断和采取恰当的消防措施；另一方面，火灾时矿内巷道充满浓烟和热气，增加消防活动的困难性；再者，受井巷尺寸、提升设备和运输设备以及矿内供水系统等方面的限制，有时无法把消防设备、器材运到火灾现场，或消防能力不足，不能迅速扑灭火灾或控制火势。

矿内火灾时烟气迅速随风流蔓延，对人员的安全疏散极为不利。一般来说，从工作面到矿井安全出口的距离都比较远，往往要经过一些竖直或倾斜井巷才能抵达地表，并且，远离火灾现场的人员缺乏对火灾情况的确切了解，成功地撤离到地面是相当不容易的。因此，在人员疏散方面必须采取一些专门措施。

矿山火灾一旦发生，可能烧毁大量器材、设备、建筑物和矿产资源，甚至烧毁整个矿井，造成巨大的财产损失和生产停顿。矿山火灾产生的高温和有毒有害气体会造成人员的严重伤亡。

矿山爆炸按其发生机理，可分为化学爆炸和物理爆炸两大类。前者是由于物质的迅猛化学反应引起的爆炸；后者是由于物质的物理变化引起的爆炸。炸药爆炸、气体爆炸、粉尘爆炸属于化学爆炸；压力容器爆炸属于物理爆炸。

炸药爆炸是矿山最常见的化学爆炸。炸药是一种不稳定的化学物质，在受到冲击后便迅速分解，产生高温高压并释放出巨大的能量。受到控制的炸药爆炸可以造福于人类，在矿山生产过程中人们就是利用炸药爆炸释放出的能量采掘矿岩的。失去控制的炸药爆炸，即炸药意外爆炸称为爆破事故。一旦发生爆破事故，炸药爆炸释放的能量可能摧毁矿山设施、建筑物，伤害人员。因此，在加工制造、运输保管及使用炸药过程中，必须采取恰当的安全措施，避免发生炸药意外爆炸。

在矿山生产过程中有时要利用或产生可燃性气体，可燃性气体与适量的空气混合后，形成可燃性混合气体，遇到火源则可能发生猛烈的氧化反应，发生气体爆炸。例如，使用乙炔气体切割、焊接金属作业不慎，或电石受潮放出乙炔气体与空气混合后，通到明火火源则会发生乙炔气体爆炸。又如，空气压缩机中的润滑油雾化形成可燃性混合物，在高温高压下可能发生爆炸，毁坏空气压缩机及附属设施，伤害人员。此外，生产过程中某些可燃性粉尘弥散在空气中，遇到火源会发生粉尘爆炸。

压力容器爆炸是典型的物理爆炸。矿山生产中使用的各种高压气体贮罐、气瓶、空气压缩机的储气罐等压力容器，在其内部介质压力作用下发生破裂而爆炸。

## 7.5.2　矿内外因火灾原因及预防

### 1. 矿内外因火灾原因分析

金属非金属矿山井下存在的可燃物种类较少，主要是木材、油类、橡胶或塑料、炸药及可燃性气体等。其中，木材主要用于各种巷道、硐室的支架；油类包括各种采掘设备和辅助设备的润滑油、液压设备用油及变压器油等，橡胶、塑料主要用于电线、电缆包皮及电气设备绝缘等。矿山生产中广泛使用的硝铵类炸药，除了可以被引爆之外，受到明火引燃还能够发火燃烧。引起矿内外因火灾的引火源主要有明火、电弧和电火花、过热物体三类。

（1）明火。金属非金属矿山井下常见的明火有电石灯火焰、点燃的香烟、乙炔焰等。矿工照明用的电石灯，其火焰温度很高，很容易引燃碎木头、油棉纱等可燃物。香烟头的热量看起来微不足道，实际上因乱扔烟头引起火灾的例子却屡见不鲜。据实验测定，香烟燃烧时其中心温度约为 650~750℃，表面温度也有 350~450℃，在干燥、通风良好的情况下，随意扔在可燃物上的烟头可能引起火灾。矿山井下用于切割、焊接金属的乙炔焰，以及北方矿山井口取暖用的火炉（安全规程明令禁止用火炉或明火直接加热井下空气，或用明火烘烤井口冻结的管道）等，都可能引起矿山火灾。

（2）电弧和电火花。井下电气线路、设备短路、绝缘击穿、电气开关熄弧不良等，会产生强烈的电弧或电火花，瞬间温度可达 1500~2000℃，足以引燃可燃性物质。由于各种原因产生的静电放电也会产生电火花，引燃可燃性气体。

（3）过热物体。过热物体的高温表面是常见的矿山火灾引火源。井下各种机械设备的转动部分在润滑不良、散热不好或其他故障状态下，会因摩擦发热而温度升高到足以引燃可燃物的程度。随着矿山机械化、自动化程度的提高，井下电气设备越来越多。如果使用、维护不当，电气线路和设备可能过负荷而发热。另外，井下使用的电热设备、白炽灯也是不可忽视的引火源。例如，60~500W 的白炽灯点亮时，其表面温度约为 80~1109℃，内部炽热的钨丝温度可达 2500℃。

在散热不良而热量蓄积的情况下，可以引燃附近的可燃物。《金属非金属矿山安全规程》规定，井下不得使用电炉和灯泡防潮、烘烤和采暖。

此外，爆破时产生的高温有可能引燃硫化矿尘、可燃性气体或木材。

2. 矿内外因火灾的预防

由于矿内空气的存在是不可避免的，所以防止矿山外因火灾应该从消除、控制可燃物和外界引火源入手，并且避免它们相遇。一般地，可以采取如下具体措施：

（1）采用非燃烧材料代替木材。矿井井架及井口建筑物必须采用非燃烧材料建造，以免一旦失火殃及井下。入风井筒、入风巷道的支护要采用非燃烧材料，已经使用木支护的应该逐渐替换下来。井下主要硐室，如井下变电所、变压器硐室、油库等，都必须用非燃烧材料建筑或支护。

（2）加强对井下可燃物的管理。对井下经常使用的可燃物，如油类、木材、炸药等要严格管理。生产中使用的各种油类应该存放在专门硐室中，并且硐室中应该有良好的通风。油筒要加盖密封。使用过的废油、废棉纱等应该放入带盖的铁桶内，及时运到地面处理。

（3）严格控制明火。禁止在井口或井下用明火取暖；携带、使用电石灯要远离可燃物；教育工人不要随意乱扔烟头。

（4）焊接作业时要采取防火措施。在井口建筑物内或井下进行金属切割或焊接作业时，应该采取适当的防火措施。在井筒内进行切割或焊接作业时，要有专人监护，作业结束后要认真检查、清理现场。一般地，这类作业应该尽量在没有可燃物的地方进行。如果必须在木支护的井筒内进行金属切割、焊接作业时，应该在作业点周围挡上铁板，在下部设置接收火星、熔渣的设施，并指定专人喷水淋湿及扑灭火星。

（5）防止电线及电气设备过热。应该正确选择、安装和使用电线、电缆及电气设备，正确选用熔断器或过电流保护装置，电缆或设备电源线接头要牢固可靠。挂牢电线、电缆，防止受到意外的机械性损伤而发生短路、漏电。

## 7.5.3 矿内外因火灾原因及预防

矿山内因火灾是由于矿物氧化自燃引起的，金属非金属矿山的内因火灾主要发生在开采有自燃倾向硫化矿床的矿山。据粗略统计，我国已开采的硫化铁矿山的20%～30%，有色金属或多金属硫化矿的5%～10%具有发生内因火灾的危险性。矿山内因火灾是在空气供给不足的情况下缓慢发生的，通常无显著的火焰，却产生大量有毒有害气体，并且发火地点多在采空区或矿柱里，给早期发现和扑灭带来许多困难。

### 1. 硫化矿石自燃

硫化矿石在空气中氧化发热，是硫化矿石自燃的主要原因。硫化矿石的氧化发热过程可以划分为两个阶段。首先，硫化矿石以物理作用吸附空气中的氧分子，释放出少量的热，然后，转入化学吸收氧阶段，氧原子侵入硫化物的晶格，形成氧化过程的最初产物硫酸盐矿物，同时释放出大量的热，在通风不良的情况下，热量聚积而温度升高，加速矿石氧化过程。当温度超过 200℃时，硫化矿石氧化生成大量二氧化碳气体，放出更多的热量，逐渐由自热发展为自燃。

根据实验研究和矿内观察，导致自燃发生的基本要素包括矿石的氧化性或自燃倾向，空气供给条件，以及矿岩与周围环境间的散热条件。在实际矿山条件下，影响硫化矿石自燃发火的因素可归结为硫化矿石的物理化学性质、矿床地质条件、采矿技术条件三个方面。

### 2. 矿山内因火灾的早期识别

早期识别内因火灾，对防止火灾发生及迅速扑灭火灾具有重要意义。硫化矿石的自热与自燃过程中，往往在井巷内出现一些预兆。根据这些预兆，人们可以判断内因火灾已经发生，或判断自热自燃已经发展到什么程度。可以通过观测内因火灾的外部预兆、化学分析和物理测定等方法识别内因火灾。

（1）矿山内因火灾的外部预兆：

① 硫化矿石自热阶段温度上升，同时产生大量水分，使附近的空气呈过饱和状态，在巷道壁和支架上凝结成水珠，俗称"巷道出汗"。

② 在硫化矿石的自燃阶段产生 $SO_2$，人们会嗅到它的刺激性臭味。

③ 火区附近的大气条件使人感觉不适。例如，头疼、闷热，裸露的皮肤有微痛，精神过于兴奋或疲劳等。

这些预兆出现在矿石氧化自热已经发展到相当程度以后，甚至已经开始发火燃烧。况且，有时仅凭人的感觉和经验也不太可靠。所以，为了更早、更准确地识别矿山内因火灾，还要依赖于更科学的方法。

（2）化学分析法：分析可疑地区的空气成分和地下水成分，可以早期发现硫化矿石自燃。

① 分析可疑地区的空气成分。在有自燃发火危险的地区定期地采集空气试样进行分析，观测矿井空气成分的变化，可以确定矿石自热的有无及发展情况。当有木材参与自热过程时，基本上可以利用空气中的 $CO_2$、$CO$ 和 $O_2$ 含量的变化来判断。

② 分析可疑地区的地下水。硫化矿石氧化时产生硫酸盐及硫酸，并且析出的 $SO_2$，也容易溶解于水，使得矿井水的酸性增加，矿物质含量增加，甚至木材水解产物也增加。为了便于分析比较，必须预先查明正常条件下该地区地下水的成分，然后系统地观测地下水成分的变化，判断内因火灾的危险程度。

（3）物理测定法：通过测定可疑地区的空气温度、湿度和岩石温度，可以最直接、最准确地鉴别内因火灾的发生、发展情况。

系统地测定和记录可疑地区的空气温度和湿度，综合各种测定方法获得的资料，就可以做出正确的判断。当被观测地区的气温和水温稳定地上升，超过25℃以上时，可以认为是内因火灾的初期预兆。

为测定岩石温度，可以在预先钻好的 $4\sim5m$ 深的钻孔底部放入温度计（水银留点温度计、热电偶或温度传感器），孔内灌满水，孔口封闭。当岩石温度稳定地上升30℃以上时，认为自热过程已经开始了。

3. 预防矿山内因火灾的专门措施

防止硫化矿石自热自燃的基本原则是：减少、限制矿石与空气的接触以限制氧化过程，以及防止自热过程中产生的热量蓄积。

（1）合理选择开拓方式和采矿方法。合理地选择开拓方式和采矿方法，可以干净、快速地回采矿石，在时间上和空间上减少矿石与空气的接触。主要技术措施如下：

① 在围岩中布置开拓和采准巷道，减少矿体暴露，减少矿柱，并易于隔离采空区。

② 合理设计采区参数，加速回采，使开采时间少于矿石的自然发火期，并在采完后立即封闭。

③ 遵循自上而下、自远而近的开采顺序安排生产。

④ 选择合理的采矿方法，降低开采损失，减少采空区中残留的矿石和木材量，并避免它们过于集中。选用的采矿方法应该有较高的回采强度和便于严密封闭采空区。

（2）建立合理的通风制度。建立合理的通风制度可以有效地减少向采空区的漏风。

① 采用机械通风，保证矿井风流稳定，风压适中。主扇应该有反风装置并定期检查，保证能够在10min内使矿井风流反向。

② 选择合理的通风系统，降低总风压，减少漏风量。混合式通风方式最适合于有自然发火危险的矿井。采用并联方式向各作业区独立供风，既可以降低总

风压，又便于调节和控制风流。

③ 加强对通风构筑物和通风状况的检查和管理，降低有漏风处的巷道风阻，提高密闭、风门的质量，防止向采空区漏风。

④ 正确选择通风构筑物的位置。在通风构筑物，如风门、风窗或辅扇处会产生很大的风压差。应该把它们布置在岩石巷道中或地压较小的地方，防止出现裂隙向采空区漏风。另外，还要注意这些设施能否使通风状况变得对防火不利。

（3）封闭采空区或局部充填隔离。利用封闭或局部充填措施把可能发生自燃的地段与外界空气隔绝，可以防止硫化矿石氧化。用泥浆堵塞矿柱裂隙可以将其封闭。为了封闭采空区，除了堵塞裂隙外，还要在通往采空区的巷道口上建立防火墙。防火墙有临时防火墙和永久防火墙两类。临时防火墙用于暂时遮断风流，阻止自燃，以便准备灭火工作，或者用以保护工人在安全的条件下建造永久防火墙(见图 7.10)。临时防火墙应该结构简单、建造迅速。永久防火墙用于长期严密隔绝采空区，因而要求坚固和密实(见图 7.11)。为此，永久防火墙必须有足够的厚度，并且其边缘应该嵌入巷道周壁 0.5m 以上的深度。

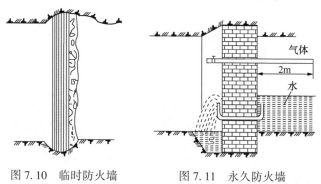

图 7.10　临时防火墙　　　　图 7.11　永久防火墙

用防火墙封闭采空区后，要经常检查防火墙的状况，观测漏风量、封闭区内的气温和空气成分。由于任何防火墙都不能绝对严密，所以必须设法降低封闭区进、回风侧之间的风压差。

当发现封闭区内有自热预兆时，应该采取灌浆等措施。

（4）预防性灌浆。预防性灌浆是把泥浆灌入采空区来防止硫化矿石自燃的方法。由黄土、砂子和水按一定比例混合制成的泥浆被灌入采空区后，覆盖在矿石上，渗入到裂隙中，把矿石与空气隔开，阻止氧化；另一方面，泥浆也增加了采空区封闭的严密性，减少漏风。泥浆脱水过程中的冷却作用可以降低封闭区内的温度，泥浆中的水分蒸发可以增加封闭区内的湿度。这样，灌浆不仅可以预防火灾发生，而且可以阻止已经发生的自燃过程，起到灭火作用。灌浆之前，先在巷道里建造防火墙封闭采空区。对灌浆材料的要求是：容易脱水，泥浆水排出流畅，渗透性强，能充填微小裂隙，收缩率小，不含可燃物，材料来源广泛和成本低等。一般采用地表沉积的天然黏土和粒度不超过 2mm 的砂子的混合物。

（5）均压通风防火。均压通风防火是利用矿井通风中的风压调节技术，使采空区的进出风侧的风压差尽量小，从而减少或消除漏风，防止硫化矿石自燃的方法。在已经发生火灾的情况下，利用均压通风，可以减少或控制对火区的供氧而达到灭火的目的。实现均压通风的方法很多，如风窗调节法、风机调节法、风机与风窗调节法、风机与风筒调节法，以及气室调节法。

（6）阻化剂防火。由一定的钙盐、镁盐类或其化合物的水溶液制成的阻化剂可以抑制、延缓硫化矿石的氧化反应。目前，这项新防火技术主要用于灌浆防火受到限制的地方。

# 第8章　充填采矿技术与绿色矿山建设

我国经济、文化、科技建设和社会发展，需要数量巨大的矿产资源，同时对环境保护提出了更高的要求。因此，近年来，采矿科学与技术迎来了难得的发展机遇和挑战。在高效开采矿产资源、有效保护自然环境、提高资源综合回收利用率等方面，充填采矿法具有独特的优势，使用范围正在进一步扩大。

## 8.1　充填采矿概述

### 8.1.1　充填采矿分类

充填采矿法在国内外金属矿山的应用历史悠久。目前，随着采矿技术的发展，全部机械化作业的充填采矿法已得到日益广泛的应用。解放初期所采用的充填采矿方法基本上只有干式充填。一般认为，充填材料和充填工艺是选择充填采矿法回采方案的重要前提。因此，通常根据充填材料和充填工艺的特征，将充填采矿法分为干式充填、水力充填和胶结充填三种类型。

（1）干式充填。它是将采集的块石、砂石、土壤、工业废渣等惰性材料，按规定的粒度组成进行破碎、筛分和混合，形成干式充填材料，用人力、重力或机械设备运送到待充填采空区，形成可压缩的松散充填体。

（2）水力充填。它是以水为输送介质，利用自然压头或泵压，从制备站沿管道或与管道相连接的钻孔，将山砂、河砂、破碎砂、尾砂、碎矸石或水淬炉渣等水力充填材料输送和充填到采空区。充填时，使充填体脱水，并通过排水设施将水排出。水力充填的基本设备（施）包括分级脱泥设备、砂仓、砂浆制备设施、输送管道、采场脱水设施以及井下排水和排泥设施。管道水力输送和充填管道是水力充填最重要的工艺和设施。砂浆在管道中流动的阻力，靠砂浆柱自然压头或砂浆泵产生管道输送压力去克服。选择输送管道直径时，需要先按充填能力、砂浆的浓度和性态算出砂浆的临界流速、合理流速和水力坡度等。

（3）胶结充填。它是将采集和加工的细砂等惰性材料掺入适量的胶凝材料，加水混合搅拌制备成胶结充填料浆，再沿钻孔、管、槽等向采空区输送和堆放，然后使浆体在采空区中脱去多余的水（或不脱水），形成具有一定强度和整体性的充填体；或者将采集和加工好的砾石、块石、碎矸石等惰性材料，按照配比掺入适量的胶凝材料和细粒级（或不加细粒级）惰性材料，加水混合形成低强度混凝土；或者将地面制备成的水泥砂浆或净浆，与砾石、块石、碎矸石等分别送入井下，将砾石、块石、碎矸石等惰性材料先放入采空区，然后采用压注、自淋、喷洒等方式，将砂浆或净浆包裹在砾石、块石等的表面，胶结形成具有自立性和较高强度的充填体。

## 8.1.2 充填采矿对矿产资源开发的重要意义

开采金属矿山的空场法、崩落法、充填法虽然都得到了长足的发展，但是充填采矿法，特别是胶结充填采矿法在最近三四十年中发展最快。因为它能最大限度地回采各种复杂地质条件下的难采矿体和深部矿体，特别适合开采贵重金属矿和铀矿。采用充填采矿法能保证地表不塌陷，能大量处理固体废物，对环境保护要求严格的地区，如风景名胜地区矿物的开采很适合。

虽然充填采矿法在常规条件下存在工艺复杂、效率较低和成本偏高等缺点，但是，如果因地制宜，方案选择合理，实际应用得当，科学管理水平较高，人员素质较好，特别是与井下无轨自行采矿设备和高浓度充填技术相结合，仍然可以获得很高的劳动生产率和矿石回收率，创造良好的经济效益和社会环境效益。

胶结充填采矿技术的出现和发展，给金属矿山，特别是有色金属矿、金矿、铀矿的开采带来了巨大而深远的影响，使得坑内采矿的诸多复杂的技术难题从此找到了解决的途径，具体表现在以下几个方面：

（1）胶结充填采矿技术可以应用到水平矿体、缓倾斜矿体、急倾斜矿体、分枝复合矿体等各种角度、各种厚薄、各种复杂多变的矿体，特别是厚大矿体，将大幅度提高矿柱回采率和出矿品位，因此可以最大限度地回收贵重金属和高品位矿石；

（2）采用胶结充填采矿技术可以有效地控制地压活动，缓解深部采矿时岩爆的威胁；

（3）采用胶结充填采矿技术可以有效地阻止岩层发生大规模移动，实现水平下、建筑物下采矿，同时保护了地表不遭破坏，维持原有的生态环境；

（4）采用胶结充填采矿技术可以对某些需要优先开采下部或底盘富矿的矿山实现"采富保贫"，而不会造成矿产资源的破坏和损失；

（5）胶结充填采矿技术能有效地隔离和窒息内因火灾，因而成为开采有自燃性硫化矿床的有效手段。

矿山充填，尤其铁矿矿山胶结充填是有效回采矿产资源、实现矿业可持续发展的重要保障。矿山胶结充填正在逐步成为采矿工业的关键技术，它不但在回收高品质矿产资源时可使矿山获得更好的经济效益，而且可提高资源效率，有效地回收难采矿床资源，减少对环境的破坏和保护自然环境，从而促进采矿工业满足矿山工业生态系统的要求。概括起来，矿山充填的生态学意义主要体现为以下几个方面。

（1）提高资源利用率。据有关部门对我国矿山进行统计，矿山的采矿回采率普遍很低。我国矿产资源总回收率只有 30% 左右，比世界平均水平低 15～20 个百分点。而矿山充填的主要特点就是能够充分地回采矿石，提高资源效率。矿产资源是不可再生的，因此提高矿产资源的利用率是当代人可持续发展战略的首要任务。另外，对于一些高品位矿床的开采，从矿山企业的经营目标出发，通过提高回采率和降低采矿贫化率，可以使矿山获取更好的经济效益。因此，矿山充填在这方面的生态学意义十分显著。

（2）储备远景资源。随着可持续发展战略在全球范围内的推行，矿产资源的合理开发不再仅局限于充分回收在当代技术条件下可供利用的资源，而且应该充分考虑到远景资源能得到合理保护。当代被采矿体的围岩也极有可能是远景资源，能在将来得到利用。但按照目前通常的观念，它们在现有技术条件下不能被利用，或根本还不能被认识到将来的工业价值。因而，在当代采矿活动中很少考虑远景资源在将来的开发利用，事实上在远景资源还不能明确界定的条件下也难以综合规划。因此，在开发资源的过程中，远景资源往往受到极大破坏，如崩落范围的远景资源就很难被再次开发，或者即使能开发也增加了很大的技术难度。此外，我国矿床的一个显著特点是共生、伴生矿床多，矿床伴生多种有用组分，铜的 1/4，金的 2/5，铝的 1/4 是赋存于伴生矿床中。目前我国矿山废弃物中的伴生矿物的价值往往相当于主矿物价值的 30%～40%，一些矿山甚至高于主矿物价值的几倍至几十倍。大量的资源在采选过程中损失浪费掉了。长此以往将使资源的紧缺程度进一步加剧。胶结充填可有效地抑制围岩的破坏，为将来开发远景资源创造良好的开采环境和技术条件，还可以通过充填将目前作为废料中的有用矿物持久地保存下来，直到能够被再次利用。因此，可以说矿山胶结充填是保护远景资源行之有效的技术途径。

（3）防止地表塌陷。采矿工业在索取资源的同时，也会因开采而在地下形成大量采空区，即矿石被回采后，遗留在地下的回采空间。用崩落法回采时，是在覆盖岩石下出矿，回采空间被崩落的矿岩所充满。使用空场法回采时，出矿后留下采空区。采空区的存在，使岩体中的应力重新分布，在空区的周边生应力集中形成地压，使空区顶板、围岩和矿柱发生变形、破坏和移动，出现顶板冒落和地表塌陷。但无论是崩落法的空区顶板崩落，还是空场法的采空区失稳塌陷，都会造成大量土地和植被遭受破坏。矿山开采诱发的地面崩塌、滑坡、塌陷等地质灾害已十分普遍，使生态环境受到严重破坏。因此，当代采矿活动已不再是单纯的经济活动，还必须与保护自然环境紧密结合起来。用充填法回采矿床时，回采空间随矿石的采出而被充填，是保护地表不发生塌陷、实现采矿工业与环境协调发展最可靠的技术支持。

（4）减少固体废料向地表排放。目前的采矿工业体系实际上是一个获取资源和排放废料的过程。采矿活动是向环境排放废弃物的主要来源，其排放量占工业固体废料排放量的 80%~85%。日积月累，堆存的尾矿数量越来越大。据报道，世界各国矿业开发所产生的尾矿每年达 50 亿 t 以上。据估计，我国全部金属矿山的尾矿堆存量已超过 60 亿 t，而且还以每年约 3 亿 t 的速度增加。随着矿业开发规模的增大和入选矿石品位的降低，尾矿堆存的数量还将逐年增大。大量尾矿的堆存，不仅占用大量土地，造成矿产资源的浪费，而且对生态环境造成严重污染。因此，对尾矿的治理和开发利用已成为 21 世纪世界各国共同关心的课题。现在的采矿工业模式显著增加了地表环境的负荷，不能满足可持续发展原则。而矿山充填则可以实现矿山废弃物作为资源被重新利用，达到尽可能地减少废料排放量的目标。

## 8.2 充填采矿技术现状

### 8.2.1 充填采矿技术的发展历程

随着目前探明矿产资源的不断消耗，采矿向深部发展，由于地压的增加和环境保护意识的增强，充填采矿技术的优势逐渐显现出来。与其他采矿方法相比，充填采矿法有提高矿石回采率、减少矿石贫化率、充分利用现有资源、有效控制地压和地表塌陷、优化矿区周围环境、防止内因火灾和"三下开采"等优点，加之充填采矿在充填材料的开发、充填回采工艺的改善以及输送技术等方面均有了新的进展，充填采矿目前已成为一种高效的开采方法。中国的充填技术经历了废石干式充填，分级尾砂、碎石的水力充填，混凝土、砂、废石的胶结充填，以及膏体充填的发展过程。而中国矿山数量多，开发与应用的充填工艺与技术类型多，尤其是近十余年来，新的充填技术的研究开发和推广应用方面均取得了长足的进步。中国的充填采矿技术发展大体分以下几个阶段。

第一阶段是 20 世纪 50~60 年代，均是以处理废弃物为目的的废石干式充填工艺。1995 年废石干式充填在有色金属矿产地下开采占 38.2%，在黑色金属矿床地下开采中竟达到了 54.8%。但废石干式充填因其效率低、生产能力小和劳动强度大，满足不了采矿工业的发展，国内干式充填采矿所占比重逐年下降，几乎处于被淘汰的地位。第二阶段是 60 年代开始应用水力充填工艺，1965 年在湖南锡矿山南矿为了控制大面积的地压活动，首次应用了尾砂水力充填采空区，有效地减缓了地表下沉；湘潭锰矿当时也采用了碎石水力充填工艺，以防止矿坑内因火灾等。

第三阶段是 20 世纪 70~80 年代，开始应用尾砂胶结充填技术，由于非胶结充填体无自立能力，难以满足采矿工艺高回采率和低贫化率的需要，所以在水砂充填工艺得以发展并推广应用后，开始采用胶结充填技术。20 世纪 70 年代细砂胶结充填在广东凡口铅锌矿、山东招远金矿和焦家金矿等矿山得以应用。这一时期的细砂胶结充填料主要以尾砂、天然砂和棒磨砂等作为充填集料，胶结剂为水泥。以分级尾砂、天然砂和棒磨砂等材料作为集料的细砂胶结充填工艺与技术日趋成熟，并已在广东凡口铅锌矿、甘肃小铁山铅锌矿、南京铅锌银矿、江西铜业集团公司武山铜矿、安徽铜都铜业安庆铜矿、金川集团公司二矿、湖北鸡冠嘴金矿、山东招远金矿等 20 几座矿山应用。其中湖北鸡冠嘴金矿用江砂充填，山东招远金矿用海砂加尾砂充填，金川集团公司二矿用棒磨砂充填，其他均为分级尾砂充填。

第四阶段是 20 世纪 90 年代以来，随着采矿工业的发展，原充填工艺已不能满足回采工艺的要求和进一步降低采矿成本或环境保护的需要。因而发展了高浓度充填、膏体充填、废石胶结充填和全尾砂胶结充填等新技术。国外有澳大利亚的坎宁顿矿，加拿大的基德克里克矿，德国的格隆德矿，以及南非、美国和俄罗斯的一些地下矿山都在近年来应用了这些充填工艺与技术。国内则分别在广东凡口铅锌矿、南京铅锌银矿、广西大厂铜坑锡矿、湖北丰山铜矿等矿山投产使用。

## 8.2.2 胶结充填技术的应用现状

在经历了干式充填法和水砂充填法后，进入了胶结充填法的研究阶段，在我国应用的充填工艺主要有尾砂胶结充填、废石胶结充填、高浓度全尾砂胶结充填、膏体泵送胶结充填和高水充填等。

### 1. 尾砂胶结充填

从 20 世纪 80 年代开始，细砂胶结充填开始广泛应用。尾砂胶结充填用尾砂、天然砂和棒磨砂等材料作为充填骨料，用水泥作为主要胶凝材料，集料与胶凝材料通过搅拌后制备成料浆，通过管道输送至采场进行充填，一般以自流输送为主。因此细砂胶结充填兼有胶结强度和适于管道输送的特点。虽然尾砂胶结充填具有较高的胶结强度和较好的管道输送特性，但是由于需要使用大量的水泥用以胶结骨料，进而大幅增加了充填成本，且受到自流管道输送浓度的限制，普通的尾砂胶结充填料浆质量浓度不高（一般 70% 以下），充入采场后，必须通过滤水设施排出大量的水，不仅增加了排水费用、污染了井下环境，而且还降低了充填体的强度。

### 2. 废石胶结充填

该技术是根据混凝土理论，在废石干式充填和砂浆胶结充填基础上发展起来的新型充填工艺。其本质是利用块石或废石或将一定量的粗骨料和胶结料浆混合作为充填骨料，水泥砂浆填充块石的间隙将其胶结成一个整体并充填于采场或采空区，用以控制矿山地压、防止地表塌陷。由于混合了粗骨料，使得该方法得到的胶结充填体具有较高的强度，并且无须采场脱水或极少脱水。同时也克服了混凝土胶结充填中物料配合要求高、需经机械混合和输送难度大等缺点，因而其适用范围较为广泛。

### 3. 高浓度全尾砂胶结充填

20 世纪 80 年代，全尾砂胶结充填技术在德国和南非等国进行了试验研究，在取得了一定成果后，在一些矿山进行了试验应用，如南非的西德瑞方登金矿。全尾砂在井下脱水后，砂浆质量浓度达到 70%～78%。该工艺是以物理化学和胶体化学的理论为基础，直接采用选厂的尾砂浆，经高效浓密机和真空过滤机两段脱水获取湿尾砂，应用振动放矿装置和强力机械搅拌装置，将全粒级尾砂与适量的水泥和水合成高浓度的均质胶结充填料，以管路输送、宾汉流体的方式充入采场。尾砂流量、水泥流量、加水量和混合料的质量浓度等参数均由微机处理系统自动检测。全尾砂胶结充填的尾砂利用率能够达到 95% 以上，该技术的应用，解决了许多矿山充填料不足的问题，而且有效地避免环境污染，大大减少尾矿库筑坝费用。但该工艺需用机械方法进行浓缩、过滤，工艺复杂，成本较高。

### 4. 膏体泵送胶结充填

传统的水力充填工艺，料浆浓度很难提高至 70% 以上，且通常需要对尾砂进行分级脱泥，其结果是充填尾砂的利用率低，充入采场后的充填体需要脱水。脱水时会带走充填料中的水泥，造成水泥流失，削弱充填体的强度，且造成井下严重污染。提高充填料浆的浓度是解决这类问题的关键。但由于受管道自流输送的限制，要想进一步提高料浆浓度，必须借助适当的设备，实现膏体充填。膏体充填中的充填材料是全尾砂或全尾砂与碎石的混合料。由于膏体充填料浆可使用全尾砂，充填料充入采场后不需要脱水，也不会出现分层离析的现象，进而减少了井下充填水污染及排水费用；充填体强度高且水泥耗量小，可以适当降低充填成本，凝固时间相对于自流充填短，可以减小充填作业循环周期，充填体易于接顶，有利于采场稳定和采矿作业安全性；膏体的稳定性、和易性和可泵性，使得实际操作中长距离管道输送成为可能。但是膏体泵送胶结充填也有一些缺点，例如：充填系统投资高，充填倍线要求大或需大功率泵送设备，充填管道容易堵塞等。

### 5. 高水充填

高水充填材料是利用高水速凝材料混合后形成的钙矾石具有较强固水能力的特点，实现较大范围浓度的胶结充填，由于其具有凝结速度快、早期强度高和施工方便等特点被广泛用于矿山井下充填、地下注浆、道路和地基建设等领域。但目前在实际应用过程中还受一些问题所制约，如水化速度快，凝结时间过短，在管道输送过程中易堵管，使用特种水泥成本高，由于其水化热大，导致其放热量大，反应温升高，对煤矿安全有隐患。因此高水充填的应用与发展在很大程度上受到制约。

尽管胶结充填的方式多种多样，尽管它们也各有千秋，然而在发展之中有许多基点却是共同的，这就是：

（1）掌握充填质量控制的"六因素"。改善和提高充填质量，使充填体能更有效地发挥作用。影响胶结充填最主要的就是胶凝材料、惰性材料、细粒级、温度、料浆浓度和化学特性六因素。

（2）研究管道输送优化的"五参数"。保证充填料浆的管道可输性、可靠性的五个主要参数是：料浆流量、管道直径、料浆黏性、管路长度、管路的垂直深度。

（3）实现理想的胶结充填的"四个目标"。在胶结充填中所制备的充填料浆的流动性要好，所形成的胶结充填体的强度要高，进入采空区后不脱水或少脱水，以及充填成本低、效益显著是胶结充填理想追求的四个目标。

（4）寻求价格低廉、来源丰富、生产简单、性能优越的新型胶凝材料，尽最大的努力减少胶凝材料的用量，以降低充填成本，提高企业经济效益。转变应用胶结充填的观念，扩大胶结充填的使用范围。

（5）实施矿山充填特别是胶结充填以保护人类环境。矿山胶结充填可以减少和防止环境工程地质灾害，利用工业废渣，处理和贮存工业废料，要从人类可持续发展的基点出发。

从上述基点出发，考虑研究与发展应用胶结充填技术，以实现矿山充填的相关价值，是一个值得研究的重大课题。进一步研究和开发胶结充填技术，以继续提高充填效率和降低充填成本，无疑是推广胶结充填的主要对策。但若局限于矿山充填和眼前因素而不转变观念，则难以使胶结充填在更广泛和更深层次上推广应用开来。正确认识充填与矿山的关系，正确认识胶结充填与长远利益的关系显然是非常重要的。

传统观念认为胶结充填成本高、效率低，只适用于开采技术条件复杂的高价矿产资源，而中低价矿产资源不管在什么条件下，也往往难以接受充填，大有"谈充色变"之势。然而事实却是，随着充填技术的发展，充填成本在开采总成本中所占的比例越来越小，即使是中低价矿产资源往往也可以通过降低矿产资源的损失与贫化所获得的效益而得到补偿，甚至可以使企业获得更丰厚的直接或潜在的经济效益。尤其是地面有建（构）筑物、道路交通干线、水体或其他制约条件时，采用胶结充填的综合效益将更为显著。在目前矿产资源开采中，通常的观念是尽可能地降低开采损失率和贫化率，而这只是针对当代矿产资源的合理开发而言。对于那些用现有技术还不能开采利用的远景资源，特别是有些远景资源在现代技术条件下甚至还不能被认识到其将来工业价值的以及二次资源等，缺乏保护性开采的意识，也就更谈不上采取相应的对策。然而胶结充填却能使人们在当代不能确定远景资源的情况下，为将来开发远景资源提供良好的开采环境，甚至可以说为综合开发和利用当代的和远景的矿产资源奠定了技术基础，是合理开发利用矿产资源的最佳技术途径。

# 8.3 金属矿山充填技术

## 8.3.1 工艺技术特点

空场嗣后充填法属于空场法与充填法联合开采方法，采场结构参数、采切工程布置以及回采工艺与空场法相同，只是增加了充填工序。根据空场法回采工艺的不同，采空区处理可以采用胶结和非胶结充填。由于空场法开采的矿岩条件一般都要求比较稳固，所以应尽可能采用非胶结充填，以降低充填作业成本。一般来说，当矿柱不需要回收而作为永久损失时，采空区可采用非胶结充填。

空场嗣后充填法的类别主要有分段空场嗣后充填法、大直径深孔空场嗣后充填法(含 VCR 法)。此外，还有房柱法、阶段矿房法、留矿法嗣后充填法等。

分段空场嗣后充填法和大直径深孔空场嗣后充填法的采矿效率较高，应用范围较大。一般矿体厚度小于 15~20m 时，沿走向布置矿块；矿体厚度大于 15~20m 时，垂直走向布置矿块；如矿体厚度特别厚大，超过 50~60m 时，可划分为盘区开采(如 100m×100m、150m×150m 的盘区)。

垂直走向布置矿块时，一般采用"隔三采一"或"隔一采一"。矿块宽度根据矿体和围岩的稳固性来确定，以 8~15m 为宜；当有一侧是矿体时，矿块需要胶结充填；当侧边矿块均已用胶结充填后，矿块可采用非胶结充填；当一个矿块的充填体需要为相邻的矿块提供出矿通道时，其底部约 10m 高需采用较高灰砂比的胶结充填料充填。

空场嗣后充填量大，有条件采用高效率的充填方式，但充填体必须具有足够的强度和站立高度，以保证回采过程中不因充填体的塌落造成过大的损失和贫化。

空场嗣后充填法的出矿一般采用铲运机，铲斗容积般为 3~10m³。铲运机越大，采场的综合生产能力就越高。采场的底部结构主要有两种方式：一种是平底结构，另一种是堑沟式结构。采用平底结构时，在大量出矿后，为了清除采场的剩余矿石，必须采用遥控铲运机进行清底。采用堑沟式结构时，原则上不需要遥控铲运机，但留下底柱不易回收。

加强出矿速度，采用强采、强出、强充，对于减少采场贫化是有益的，对于以后相邻采场的回采也是有利的。该方法中遥控铲运机的使用较为普遍，如加拿大 Brunswick 矿，采用遥控铲运机出矿量占 80%以上。

采场出矿完毕即进行充填准备和充填作业。充填准备工作包括砌隔墙、在采场内布置泄水管。分段空场嗣后充填法充填时隔墙较多，按安庆铜矿的经验，采场内的泄水管可采用波纹管，其上钻许多泄水眼，用漏水布缠绕，然后沿采场壁悬吊，并引至隔墙外。为了解决采场脱水的问题，最好的方法是采用膏体充填，使采场内不需脱水，并且可以较好地接顶。

当采用水力充填时，充填挡墙的构筑应当特别小心，充填挡墙承受的压力与采场的脱水是否良好有很大关系。为了安全起见，水力充填采场一般要分几次充填，以避免充填挡墙承受过高的饱和水压力。当采用膏体充填时，一般先采用含水泥比例较高的充填料，充填至出矿点眉线以上的高度，然后再以水泥含量较低的充填料，进行采场其余部分的充填。

国外部分矿山分段或阶段空场嗣后充填采矿法的基本尺寸，如表 8.1 所示。

表 8.1　国外部分矿山分段或阶段空场嗣后充填采矿法的基本尺寸

| 矿山名称 | 矿体 | 采场尺寸/ft | | | | 矿柱/ft | 运输道间隔/ft |
|---|---|---|---|---|---|---|---|
| | | 宽度 | 长度 | 高度 | 分段高度 | | |
| Kidd Creak（Belford，1981） | 大型硫化矿 | 79 | 98 | 299 | 98 | 70~98 | 397 |
| Torman（Matlkalnen，1981） | 大型石灰石 | 148~164 | 328~492 | 328 | 49~164 | 148~164 | |
| Rio Tinto（Botin and Singh，1981） | 大型硫化矿 | 66 | 66~164 | 131~236 | 131~236 | 41 | 174~276 |
| Mt，Isa（Goddard，1981） | 层状硫化矿 | 82~164 | 98 | 410~820 | 66 | 82 | 574~984 |
| Luaushya（Mabson and Russel，1981） | 层状硫化矿 | 39 | 39 | 115 | 36 | 16~32 | 164~230 |

注：1ft=0.3048m。

### 8.3.2　大直径深孔空场嗣后充填法典型方案(以冬瓜山铜矿为例)

1. 地质概况

冬瓜山铜矿位于青山背斜的轴部，赋存于石炭系黄龙组和船山组层位中，呈似层状产出，矿体产状与围岩一致，与背斜形态相吻合。矿体走向 NE35°~40°，矿体两翼分别向北西、南东倾斜，中部倾角较缓，而西北及东南边部较陡，最大倾角达 30°~40°。矿体沿走向向北东侧伏，侧伏角一般为10°左右。矿体赋存于−1007~−690m 标高之间，地表标高+50~+145m，埋藏深。1 号矿体为主矿体，其储量占总储量的 98.8%，矿体水平投影走向长 1810m，最大宽度882m，最小宽度204m，矿体平均厚度34m，最小厚度1.13m，最大厚度100.67m。矿体直接顶板主要为大理岩，矿体底板主要为粉砂岩和石英闪长岩。矿体主要为含铜磁铁矿、含铜蛇纹石和含铜矽卡岩。矿石平均含硫17.6%，硫铁矿中局部有少量胶状黄铁矿。

地表有大量的工业设施、民用建筑、道路和大面积高产农田，需要保护，地表不允许冒落。

2. 采矿方法

矿体厚大部分采用大直径深孔嗣后充填采矿法。将矿体划分为盘区，盘区尺寸为 100m×180m，每个盘区内布置 20 个采场，采场长 50m、宽 18m，矿房、矿柱按"田"字形布置，采场高度为矿体厚度。采场沿矿体走向布置，使采场长轴方向与最大主应力方向呈小角度角相交，让采场处于较好的受力状态，以利于控制岩爆。采场回采顺序采用间隔回采，从矿体中部开始，垂直矿体走向按"隔三采一"方式向两翼推进。

沿矿体走向每隔200m分别在顶、底板各布置一条采准斜坡道，每条采准斜坡道服务其两侧的盘区。从采准斜坡道掘进联络斜坡道通向盘区出矿穿脉，出矿穿脉布置在盘区中间，回风穿脉设在盘区两侧，在每个盘区设1~2条矿石溜井。从采准斜坡道掘联络斜坡道通向盘区凿岩穿脉，凿岩穿脉和凿岩硐室布置在盘区中间矿体顶盘围岩中，回风穿脉布置在盘区两侧。

回采凿岩选用 Simba 261 高风压潜孔钻机钻凿下向垂直深孔，炮孔直径$\phi$165mm。炮孔间距和排距为3.0~3.5m，一次钻完一个采场的全部炮孔，分次装药爆破，爆破采用普通乳化炸药。以采场端部的切割天井和拉底层为自由面倒梯段侧向崩矿形成切割槽，以切割槽和拉底层为自由面倒梯段侧向崩矿。崩落下的矿石用 EST-8B 电动铲运机装卸入矿石溜井，铲运机斗容5.4~6.5m³，采场残留矿石采用遥控铲运机回收。

采矿通风的新鲜风流由采准斜坡道经联络斜坡道进入工作面，污风经回风穿脉排到回风巷道，每个工作面均形成贯穿风流通风。

嗣后充填作业在采场出矿完毕后进行充填准备工作，从采场凿岩巷道吊挂外包滤布的塑料波纹泄水管，在出矿进路中构筑充填泄水挡墙，充填泄水挡墙采用钢筋柔性挡墙。充填料浆用充填管输送到采场凿岩巷道，从充填天井或残留炮孔进入采场。掘进废石通过坑内卡车运到充填巷道，从充填天井与尾砂同时卸入充填采场。大直径深孔空场嗣后充填法如图8.1所示。

3. 主要技术经济指标

盘区综合生产能力2400t/d，凿岩设备效率40m/(台·班)，铲运机出矿效率800t/(台·班)，贫化率8%，采切比80m³/kt。

### 8.3.3 分段空场嗣后充填采矿法典型方案(以巴基斯坦杜达铅锌矿为例)

1. 矿山开采技术条件

矿床赋存于产状近南北向的两翼不对称向斜地层中，向斜轴向北以西30°倾角侧伏，局部为45°，向斜西翼发育，倾角较陡，约50°~80°。矿化带投影延展范围南北方向为1100m，向北尚未封闭；东西宽约200m，分别被 DUDDAR 断层

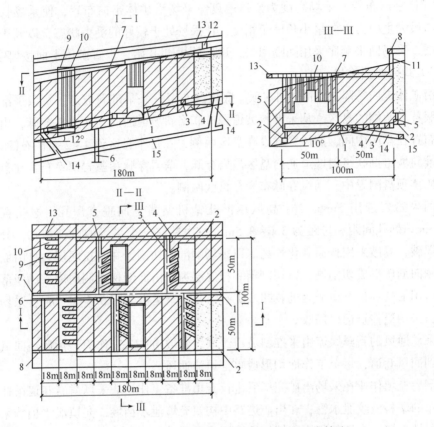

图 8.1　冬瓜山铜矿大直径深孔空场嗣后充填法

1—出矿水平出矿穿脉；2—出矿水平回风穿脉；3—出矿巷道；4—出矿进路；5—出矿回风天井；6—溜井；
7—凿岩水平凿岩穿脉；8—凿岩水平回风穿脉；9—凿岩巷道；10—凿岩硐室；11—凿岩回风天井；
12—充填天井；13—凿岩充填水平采准斜坡道；14—出矿水平联络斜坡道；15—出矿水平采准斜坡道

和 SPINGWAR 断层切断。矿体埋深在地表以下 75~1000m。中段矿化带的水平走向长度一般在 300~450m。根据矿床赋存特征，矿化区分为三个矿段，即层状矿段、网脉状矿段和层状-网脉状混合矿段。层状矿带的顶板包含厚度不等的泥岩和泥质石灰岩，即 Plat3 Member。顶板围岩 RQD 值 40%~90%，$Q = 2 \sim 24$，典型的顶板条件为好（即 $Q = 24$）。矿床向北，网脉矿段取代了层状矿段。网脉矿段向北侧伏，一直延伸到 SPINGWAR 和 UDDAR 断层交汇处，其 RQD 值为 40%~100%，$Q = 1.3 \sim 30$，典型 $Q$ 值为 25，网脉矿的稳固性一般为好~很好，但是这种情况随时可能因有断层或者局部有脱钙互层泥岩而变化很大。其顶板为泥岩和泥灰岩。矿体的直接下盘围岩为 Bambh Member（AB），其主要由灰岩和粉砂岩组

成。该岩层的稳固性一般比较好。该岩层向下为 Loralai Formation，其 ROD 值为
40%~100%，$Q=4~19.5$，其稳固性为一般~好。

锌矿体厚度 6~30m，平均厚度 13.82m，倾角 0°~77°，平均倾角 55°，矿体平
均走向长度为 63.33m，其中 100m 水平以上矿体平均厚度 9.14m，平均倾角 63°；
网脉矿体厚度 7~90m，平均厚度 59m，矿体倾角 69°~87°，平均倾角 78°，平均走
向长度为 60.82m。杜达矿床被很多大小断层所切割，风化层深度一般为 15~20m。
由于受断层的影响，其开采技术条件变化较大，对于断层的强度和复杂性有待进一
步调查研究。矿区地表有季节性河流经过，大气降水年最大量为 247mm；井下正常
涌水量 4000m³/d，最大涌水量 6000m³/d。地下水呈酸性并具有一定腐蚀性。矿石
含硫大约 30%。岩石抗压强度为 20~100MPa，矿石为15~200MPa。

2. 采矿方法的选择

根据杜达矿段的特点，杜达铅锌矿主要采矿方法为三种，即点柱上向分层充
填采矿法、分段充填采矿法、分段空场嗣后充填采矿法。本节只介绍分段空场嗣
后充填采矿法。

3. 分段空场嗣后充填采矿法

分段空场嗣后充填法主要用于杜达矿深部(地表 600m 以下，海拔 100m 水平
以下)的急倾斜厚大网脉矿体，矿岩稳固性中等，大部分矿体倾角 70°以上。分
段高度 20m。设计留永久间隔矿柱，采用废石与全尾砂膏体联合充填，取消大量
胶结充填以节约充填成本。

(1) 矿块布置与结构参数。矿块布置视矿体厚度而定，当矿体厚度小于 20m
时，沿走向布置；当矿体厚度在 20~40m 时，垂直走向布置；当矿体厚度大于
40m 时，垂直走向布置多个采场。设计考虑留永久间隔矿柱，尽量减少胶结充
填。中段自下向上回采最后一个分段高度为 14m，留 6m 作为顶柱不回收。构成
要素：矿块沿走向布置，长 40m，矿体宽为 20m，留 3~4m 宽间柱。采矿方法示
意见图 8.2。

(2) 凿岩与出矿设备。凿岩均采用 T-100 型中深孔钻机，装药采用 BQF-
100 型装药器。采场天井、矿石、废石溜井掘进使用 TDB16×16 型天井爬罐和
YSP45 型上向凿岩机，配移动式空压机。另外，部分平巷掘进使用 YT-28 型手
持凿岩机。采场出矿、分段掘进废石搬运，使用 Toro301D(3m³)型柴油铲运机和
DKC-12(10t)型坑内卡车，另配国产 2m³ 铲运机辅助作业。为确保采场出矿安
全，部分铲运机配遥控装置。

(3) 采准切割工程。采切工程包括脉外采准斜坡道、分段巷道、出矿溜井联
络巷道、矿石与废石溜井、分段出矿进路、拉底巷道、凿岩巷道、上部通风充填巷
道和矿块一端切割天井等。每个分段设两个矿石溜井、一个废石溜井。左右几个矿

块可共用一条溜井。每一分段水平在下盘脉外距矿体约 15~20m 掘进下盘沿脉巷道，自下盘沿脉垂直矿体走向施工出矿进路(每个采场 2 条)，随后在矿体内掘进拉底巷道。同时在上分段矿体内掘进凿岩回风巷道，并作为上分段回采时的拉底巷道。上下分段采准工程完成后掘进切割天井。采切巷道根据不同岩石情况采用喷锚或喷锚网等支护形式。

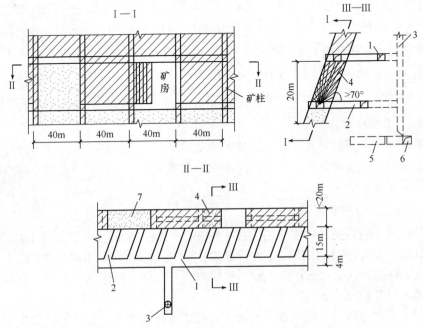

图 8.2　分段空场嗣后充填采矿法示意图

1—分段巷道；2—出矿进路；3—溜井；4—炮孔；5—穿脉；6—阶段运输平巷；7—充填体

（4）回采。中段高度 100m，分段高度 20m，分段间的回采顺序由下至上，矿块的回采自切割天井自由面开始，形成切割槽。从矿块一端工作面后退式回采。

① 穿孔爆破。矿块内配 1 台 T-10 型中深孔凿岩钻机。切割槽采用平行炮孔布置，回采炮孔采用上向扇形布置，炮孔直径为 φ76mm，孔深为 16~17m。最小抵抗线为 1.6m，排距为 2.2m，孔底距 2.6m。采用 BQF-100 型装药器装粒状铵油炸药，非电导爆系统起爆，侧向崩矿。每 4 排炮孔微差起爆，钻孔凿岩量 1144m，凿岩时间为 7.5d。吹孔装药崩矿、通风时间为 1.5d。

② 出矿。采用 Toro 301D（3m³）型柴油铲运机出矿，铲运机效率为 450~500t/(台·班)，运距按 100~150m 考虑。铲运机把采场矿石铲运到分段巷道的

矿石溜井，然后下放到下部主运输水平巷道。为确保安全，眉线以内的矿石用遥控铲运机出矿。

每次崩矿为11854t，出矿时间8d。出矿过程中的大块，采用凿岩爆破处理。采场作业循环时间见表8.2。

表8.2 采场作业循环时间表

| 作业内容 | 作业时间/d | 总计/d |
|---|---|---|
| 凿岩 | 7.6 | |
| 装药、爆破、通风 | 1.5 | 17 |
| 出矿 | 8 | |

（5）采切工程量及技术经济指标。分段空场嗣后充填法采场，采切比28.153m³/kt，每循环崩矿量为11854t，循环时间17d，采场综合生产能力为697t/d，考虑影响因素，生产能力平均达到600t/d。回采作业炸药单耗0.3072kg/t，回采直接成本3.42美元/t，充填成本1.35美元/m³。

（6）采场通风。凿岩、出矿时开启局扇通风。新鲜风流由中段运输道，经脉外采准斜坡道和小风井进入分段巷道，由分段出矿联络道进入采场，清洗工作面后，污风经本分段上部分段出矿联络道。污风汇入本中段回风溜井，由回风斜井抽出地表。

（7）采场充填与地压管理。为控制大范围的地压活动，防止地表下沉和保护地表河流、村庄、工业生活服务设施等，采空区充填采用废石与全尾砂膏体联合充填，采场出矿完毕，即进行采场充填。掘进废石尽可能充入空区，废石从掘进工作面用坑内卡车或铲运机通过上分段出矿进路直接运到充填采场。在采充不平衡时，可将废石存放于不再使用的溜井或稳固性好不需要充填的空场法采空区中，需要时再放出运至充填采场。剩余采场空区用全尾砂膏体充填。充填准备1d，充填作业23d。膏体充填设施主要包括地面充填制备站、充填钻孔和输送管路等设备。膏体充填料浆在地面制备站制成符合充填工艺要求的充填料浆后，通过膏体泵压输送，膏体料浆经充填钻孔、坑内中段平巷和分段巷道充入充填采空区。

废石与全尾砂膏体联合充填具有以下优点：

① 使大量井下掘进废石得到有效利用，废石不出坑，不仅降低了提升与充填成本，而且减少了矿山生产对环境的污染和破坏。

② 采用废石与全尾砂膏体联合充填，减少地面尾矿库的占地面积，而且达到了控制大范围的地压活动、防止地表下沉和保护地表设施的目的。

### 8.3.4 分层空场嗣后块石胶结充填采矿法典型方案(以老厂锡矿为例)

1. 矿体概况

老厂锡矿14-5号矿体是典型的接触带矽卡岩硫化矿床,埋藏深300m左右。地表位置为老厂大陡山一带,坑内为4033花岗岩墙以南东倾斜部,处于湾子街断裂尖灭部位两侧。断裂、节理、岩溶、裂隙较为发育,属于接触带的矽卡岩硫化物型多金属矿床,矿体形态在平面上呈等轴状展布。矿块为透镜体,最大部位最大厚度为60m。矿石类型复杂,矿物组合多样,主要矿石为硫化矿、含矿矽卡岩、氧化矿、矿化花岗岩。顶板为大理岩,中等稳固,$f=6\sim8$;底板为花岗岩和风化、半风化花岗岩,$f=4\sim14$,硫化矿为致密状,坚硬,$f=10\sim12$。开采储量为:矿石量65kt,锡金属828t,伴铜金属236t。矿体含硫量较高,均达22.74%,最高达36.56%;含砷0.84%,属于高硫易发火矿体,目前尚未发生过矿石自燃现象。

2. 开采技术条件

老厂锡矿14-5号矿体上部已用上向式水平分层胶结充填采矿法回采,上下部之间留有12m的间柱。矿体呈盆状产出,向NE倾斜。矿体平均长178m、宽152m,最大厚度为60m,倾角一般为0°~20°,最大为40°,为缓倾斜中厚矿体。除主元素Sn外,还伴生有Ca、S、$WO_3$、Bi、As等。脉外有可利用的主联道和相应的通风、排水、溜矿和废石运输系统,底部巷道建有沉淀水仓。

3. 分层空场嗣后块石胶结充填采矿法

(1)采准布置与结构参数:采准工程均布置在脉内,主进路沿矿体走向布置,矿房(柱)垂直走向布置;出矿进路高3m,一个分层回采高6m,进路回采宽5~6m,分段高度为18m,中段作业高度为36m;矿房(柱)宽5~6m、长40~50m。每个分层有相通的溜矿、通风和排水系统。在上分层掘进一条沿走向布置的块石充填运输巷道,在下分层沿走向掘进一条铲运机出矿巷道;水平及向上分层的巷道可在下分层的基础上挑顶形成。

(2)回采工艺:先开掘上分层块石充填运输联道及下分层铲运机运输道,下分层回采矿房或矿柱的进路施工到位后与上分层巷道贯通(形成第二个安全出口有利于回风)。每条回采进路中用1.0m×1.0m的锚杆网度实施护帮、护顶。按先采矿房后采矿柱的回采顺序由里向外按3~5m的步距逐条退采,当退采形成高6m、宽5~6m的采场时,利用采场回采爆堆的高度对采场的顶板和两帮进行锚杆或加网支护，锚杆的网度视矿石的稳固程度而定。

每退采 5~10m 后由上分层块石充填巷道下放块石充填，有效地减少采空区的暴露面积和控制地压。落矿采用手持式 YT-28 型气腿式凿岩设备，眼孔直径为 38~42mm，孔深 1.5~2m；使用 35mm 乳化炸药药卷(200g)、毫秒非电导爆管雷管起爆爆破；采用西德 LF-4.1 型铲运机在回采进路中出矿。采矿方法示意见图 8.3。

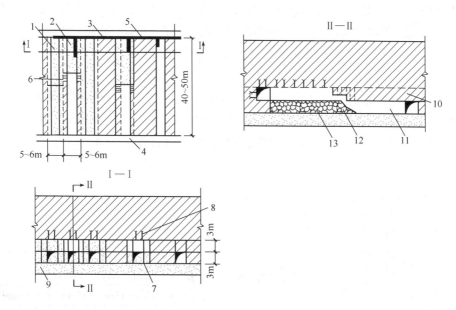

图 8.3　分层空场嗣后块石胶结充填采矿法

1—已充填矿房；2—回采中的矿柱；3—上分层块石充填巷道；4—下分层铲运机运输巷道；
5—充填管；6—落矿浅孔；7—回采中的矿房；8—锚杆；9—下部充填体；10—回采矿石中挑顶部分；
11—回采进路；12—挑顶下来的矿石；13—充填块石

（3）块石来源和选择：块石来源于掘进工作面和南部溜渣井，为了防止石渣含泥量过大，将块度大于 300mm 和小于 300mm 的块石分别存储。矿房充填块石时，选用块度 300mm 左右的块石，这样有利于砂浆与块石间的渗透，增加矿房边帮的自立性和整体的稳固性，有效地防止二次贫化和因安全问题带来的矿量损失。矿柱充填时选用小于 300m 的块石进行充填，含泥量偏大时，可在块石堆高 2.5m 时胶结铺面后再继续倾倒块石，进行二次充填。

（4）充填隔墙的布置与敷设：矿房回采结束后，充填隔墙一般布置在矿房口。矿柱回采时，由于两边矿房是充填体，稳固性和自立性比矿石差，回采矿柱

开门时不仅易造成巷道顶板暴露面积过大而增大支护工作量，而且破坏了铲运机运输道的稳固性。通过改进后，将充填隔墙从矿房口退7m左右（约是铲运机的长度）。开门时从原矿房口斜进至矿柱的开门位置，从而增大开门位置的安全性，减少了支护量，保障了铲运机运输道的稳固性。如图8.4所示。

敷设充填隔墙前，用铲运机从下分层运输道将块石抬至敷设充填隔墙的位置堆高，然后借助人工平整，在平整面上按要求敷设充填隔墙。充填隔墙设置在平整后的块石上，用木支柱插入块石固定，用木板进行封堵，再用草席、麻袋、纱布进行铺设，作为胶结充填过程中的滤水，高度以充填的块石堆高决定。这样既达到了滤水的效果，保证了充填接顶，又节约了充填隔墙的材料，降低了生产成本。

（5）充填管的吊挂：要求施工人员在施工时，沿矿房的长度方向每隔5m打一根锚杆，并在铺杆管缝里穿挂8号铁丝。充填管吊挂时，利用预置的铁丝将充填管沿顶板吊挂起来，保证充填管的高度和充填管摆动时的牢靠。如图8.5所示。

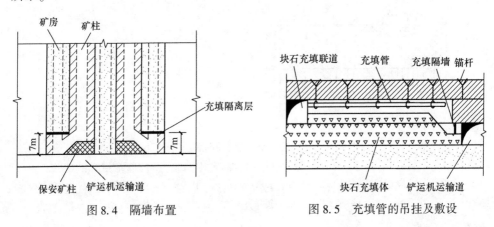

图8.4 隔墙布置　　　　　　　图8.5 充填管的吊挂及敷设

（6）充填工艺：

① 充填线路。地面充填制备站—充填下山—充填平巷—脉外充填井—待充矿房（柱）。

② 充填准备。采空区形成后，从充填巷道将充填管连至待充的矿房（柱）空区的边缘。充填滤水隔墙建立在矿房（柱）出矿进路的端部，并用草席、麻袋、纱布隔离，以保证充填体的质量，减少贫化和损失。块石堆放在指定场所集中待用，且块度应在300mm左右。

③ 矿房充填。利用铲运机将集中堆放的块石经块石充填巷道正向倒入空区

内，块石按自然流淌的规律堆积成 45°估算，当锥顶点达到 4~4.5m 时，块石堆坡角基本到达滤水隔墙口，此时块石占整个矿房空区体积的 40%左右，剩余 60%的空区体积由充填制备站输送灰砂比为 1∶(5~6)的水泥砂浆胶结充填。细砂与块石间的渗透率按 10%~15%计。

④ 矿柱充填。矿柱充填时，由上分层铲运机将集中的块石正向倒入空区内，当铲堆至滤水隔墙口时，反向倒堆，堆高 4.5~5m。此时块石占整个矿柱空区体积的 85%左右。然后用灰砂比为 1∶(5~6)的水泥砂浆胶结充填。

⑤ 排水。充填浸出的水部分从隔墙滤出，部分从上分层块石充填巷道排出至下部水仓，沉淀后用泵排至-100m 中段，流入排水系统。

⑥ 顶板管理。矿房(柱)采空后，形成的暴露面积约为 240~300m²，高为 6m 的空区(块石回填后为 3~4m)。由于回采、充填作业都是在暴露的顶板下进行，顶板管理工作成为回采过程中一个重要环节。顶板管理工作随回采进路的施工同步进行。第一个步距挑顶工程形成后，在爆堆上选用 1.5~1.8m 长的锚杆，按 1.0m×1.0m 的网度进行支护，局部松散采用锚网联合支护。同时对矿房(柱)的边帮进行锚网支护。出矿时，监护人员站在爆堆上人工清理顶部、两帮的浮矿，并实行出矿过程专人监护制，随时观察，出现隐患及时处理，确保整个出矿过程的安全。

### 8.3.5 分段凿岩阶段空场嗣后干式充填采矿法典型方案(以黄沙坪矿为例)

#### 1. 特点及结构尺寸

分段凿岩阶段空场嗣后干式充填采矿法的特点是分段凿岩阶段空场，该法要求将中段矿体划分为矿块，矿块又分为矿房和房间柱，首先回采矿房，根据矿房空区的处理情况来确定房间柱和底柱的回采。矿房回采过程中暂留阶段矿房高度的空区，利用矿房周围的矿柱来支撑围岩，形成在阶段空场下出矿。

根据矿体厚度不同，矿块分为沿走向布置和垂直走向布置。黄沙坪矿多金属矿床以矿厚 15m 为界，矿厚小于 15m 时矿块沿走向布置，其矿块尺寸为长 66m、高 37m、宽为矿体厚度；矿厚大于 15~20m 时矿块垂直走向布置，其矿块尺寸根据矿体的安全暴露面积和矿体厚度来确定。一个矿块沿倾向划分为底柱和分段，底柱高度由底部结构确定，黄沙坪矿多金属矿床采用双电耙单侧斗川配堑沟的底部结构，其高度为 6.4m，斗川交错布置，但当矿体厚度小于 8m 时，则应采用单电耙单侧斗川配堑沟的底部结构；分段高度则由矿体厚度和分段巷道的位置来确

定，矿体厚度小于 15m 且分段巷道居中时，分段高度应小于 15m；矿体厚度大于 15m 且分段巷道居中时，分段高度应小于 12m。一个矿块沿走向划分为矿房和房间柱，矿房长 60m，房间柱长 6m，如图 8.6 所示。

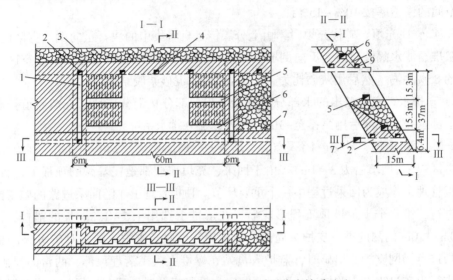

图 8.6　分段凿岩阶段空场嗣后干式充填采矿法
1—人行天井；2—装矿穿脉；3—充填废石；4—充填穿脉；5—凿岩平巷；
6—堑沟平巷；7—阶段运输平巷；8—斗川；9—电耙道

### 2. 采准切割

根据黄沙坪矿目前的施工设备和技术条件，底部结构采用普通法施工，采准的凿岩用 YT-25 和 01-45 型凿岩机，出渣用 30kW 和 5.5kW 电耙。采准的顺序为：阶段运输平巷—装矿穿脉—电耙道—斗川—堑沟平巷—矿房中央切割通风天井、房间柱的人行通风天井—充填穿脉—分段凿岩平巷—切割平巷。

各采准工程规格，在底柱内，沿走向布置 2 条电耙道，但当矿体厚度小于 8m 时，则应采用 1 条电耙道，电耙巷道规格为 2m×2m，单侧配斗川，电耙道间距为 10m，电耙硐室布置在矿房间柱内；沿走向布置一条堑沟平巷，其规格为 2.7m×2.7m；堑沟平巷与电耙道通过斗川连通，斗川间距为 7m，斗川规格为 2m×2m；电耙道与阶段运输平巷由装矿穿脉连通，装矿穿脉规格为 2m×2m；电耙道尾部由联络道相通，联络道规格为 2m×2m。沿矿房中央和房间柱中央分别掘进切割天井和人行天井，切割天井规格为 3m×3m，人行天井规格为 2m×2m，切割天井和人行天井通过充填穿脉和装矿穿脉与上中段阶段运输平巷连通；充填穿脉规格为 2m×2m，充填穿脉相距 15m 布置一条；距堑沟平巷 10～15m 处沿走向掘进分段凿岩平巷，其规格为 2.7m×2.7m；堑沟平巷和分段凿岩平巷通过切割天井和人行天井连通；从堑沟平巷和分段凿岩平巷掘切割穿脉，切割穿脉规格为 2.7m×2.7m。

3. 矿房回采

在分段凿岩巷道内钻凿上向扇形中深孔，炮孔全部打钻凿完后才开始崩矿。每次每分段爆破 3~5 排炮孔，用微差非电导爆管雷管分段爆破，上下相邻分段之间一般保持垂直工作面或上分段超前下分段 1~2 排炮孔，以保证上分段爆破作业的安全。回采过程中留阶段高度的空区，人在巷道内作业，本阶段出矿，事后废石充填处理采空区。矿房回采从矿房的中央切割槽向两翼后退式推进，回采至房间柱附近时应严格控制凿岩质量和一次爆破炸药量，严禁超采超挖。

（1）凿岩：采准切割工程完成后即可开始凿岩。采用 YGZ-90 型凿岩机在堑沟平巷和分段凿岩平巷中钻凿上向扇形中深孔，中深孔的孔径 60~65mm，掘上向炮眼是目前国内采用分段凿岩阶段矿房法的矿山中使用最普遍的一种钻孔方式，它崩落的矿石大块较多，一般为了减少这种情况的发生，要控制炮孔的装药量、钻孔方式和炮孔的参数。为使凿岩过程中排粉顺畅，水平孔应略微向上倾斜，倾角可取 3°~5°，一般取 3°。凿岩工在进行作业时，必须检查工作面是否有松石、盲炮、残药，发现后必须及时处理，不准在松石下打眼。

为了避免二次破碎污浊风流影响凿岩工作，一般情况下，一个矿房中的炮孔全部钻凿完后，再分次进行爆破。

首先在堑沟平巷和分段凿岩平巷钻凿以切割天井为自由面的拉槽平行中深孔，拉槽中深孔的参数为：排距 1.0m，孔底距 1.0m。其次在切割穿脉钻凿以切割槽为自由面的扇形中深孔，扇形中深孔的参数为：排距 1.2m，孔底距 2.0~2.4m。最后在堑沟平巷和分段凿岩巷钻凿以切割穿脉爆破所形成的补偿空间为自由面的扇形中深孔，扇形中深孔的参数为：排距 1.2m，孔底距 2.0~2.4m。

（2）装药爆破：用乳化炸药为回采爆破炸药，采用 BQF-100 型风动装药器装药。装药前先用高压风清洗炮孔，然后测量孔深、倾角及偏差情况。按照现场实测，调整设计装药量和起爆顺序，按调整后的设计要求进行装药。装药器由 4 人操作：1 人上药，1 人操作排料阀及搅拌，2 人配合持输药管及安放非电导爆管。采用非电毫秒导爆管网络起爆。

（3）出矿：崩下的矿石落入由堑沟平巷形成的堑沟内，再经斗川进入电耙道，用 2DPJ-55 型电耙（耙斗容积为 0.55m³）将电耙道内的矿石耙入装矿穿脉的矿车内。电耙绞车安置在电耙硐室内，用短锚杆和坑木固定。

（4）支护：根据黄沙坪矿矿岩条件，必须对顶板节理裂隙比较发育的采场进行护顶。护顶方法由客观实际情况确定。

（5）充填：出矿完毕后，用混凝土封住斗川底部，嗣后利用废石一次充填采空区。

在上中段充填穿脉内利用矿车翻充废石处理采空区，为解决废石充填在采空区只能形成半个圆锥体，空区废石充填量受到很大的限制这一大难题，应采取如下措施：将充填穿脉掘进穿过矿体且相距15m布置一条，这样位于阶段充填穿脉下面，且与充填穿脉贯通的空区可以采用矿车直接翻充。翻充充满后，将铁路接入空区继续翻充，直至充满。此法充填平巷顶板距岩渣2.5m左右，不能接顶。为保证充填安全，铁路每隔10m用木垛支撑，铁路下部每间隔2m用钢梁固定，钢梁用钢丝绳吊在空区顶板上，钢梁铺上厚5cm的木板，形成翻车平台，人员站在翻车平台上翻车。

为了破坏废石充填在采空区所形成的圆锥体和使废石充填尽可能地接顶，从而保证底柱回采的安全，应在充填穿脉的废石堆上采用YQ-100型潜孔钻机钻下向孔，装药爆破。

（6）通风：新鲜风流由下阶段运输平巷，经装矿穿脉、电耙道、斗川、堑沟进入工作面。为了避免上下风流混淆，采用分段集中凿岩（全部炮孔钻完），分次爆破，使出矿污风不影响凿岩工作。采场污风经工作面，由通风切割天井和充填穿脉排入上阶段运输平巷。

（7）主要技术经济指标：矿房回采主要技术经济指标列于表8.3。

表8.3　矿房回采主要技术经济指标

| 序号 | 指标 | 数目 | 备注 |
|---|---|---|---|
| 1 | 矿块地质储量/kt | 123 | |
| 2 | 采切比/（m/kt） | 5.37 | 矿石5.08，废石0.29 |
| 3 | 采矿回收率/% | 75.18 | 矿房回收占矿块地质储量的百分比 |
| 4 | 采矿贫化率/% | 5 | |
| 5 | 采出矿石量/kt | 97.1 | |
| 6 | 矿房生产能力/（t/d） | 400~500 | |
| 7 | 劳动生产率 | | |
| | 凿岩工效/[t/（工·班）] | 65 | 2人/台班，每米崩矿量为4.36t |
| | 每米炮孔崩矿量/（m·t） | 4.36 | |
| | 耙矿工效/[t/（工·班）] | 35 | 2人/台班，作业率为30% |
| | 采矿工效/[t/（工·班）] | 40 | |

续表

| 序号 | 指标 | 数目 | 备注 |
|---|---|---|---|
|  | 主要材料消耗 | | |
| 8 | 炸药/(kg/t) | 0.36 | 2号乳化炸药 |
|  | 雷管/(个/t) | 0.031 |  |
|  | 导爆索/(m/t) | 0.244 |  |
|  | 钎杆/(kg/t) | 0.046 |  |
|  | 钎尾/(kg/t) | 0.02 |  |
|  | 钎头/(个/t) | 0.004 |  |
|  | 连接套/(个/t) | 0.005 |  |
|  | 导爆管/(个/t) | 0.09 |  |
|  | 木材/(m³/t) | 0.0005 |  |

## 8.3.6 空场嗣后充填法综述

分段空场、分层空场、分段凿岩的阶段空场、大直径深孔阶段空场嗣后充填法的优点是：适合用机械化开采，采矿效率高，可以达到100t/(工·班)以上；采场生产能力中等到高，有些矿山采场能力可以达到1000t/d以上；安全，通风条件好；矿石回收率高，可以达到90%；贫化率低，一般在10%~15%，大部分矿山能控制在20%以内；达产快，一旦采场爆破开始，可以立即形成出矿能力。

缺点是在采场形成出矿能力之前，需要大量的采切工程，尤其是分段空场法；不能选择性开采，适应顶、底板边界变化较差；当矿体倾角较缓的时候，效率降低，贫化增加。

空场嗣后充填法的实质，是用空场法采矿和对采空区进行嗣后充填处理，利用充填体的支撑作用，最大限度地保证矿山生产安全，同时便于回收矿柱和减少贫化损失。另一方面，将矿山生产中的废石、尾矿等回填到采空区中，可减少对地面环境的影响。由于可以满足矿石回采率和保护地表环境的两方面要求，现今应用空场嗣后充填法的矿山越来越多。随着采矿工业的发展，空场嗣后充填法的应用范围有不断扩大的趋势。

# 第9章 通风工程技术与绿色矿山建设

矿井通风是利用机械或自然通风动力，使地面空气进入井下，并在井巷中作定向地流动，最后排出矿井的全过程。矿井通风是矿井生产环节中最基本的一环，它在矿井建设和生产期间始终占有非常重要的地位。它的作用是供给井下足够的新鲜空气，满足人员对氧气的需要；冲淡井下有害气体和粉尘，保证安全生产；调节井下气候条件，创造良好的工作环境。

## 9.1 矿井通风基础知识

### 9.1.1 矿内大气

矿井的空气主要来自地面空气，地面空气进入井下后，会发生一些物理、化学的变化，所以，矿井空气的组分无论在数量上还是质量上和地面空气都有较大的差别。

1. 矿内空气

地面空气进入矿井以后即称为矿井空气。正常的地面空气进入矿井后，当其成分与地面空气成分相同或近似，符合安全卫生标准时，称为矿内新鲜空气。由于井下生产过程产生了各种有毒有害的物质，使矿内空气成分发生一系列变化。其表现为：含氧量降低，二氧化碳量增高，并混入了矿尘和有毒有害气体（如 $CO$、$NO_2$、$H_2S$、$SO_2$ 等），空气的温度、湿度和压力也发生了变化等。这种充满在矿内巷道中的各种气体、矿尘和杂质的混合物，统称为矿内污浊空气。

矿内空气主要成分包括：

（1）氧（$O_2$） 氧气为无色、无味、无臭的气体，相对密度为 1.11。它是一种非常活泼的元素，能与很多元素起氧化反应，能帮助物质燃烧和供人和动物呼吸，是空气中不可缺少的气体。

空气中的氧少了，人们的呼吸就感到困难，严重时会因缺氧而死亡。当空气中的氧减少到 17% 时，人们从事紧张的工作会感到心脏和呼吸困难；氧减少到

15%时会失去劳动能力；减少到10%～12%时，人会失去理智，时间稍长对生命就有严重威胁；减少到6%～9%时，人会失去知觉，若不急救就会死亡。

我国矿山安全规程规定，矿内空气中氧含量不得低于20%。

（2）二氧化碳（$CO_2$）　$CO_2$是无色，略带酸臭味的气体，相对密度为1.52，是一种较重的气体，很难与空气均匀混合，故常积存在巷道底部，在静止的空气中有明显的分界。$CO_2$不助燃也不能供人呼吸，易溶于水，生成碳酸，使水溶液呈弱酸性，对眼鼻、喉黏膜有刺激作用。

当空气中$CO_2$浓度过大，造成氧浓度降低时，可以引起缺氧窒息。当空气中$CO_2$浓度达5%时，人就出现耳鸣、无力、呼吸困难等现象；达到10%～20%时，人的呼吸处于停顿状态，失去知觉，时间稍长就有生命危险。

我国矿山安全规程规定：有人工作或可能有人到达的井巷，$CO_2$浓度不得大于0.5%；总回风流中，$CO_2$浓度不超过1%。

（3）氮气（$N_2$）　氮气是一种惰性气体，无色无味，相对分子质量为28，标准状态下的密度为$1.25kg/m^3$，是新鲜空气中的主要成分。$N_2$本身无毒、不助燃，也不供呼吸。除了空气本身的含$N_2$外，矿井空气中$N_2$主要来源是井下爆破和生物的腐烂，煤矿中有些煤岩层中也有$N_2$涌出，但金属、非金属矿床一般没有$N_2$涌出。

2. 矿内空气中常见的有害气体

金属矿山井下常见的对安全生产威胁最大的有毒有害气体有：一氧化碳（CO）、二氧化氮（$NO_2$）、二氧化硫（$SO_2$）、硫化氢（$H_2S$）等。这些有毒有害气体的来源包括井下爆破作业产生的炮烟、柴油机工作时产生的废气、高硫矿床硫化矿物的缓慢氧化、井下失火引起坑木燃烧等。

（1）一氧化碳（CO）　一氧化碳是无色、无味、无臭的气体，对空气的相对密度为0.97，故能均匀地散布于空气中，不用特殊仪器不易察觉。CO微溶于水，一般化学性不活泼，但浓度在13%～75%时能引起爆炸。

我国矿山安全规程规定：矿内空气中CO浓度不得超过0.0024%（24ppm），按质量计算不得超过$30mg/m^3$。爆破后，在通风机连续运转条件下，CO的浓度降至0.02%时，就可以进入工作面了。

（2）氮氧化物（$NO_x$）　炸药爆炸可产生大量的一氧化氮和二氧化氮，其中的一氧化氮极不稳定，遇空气中的氧即转化为二氧化氮。二氧化氮是一种褐红色有强烈窒息性的气体，对人体危害最大的是破坏肺部组织，引起肺水肿。对空气的相对密度为1.57，易溶于水，而生成腐蚀性很强的硝酸。

我国矿山安全规程规定：$NO_2$ 浓度不得超过 0.00025%（2.5ppm）。

（3）硫化氢（$H_2S$）  硫化氢是一种无色有臭鸡蛋味的气体。它对空气的相对密度为 1.10，易溶于水。硫化氢具有很强的毒性，能使血液中毒，对眼睛黏膜及呼吸道有强烈的刺激作用。我国矿山安全规程中规定：井下空气中硫化氢含量不得超过 0.00066%（6.6ppm）。

（4）二氧化硫（$SO_2$）  二氧化硫是一种无色、有强烈硫黄味的气体，易溶于水，对空气相对密度为 2.2，常存在于巷道的底部，对眼睛有强烈刺激作用。$SO_2$ 与水蒸气接触生产硫酸，对呼吸器官有腐蚀性，使喉咙和支气管发炎，呼吸麻痹，严重时引起肺水肿。

我国矿山安全规程规定：空气中 $SO_2$ 含量不得超过 0.0005%（5ppm）。

3. 矿尘

在开采有用矿物的生产过程中，所产生的一切细散状矿物和岩石的尘粒，称为矿尘。从胶体化学的观点来看，含有粉尘的空气是一种气溶胶，悬浮粉尘散布弥漫在空气中与空气混合，共同组成一个分散体系，分散介质是空气，分散相是悬浮在空气中的粉尘粒子。

矿尘是一种有害物质，它危害人体的健康。当它落于人的潮湿皮肤上，有刺激作用，而引起皮肤发炎。特别是硫化矿尘。它进入五官亦会引起炎症。有毒矿尘（铅、砷、汞）进入人体还会引起中毒。

矿尘危害最大的是，当人长期吸入含有游离二氧化硅（$SiO_2$）的矿尘时，会引起硅肺病。

根据《关于防止厂矿企业中矽尘危害的决定》规定，作业场所空气中粉尘允许浓度：含游离二氧化硅大于 10% 者，不得超过 $2mg/m^3$；小于 10% 者，不得超过 $10mg/m^3$。

4. 放射性气体

开采铀矿床及含铀、钍伴生的金属矿床时，必须注意对空气中的放射性气体的防护。矿内空气中对工人造成危害的放射性气体主要是氡及其子体。氡是一种无色、无味、透明的放射性气体，其半衰期为 3.825d。氡是一种惰性气体，一般不参加化学反应。由氡到铅的衰变过程中所产生的短寿命中间产物统称为氡的子体。这些氡子体具有金属特性和荷电性，与物质粘附性很强，易于矿尘结合、黏着，形成放射性气溶胶。

氡子体对肺部组织的危害，是由于沉积在支气管上的氡子体在很短的时间内把它的 α 粒子全部潜在的能量释放出来，其射程正好可以轰击到支气管上皮基底细胞核上，这正是含铀矿山工人患肺癌的原因之一。

## 9.1.2 矿井通风系统

矿井通风系统是向矿井下各作业地点供给新鲜空气，排出污浊空气的通风网路、通风动力和通风控制设施的总称。矿井通风系统对资源的安全开发有着极其深远的影响。

矿井通风系统可分为若干类型。根据矿井通风系统的结构可分为统一通风和分区通风；根据进、回风井的布置位置可分为中央式、对角式、分区式及混合式通风；根据主扇的工作方式可分为压入式、抽出式和混合式通风；根据主扇的安装地点可分为井下、地表和井下地表混合式通风。

1. 统一通风与分区通风

一个矿井构成一个整体的通风系统称为统一通风，一个矿井划分若干个独立的通风系统，风流互不干扰，称为分区通风。拟定矿井通风系统时，应首先考虑采用统一通风还是分区通风。

分区通风的各通风系统是处于同一开拓系统中，但各自有独立的通风动力，一套完整的进、回风井巷，它们在通风系统上是相互独立的。但由于存在于同一开拓系统，所以各系统井巷间存在一定的联系。

比较统一通风与分区通风系统，分区通风具有风路短、阻力小、漏风少、费用低以及风路简单、风流易于控制、有利于减少风流串联和合理进行风量分配等优点。因此，在一些矿体埋藏较浅且分散的矿井开采浅部矿体时期，得到广泛的应用。但是，由于分区通风需要具备较多的入排风井，它的推广使用受到一定的限制。

2. 中央、对角和混合式通风

每一个矿井的通风系统至少要有一个可靠的进风井和一个可靠的回风井。按入风井、回风井的位置关系，通风井的布置方式有中央并列式、中央对角式和侧翼对角式三种，相关内容已在第3章做了介绍。

混合式通风则是由上述诸种方式混合组成。例如中央分列与两翼对角混合式、中央并列与两翼对角混合式等。混合式通风的特点是进、出风井的数量较多，通风能力大，布置较灵活，适应于井田范围大、地质和地表地形复杂、生产规模较大、瓦斯涌出量大的矿井。

3. 压入、抽出和混合式通风

主扇风机的工作方式有三种：压入式、抽出式、混合式。不同的通风方式，矿井空气处于不同的受压状态，同时，在整个通风路线上形成了不同形式的压力分布状态，从而在进、回风量、漏风量、风质和受自然风流干扰的程度等方面出现了不同的通风效果。

（1）压入式通风　压入式通风，主扇安设在入风井口，在压入式主扇的作用下，整个通风系统都处在高于当地大气压力的正压状态。在进风侧高压的作用下新鲜风流沿指定的通风路线迅速进入井下用风地点。

压入式通风由于使整个通风系统都处于正压状态，所以，有利于控制采空区、老窑等地点的有毒有害气体外逸而污染矿井空气。但主扇风机一经因故停止运转，它所服务的巷道系统内空气压力下降，使采空区内有毒有害气体向停风区域涌出，可能导致停风区域巷道内有毒有害气体浓度超限，或使巷道中的氧气浓度下降，严重时可使人员缺氧窒息。同时，压入式通风的风门等风流控制设施均安设在进风段巷道，进风段巷道其中有些是交通要道，人员、车辆或提升容器通过频繁，风门易受损坏，井底车场漏风大，不易管理和控制。

（2）抽出式通风　抽出式通风的矿井主扇安设在回风井口。抽出式主扇的工作使整个矿井通风系统处在低于当地大气压力的负压状态。在回风侧高负压的作用下，用风地点的污风迅速进入回风系统，污风不易扩散。

与压入式通风比较，抽出式通风由于使整个通风系统都处于负压状态，所以，对于有自燃发火、瓦斯等危险的矿井，具有防止一旦停风时瓦斯等有毒有害气体大量涌出的作用。同时，风流的调节控制设施均安设在回风巷道，不妨碍行人、运输，管理方便。但不利于控制采空区、煤矿老窑等地点的有毒有害气体外逸而污染矿井空气。

（3）混合式通风　主扇风机压抽混合式通风要在进风井口设一台风机作压入式工作，回风井口设一台风机作抽出式工作。通风系统的进风部分处于正压状态，回风部分处于负压状态。这种通风方式兼有压入式和抽出式两种通风方式的优点，是提高矿井通风效果的重要途径。但混合式通风所需通风设备较多，通风动力消耗也大，管理复杂。选择主扇风机的工作方式时，地表有无塌陷区或其他难以隔离的通路，即产生漏风的因素十分重要，对于开采无地表塌陷区或虽有塌陷区但可以采取充填、密闭等措施，能够保持回风巷道有严密性的矿井，应采用抽出式或以抽出式为主的混合式通风。对于开采有地表塌陷区，而且回风道与采空区之间不易隔绝的矿井，应采用压入式或以压入式为主的压抽混合式的风机工作方式进行矿井通风。

**4. 主扇风机的安装**

主扇风机可安装在地表，也可安装在井下，一般安装在地表。

主扇风机安装在地表的主要优点是：安装、检修、维护管理都比较方便。井下发生灾变事故时，地表风机比较安全可靠，不易受到损害。井下发生火灾时，便于采取停风、反风或控制风量等通风措施。其缺点是：井口密闭、反风装置和风硐的短路漏风较大。当矿井较深，工作面距主扇较远时，沿途漏风量大。在地形条件复杂的情况下，安装、建筑费用较高，并且安全上受到威胁。

主扇风机安装在矿井下，主扇装置的漏风少，风机距工作面近，沿途漏风也少。可同时利用较多井巷进风或回风，可降低通风阻力。但其风机安装、检查、管理不方便。且易受井下灾害所破坏。所以，矿井主扇风机一般安装在地表。

**5. 通风构筑物**

矿井通风构筑物是矿井通风系统中的风流调控设施，用以保证风流按生产需要的路线流动。凡用于引导风流、遮断风流和调节风量的装置，统称为通风构筑物。合理地安设通风构筑物，并使其经常处于完好状态，是矿井通风技术管理的一项重要任务。通风构筑物可分为两大类：一类是通过风流的构筑物，除了前边介绍过的主扇的附属装置以外，还包括风桥、导风板、调节风窗和风障；另一类是遮断风流的构筑物，包括挡风墙和风门等。

（1）风桥。通风系统中进风道与回风道交叉处，为使新风与污风互相隔开，需构筑风桥。风桥应坚固耐久，不漏风。主要风桥应采用砖石或混凝土构筑或开凿立体交叉的绕道。

（2）导风板。矿井通风工程中使用以下几种导风板：

① 引风导风板。压入式通风的矿井，为防止井底车场漏风，在进风石门与阶段沿脉巷道交叉处，安设引导风流的导风板，利用风流动压的方向性，改变风流分配状况，提高矿井有效风量率，如图9.1所示。

② 降阻导风板。在风速较高的巷道直角转弯处，为降低通风阻力，可用铁板制成机翼形或普通弧形导风板，减少风流冲击的能量损失。图9.2是直角转弯处的导风板装置，导风板的敞开角 $\alpha$ 取 $100°$。导风板的安装角 $\beta$ 取 $45° \sim 50°$。

③ 汇流导风板。在三岔口巷道中，当两股风

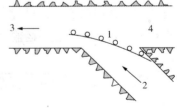

图9.1　引风导风板

1—导风板；2—进风石门；

3—采区巷道；4—井底车场巷道

流对头相遇时，可安设如图9.3所示的导风板，减少风流相遇时的冲击能量损失。此种导风板可用木板制成，安装时应使导风板伸入汇流巷道后所分成的两个隔间的面积与各自所通过的风量成比例。

（3）调节风窗及纵向风障。调节风窗是以增加巷道局部阻力的方式，调节巷道风量的通风构筑物。在挡风墙或风门上留一个可调节其面积大小的窗口，通过改变窗口的面积，控制所通过的风量。调节风窗多设置在无运输行人或运输行人较少的巷道中。

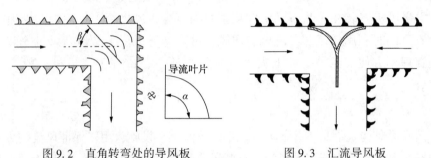

图9.2　直角转弯处的导风板　　　　图9.3　汇流导风板

纵向风障是沿巷道长度方向砌筑的风墙。它将一个巷道隔成两个隔间，一格入风，另一格回风。纵向风障可在长独头巷道掘进通风时应用。根据服务时间的长短，纵向风障可用木板、砖石或混凝土构筑。

（4）挡风墙（密闭）。挡风墙又称密闭，是遮断风流的构筑物。挡风墙通常砌筑在非生产的巷道里。永久性挡风墙可用砖、石或混凝土砌筑。当巷道中有水时，在挡风墙下部应留有放水管。为防止漏风，可把放水管一端做成U形，保持水封（图9.4）。临时性挡风墙可用木柱、木板和废旧风筒布钉成。有些单位正在研制可快速装卸的临时性挡风墙。

（5）风门。在通风系统中，既需要隔断风流，又需要通车行人的地方，需建立风门。在回风道中，只行人不通车或通车不多的地方，可构筑普通风门。在通车行人比较频繁的主要运输道上，则应构筑自动风门，如图9.5所示。

## 9.2　矿井通风网路

矿井通风系统是由通风巷道及其交汇点组成的网路系统，我们把由多条分支巷道及回路或网孔所形成的通风回路称为通风网路。

通风网路中，为满足安全生产需要，巷道的连接形式多种多样，但基本连接形式可分为：串联、并联、角联和复杂连接。

图 9.4　挡风墙

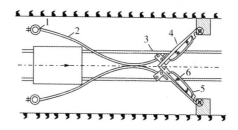

图 9.5　碰撞式自动风门

1—杠杆回转轴；2—碰撞推门杠杆；3—门耳；

4—门板；5—推门弓；6—缓冲弹簧

## 9.2.1　串联、并联通风网路

1. 串联风路

由两条或两条以上分支彼此首尾相连，中间没有风流分汇点的线路称为串联风路。如图 9.6 所示，由 1、2、3、4、5 五条分支组成串联风路。

2. 并联风路

在图 9-7 中，采区内由进风上山供风给左右回采工作面，乏风经各自回风巷道汇集在采区总回风巷道，形成通风网路中进风 a、回风 b 两节点之间有两条或多条巷道存在。这种由两条或两条以上具有相同始节点和末节点的分支所组成的通风网络，称为并联风路。如图 9.7 所示，风路 1、2、3、4、5 之间构成并联风路。

3. 串联网路与并联网路的比较

矿井通风中，各工作地点供风应尽量采用并联网路，避免串联。并联网路与串联网路通风系统比较，并联网路通风有下列优点：

① 总风阻及总阻力较小，并联网路的总风阻比其中任一分支的风阻都小。

② 各并联分支的风量都可通过改变分支风阻等方法，按需要进行风量调节。

③ 各并联分支都有独立的新鲜风流，串联时则不然，后一风路的入风是前一风路排出的污风，互相影响大，尤其是在发生爆炸、火灾事故时，串联的危害更为突出。

所以安全规程强调各工作面要独立通风，尽量避免采用串联通风。

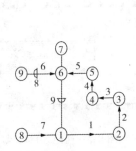 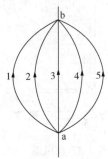

图9.6  串联通风风路示意图　　　图9.7  并联通风风路示意图

## 9.2.2  角联通风网路

存在于并联巷道之间，连通两侧的联络巷道称为角联或对角巷道，两侧并联巷道称为边缘巷道，由这些巷道组成的通风网路称为角联通风网路。如图9.8所示，仅有一条对角巷道的网路称为简单角联网路。如图9.9所示，网路中有两条或两条以上的对角巷道时称为复杂角联网路。角联网路的特点是对角巷道的风流方向不稳定。

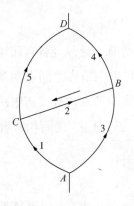 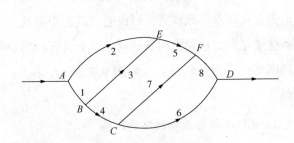

图9.8  简单角联网路　　　　　图9.9  复杂角联网路

矿井生产实践中，基于安全生产的需要，通常在进风系统或回风系统施工一些联络巷道，即角联巷道，这就复杂了矿井通风系统，给矿井通风管理带来很多问题。一方面，由于角联巷道的存在，可能会造成边缘巷道风流流向不稳，用风地点供风不足；另一方面，由于角联巷道通风设施管理不善，可能会形成局部风流反向，甚至通风系统紊乱。所以，生产实践中，要重点加强角联巷道特别是对通风系统可能会造成较大危害的角联巷道的管理，须采取有力措施，避免危害的产生。

# 9.3  矿井通风动力

矿井内空气沿着既定井巷源源不断地流动，不断地将新鲜空气送至用风地点，将污风排出矿井，就必须使风流始末两端存在能量差或压差，在能量差或压差的作用下克服风流流动的阻力，促使风流流动，提供这种能量差或压差的动力就称为通风动力。

通风机风压和自然风压均是矿井通风动力。因此，根据通风动力来源不同，可将通风动力分为机械动力、自然动力两种。矿井通风中，依靠机械动力通风称为机械通风，依靠自然动力通风称为自然通风。

## 9.3.1  自然通风

### 1. 自然风压的产生

如图 9.10 为一个简化的矿井通风系统，a-b 、d-e 为矿井的进、回风井，b-c 为水平巷道，c-d 为倾斜巷道，o-e 为水平线。新鲜风流由进风井进入矿井内，与井巷壁面岩石发生热量交换，使得进、回风井的气温出现差异，从而使得进、回风井里的空气密度不同，由此形成的两空气柱作用在井筒底部的空气压力不相等，其压差就是自然风压。

### 2. 自然风压的变化规律

矿井进风和出风两侧空气柱的高度和平均密度是矿井自然风压的两项影响因素，而空气柱的平均密度主要取决于空气的温度。因此，对于进、出风口高差较大，开采深度较浅的矿井，由于进风侧空气柱的平均密度随着地面四季气温的变化而变化，出风侧空气柱的平均密度常年基本不变，致使矿井的自然风压发生图9.11 所示的季节性变化。对于开采深度较深的矿井，由于进风侧空气柱的平均密度随着地面四季气温的变化较小，致使矿井的自然风压受低温影响较小，所以自然风压的大小随四季变化不大，如图 9.12 所示。

矿井自然通风的形成，是矿内空气与外界发生了热能或其他形式能量的交换而促使空气做功,用以克服井巷通风阻力,维持空气流动。

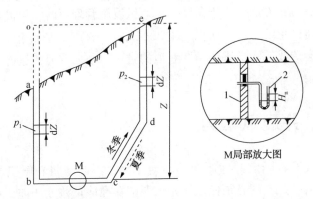

图 9.10 矿井通风系统中的自然风压
1—密闭墙;2—压差计

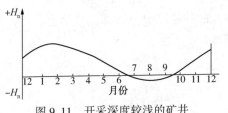

图 9.11 开采深度较浅的矿井

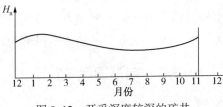

图 9.12 开采深度较深的矿井

矿井在自然风压作用下的自然通风是客观存在的自然现象,其作用有时对矿井通风有利,有时却对矿井通风不利。所以,仅依靠自然风压通风的矿井,由于自然风压的改变使得矿井通风风流流向的改变,甚至风流停滞,致使供风量不稳定,不能满足矿井安全生产的需要。

### 9.3.2 矿井机械通风

在机械动力的作用下,使风流获得能量并沿井巷流动,这种现象称为矿井机械通风。在矿井通风中,用于通风的机械主要是扇风机,扇风机是矿井通风的主要动力。

矿用扇风机按其服务范围可分为主要扇风机(用于全矿井或其一翼通风的扇风机,并且昼夜运转,简称主扇)、辅助扇风机(帮助主扇对矿井一翼或一个较大区域克服通风阻力,增加风量和风压的扇风机,简称辅扇)和局部扇风机(用于矿井下某一局部地点通风用的扇风机,简称局扇)三种;按其构造和工作原理可分为离心式和轴流式扇风机两种类型。

1. 离心式扇风机

如图 9.13 所示，离心式扇风机主要由动轮(工作轮) 1、螺旋形机壳 5、吸风筒 6 和锥形扩散器 7 组成。

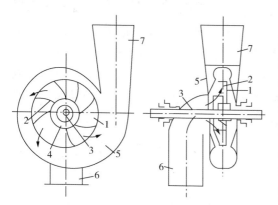

图 9.13　离心式扇风机构造

1—动轮；2—叶片；3—主轴；4—轮毂；

5—螺旋形机壳；6—吸风管；7—锥形扩散器

其工作原理是当电机经传动装置带动叶轮在机壳中旋转时，叶片间的空气随叶片的旋转而旋转，获得离心力，经叶片端被抛出叶轮，并汇集在螺旋状机壳里。在机壳内空气流速逐渐减小，压力升高，然后经扩散器排出。与此同时，由于动轮中气体外流，在叶片的入口处形成负压区，吸风口处的空气便在此负压的作用下进入动轮叶道，因此形成连续流动的风流。

2. 轴流式扇风机

轴流式扇风机用途非常广泛，之所以称为"轴流式"，是因为气体平行于风机轴流动。如图 9.14 所示，轴流式扇风机主要由动轮 1、圆筒形机外壳 3、集风器 4、整流器 5、流线体 6 和环形扩散器 7 所组成。动轮是由固定在轮轴上的轮毂和等间距安装的叶片 2 组成。集风器是外壳呈曲线形且断面收缩的风筒。流线体是一个遮盖动轮轮毂部分的曲面圆锥形罩，它与集风器构成环形入风口，以减少入口对风流的阻力。

叶片的安装角一般可以根据需要调整。国产轴流式扇风机的叶片安装角一般可调为 150°，200°，250°，300°，350°，400°和 45°七种，使用时可以每隔 2.5°调一次。

其工作原理如图 9.15 所示，叶片按等间距安装在动轮上，当动轮的叶片在空气中快速扫过时，由于叶片的凹面与空气冲击，给空气以能量，产

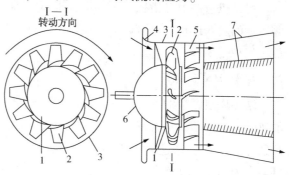

图 9.14　轴流式扇风机构造

1—动轮；2—叶片；3—圆筒形外壳；4—集风器；

5—整流器；6—前流线体；7—环形扩散器

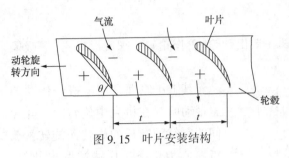

气流　　　　叶片

动轮旋转方向

轮毂

图 9.15　叶片安装结构

生正压，空气从叶道流出，叶片的背面牵动空气，产生负压，将空气吸入叶道。如此一压一吸便造成空气流动。整流器安装在每一级叶轮之后，其作用是整理由动轮流出的旋转气流，以减少涡流损失。环形扩散器的作用是使环状气流过渡到柱状气流时，速压逐渐减少，以减少冲击损失，同时使静压逐渐增加。

# 9.4　矿井风量调节

在矿井通风网路中，风量的分配形式有两种：一种是按巷道的风阻大小自然分配；另一种是根据工作地点需风量的大小按需分配。矿井生产实践中，随着生产矿井开采水平的延深，生产区域的变化，矿井通风网路及其结构也发生相应的变化。所以，必须及时、有效地进行风量的调节，以满足需风地点风量的要求。

风量调节是矿井通风管理职能部门的重要工作内容之一，它是一项经常性的工作，它对于确保矿井的安全生产尤为重要。风量调节按其范围，可分为局部风量调节和矿井总风量调节。

## 9.4.1　局部风量调节

局部风量调节是指在采区内部各工作面间、采区之间或生产水平之间，根据需风量的要求进行的风量调节。通常，风量调节方法有增阻法、减阻法及增加风压法三种。

### 1. 增加风阻的风量调节方法

增加风阻调节的实质是在并联网路阻力较小的分支中安装调节风窗，从而增加风阻，以调节风量，确保风量按需分配。如图 9.16 所示，分支巷道 1、2 风阻分别为 $R_1$、$R_2$，通过网路及分支巷道的风量为 $Q$、$Q_1$、$Q_2$，由于自然分配的风量 $Q_1$、$Q_2$ 不能满足需风地点对风量的要求，须通过调节，使得巷道 1、2 的风量达到既定要求的 $Q'_1$、$Q'_2$。

增加风阻调节法操作简单易行、见效快，它是局部并联风路间风量调节的主要方法。但这种方法使矿井总风阻增加，如果主扇风压曲线不变，势必造成矿井总风量下降，要想保持总风量不减少，就得改变主扇风压曲线，提高风压，增加通风电费。因此，在安排作业面和布置巷道时，尽量使各风路的阻力不要相差太悬殊，以避免在通过风量较大的主要风路中安设调节风门。

2. 降低风阻的调节方法

在并联风路中，降低风阻调节的实质是以阻力较小分支风路的阻力值为基础，采取措施降低阻力较大的分支风路的风阻，从而减小通风阻力，以调节风量，确保风量按需分配。由此可见，降阻调节法与增阻调节法相反，它是以并联网路中风阻较小风路为基础，采取一定措施，使阻力较大的风路降低风阻，从而实现并联网路各风路的阻力平衡，以达到调节风量的目的。

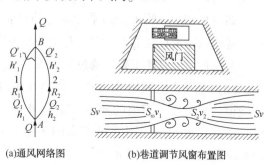

(a)通风网络图　　(b)巷道调节风窗布置图

图 9.16　增阻调节风窗

实现降阻调节的关键是如何降低风路通风阻力。巷道的风阻包括摩擦风阻和局部风阻。当局部风阻较大时，应首先采取措施降低局部风阻，当局部风阻较小摩擦风阻较大时，则应降低摩擦风阻。

采取降低风阻调节法的优点是能使矿井总风阻减小。若主扇风机性能曲线不变，采用降低风阻调节法会使矿井总风量增加。增加风量的风路中风量增加值大于另一风路风量的减少值，其差值就是矿井总风量的增加量。其缺点是工程量大、施工时间长、投资大，有时需要停产施工。所以降阻调节法多在矿井年产量增大、原设计不合理或涉及的巷道严重失修等特殊情况下，用于降低主要风路中某一段巷道的阻力，以实现风量调节的目的。

3. 利用辅扇风机调节(增加风压)方法

当并联网路中两并联分支风路的阻力相差悬殊，用增阻和降阻调节法都不合理或不经济时，可在风量不足的分支风路中安设辅扇，以提高克服该段巷道阻力的通风压力，从而达到调节风量的目的。

用辅扇进行风路风量调节，其关键是以什么为依据来选择辅扇风机，辅扇风机应满足什么条件，辅扇风机应安设在什么地方。

生产实践中，辅扇调节的使用方法有两种：一种是有风墙的辅扇调节法，另一种是无风墙的辅扇调节法。

（1）有风墙的辅扇调节法。如图9.17（a）所示，在安设辅扇的巷道断面上，除辅扇外其余断面均用风墙封闭，巷道内的风流全部通过辅扇。通常，在风墙上开设小门，以便于检修。

如图9.17（b）所示，如果运输巷道断面较小，为不妨碍运输，可另开一巷道，将辅扇安设在绕道内，但在巷道中至少安设两道风，其风门的间距必须大于一列车的长度，以便于列车通过时，确保风流的稳定。

（2）无风墙的辅扇调节法。如图9.18所示，这种方式不需要风墙、风门及绕道，只是在巷道内的辅扇出风侧加装一段圆锥形的引射器，由于引射器出风口的面积比较小，则通过辅扇的风量从这个出风口射出时速度较大。一方面，给巷道内风流增加能量，共同克服风路阻力；另一方面，由于高速风流的诱导作用，带动部分风量从辅扇以外流过，从而增加风路的风量，达到调节风量的目的。

无风墙的辅扇调节法安装方便，对运输影响小，但因增加的能量有限，故提高风路上的风量不多，特别当辅扇产生的上述动能不足时，还会在引射器的出风侧和辅扇的进风侧之间造成循环风。

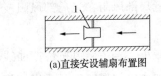

(a)直接安设辅扇布置图

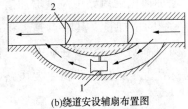

(b)绕道安设辅扇布置图

图9.17　有风墙的辅扇布置图
1—辅扇风机；2—风门

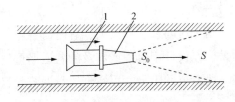

图9.18　无风墙的辅扇
1—辅扇风机；2—引射器

总之，在并联风路中各条风路的阻力相差比较悬殊，主扇的风压满足不了阻力较大的风路需要时，不能采用增阻调节法。当采用降阻调节法在时间上又来不及时，可采用安装辅扇的增压调节法。

## 9.4.2　矿井总风量调节

矿井生产过程中，由于生产区域衔接、生产水平延深、生产规模调整、开采工艺变化等因素影响，矿井通风网路及需风量将随之发生变化，为满足矿井通风安全需要，不仅要进行局部风量的调节，而且还要进行矿井总风量的调节。

矿井总风量调节主要是通过调整主扇风机的工况点来实现，其方法主要有改变主扇风机工作特性曲线的调节法及改变矿井通风网路的风阻特性曲线调节法。

1. 改变主扇风机工作特性曲线的调节法

通过改变主扇风机工作特性曲线调节风量的方法主要有以下几种。

（1）改变扇风机的转数。当矿井总风阻一定时，扇风机产生的风量、风压及消耗的功率分别与风机转数的一次方、二次方和三次方成正比。所以，改变扇风机转数可以得到不同的风量、风压和消耗不同的功率。

调整扇风机转数有以下几种主要方法：

① 如果扇风机和电动机之间是间接传动形式，可通过改变传动比的方法调整扇风机转数。

② 如果扇风机和电动机之间是直接传动的，则改变电动机的转数或更换电动机来改变扇风机转数。

③ 对于矿井大型主扇风机，可以利用变频调速技术调整电动机转数来调整风机转数。

（2）改变轴流式扇风机动轮叶片的安装角度。由于轴流式扇风机的特性曲线随着动轮叶片安装角的变化而变化，所以，调整轴流式扇风机动轮叶片的安装角可以改变扇风机的供风量及风压。叶片安装角度越大，风量、风压越大。这种调节方法使用比较方便，效果也较好。

（3）调整扇风机安装前导器。调整扇风机前导器的叶片角度可以调整动轮入口的风流速度，从而调整扇风机所产生的风压。但由于风流通过前导器时有风压损失，造成主扇风机效率降低，所以，为避免降低扇风机效率，采用前导器调节的范围不宜过大，只作为辅助性调节手段。

2. 改变矿井通风网路的风阻曲线的调节方法

矿山实践中，一般采用改变巷道断面、设置调节风窗等方法降阻、增阻调节，实现改变矿井通风网路风阻特性曲线的目的。

矿井投产初期，所需风量较少，对于离心式扇风机，采取在风硐中调节闸门开启等措施增加风阻，使扇风机的工况点移动，从而达到调节供风量的目的。对于轴流式扇风机，由于其在正常工作段，通常随着风阻增加，风量减少，其轴功率增大。因而采用减小叶片安装角或降低风机转数的办法减少风量，而不采取增加风阻的办法减少风量。

随着矿井生产的延续，矿井需风量大于扇风机供风量时，通过降低矿井总风阻，改变主扇风机工况点或更换较大能力的风机等措施提高矿井总供风量，满足矿井安全生产需要。

# 9.5　局部通风

为满足矿井基建、生产、安全的需要，需开掘大量的井巷工程。井巷工程的施工，特别是矿岩体的暴露、爆破、破碎、装运等环节产生的有毒有害气体、矿尘等严重污染工作环境，加之其施工通常为单一巷道独头施工，巷道的通风不能形成贯穿风流，其危害极其严重。

为开掘井巷而进行的通风称为掘进通风，亦称局部通风。掘进通风的目的就是稀释并排除井巷掘进施工过程中产生的有毒有害气体与矿尘，并提供良好的气候条件。

掘进通风方法有自然通风、矿井主扇风压通风、引射器通风与局扇通风。

利用矿井主扇风压或自然风压为动力的局部通风方法，称为总风压通风；利用扩散作用的局部通风方法，称为扩散通风；利用引射器通风的局部通风方法，称为引射器通风；利用局部扇风机通风的局部通风方法，称为局扇通风。其中应用最普遍的是局扇通风。

## 9.5.1　总风压通风方法

这种通风方法不需要增设其他动力设备，直接利用矿井总风压，借助于风墙、风障或风筒等导风设施，将新鲜风流导入施工工作面，以排出其中的污浊空气。

1. 利用纵向风墙导风

如图 9.19 所示，在施工巷道内用纵向风墙将巷道分为两部分，一边进风，另一边回风。根据风墙的构筑材料分为砖、石、混凝土风墙、木板墙等刚性风障和帆布、塑料等柔性风障。刚性风墙漏风小，导风距离可超过 500m。柔性风墙导风设施漏风大，只适用于短距离的导风。图中 1 为纵向风墙，2 为带有调节风窗的调节风门，以便行人和调节导入掘进工作面的风量。

### 2. 利用风筒导风

如图 9.20 所示，利用风筒导风，需要在进风巷道适当位置设置挡风墙 2，墙上开有调节风窗的调节风门 3，以便调节风量、行人用，风筒 1 实现导风。

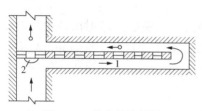

图 9.19　纵向风墙导风

1—纵向风墙；2—带有调节风窗的调节风门

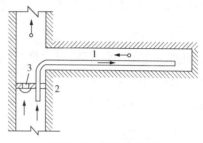

图 9.20　导风筒导风

1—风筒；2—挡风墙；3—调节风门

### 3. 利用平行巷道通风

如图 9.21 所示，巷道施工采取双巷平行掘进，两巷之间按一定距离开掘联络巷道，前一个联络巷道贯通后，后一个联络巷道便密封，一条巷道进风，另一条巷道回风。两条平行的独头巷道可用风筒导风。

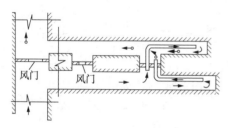

图 9.21　平行巷道通风

平行巷道掘进常用于煤矿的中厚煤层的煤巷施工，短距离通风有时采用巷道导风实现巷道通风。

总风压通风法的最大优点是安全可靠，管理方便，但要有足够的总风压以克服导风设施的阻力。同时，由于须在巷道内建立风墙、风门等设施，增加施工难度，并使得巷道有效断面利用率降低，不便于行人、设备材料运输等，所以，利用总风压实现掘进巷道通风理论上可行，工程实践上却很少采用。

## 9.5.2　扩散通风

如图 9.22 所示，扩散通风方法不需要任何辅助设施，主要靠新鲜风流的紊流扩散作用清洗工作面。它只适用于短距离的独头工作面。一般用于巷道掘进初始或短距离的硐室施工时的通风。

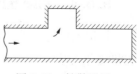

图 9.22　扩散通风

### 9.5.3 引射器通风

引射器通风原理是利用压力水或压缩空气经喷嘴高速射出产生射流，在喷出射流周围造成负压区而吸入空气，同时给空气以动能，使风筒内风流流动。根据流经喷嘴的是压缩空气还是高压水，引射器分为压气引射器、高压水引射器两种。

1. 压气引射器

如图 9.23 所示，其通风原理是利用压缩空气经喷嘴高速射出产生射流，在喷出射流周围造成负压区而吸入空气。为了减少射流与卷吸空气间冲击损失，在喷流前方设置混合整流管，风流经整流后向前运动，使风筒内风流流动。

2. 高压水引射器

其通风原理是利用压力水经喷嘴高速射出产生射流，使风筒内风流流动。

如图 9.24 所示，水引射器的射流分成核心区、混合区、水滴区。水引射器的通风效果因喷嘴形状、水压大小而不同。通常，其工作水压为 1.5~3.0MPa，喷嘴出口口径为 2~4mm。

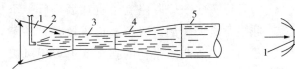

图 9.23　引射器通风原理示意图

1—动力管；2—喷嘴；3—混合管；

4—扩散管；5—风筒

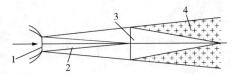

图 9.24　高压水引射器原理图

1—高压水流；2—等速核心区；

3—混合区；4—水滴区

引射器通风的优点是安全，尤其在煤与瓦斯突出矿井煤巷掘进时，用它代替局扇，安全性会更高，同时，设备简单、有利于除尘和降温。其缺点是产生的风压低，送风量小，效率低，费用高，且只有掘进巷道附近有高压水源或压气时才能使用，局限性较大。

### 9.5.4 局扇通风

局扇通风是矿井广泛采用的掘进通风方法，按其工作方式分为压入式、抽出式和混合式通风。

1. 压入式通风

如图 9.25 所示，为避免局扇吸入巷道排出的污风，产生循环风现象，压入式通风的局扇和启动装置均安装在距离掘进巷道 10m 以外的进风侧。局扇把新鲜风流经风筒压送到掘进工作面，污风沿巷道排出。

压入式通风扇风机把新鲜风流经风筒压送到工作面，而污浊空气沿巷道排出，采用这种通风方式，工作面的通风时间短，但全巷道的通风时间长，因此长距离通风后路巷道污风充斥问题的解决很关键，如若是瓦斯矿井煤巷掘进，后路巷道有可能出现瓦斯等有毒有害气体的积聚，甚至导致灾害事故的发生。

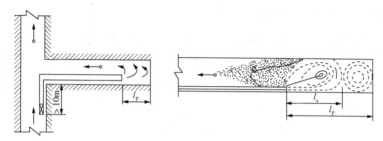

图 9.25　压入式通风示意图

2. 抽出式通风

如图 9.26 所示，为避免污风与新鲜风流掺混，抽出式通风的局扇安装在距离掘进巷道口 10m 以外的回风侧。新鲜风流沿巷道流入，污风通过刚性风筒由局扇排出。

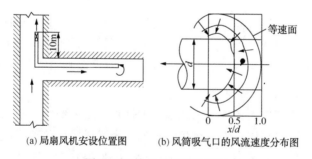

(a) 局扇风机安设位置图　　(b) 风筒吸气口的风流速度分布图

图 9.26　抽出式通风示意图

抽出式通风的优点体现在新鲜风流沿巷道进入工作面，整个井巷空气清新，劳动环境好，只要保证风筒吸入口到工作面的距离在有效吸程内，抽出式风量比压入式风量要小得多。

其缺点主要表现为：

① 污风通过风机，若风机不具备防爆性能，则抽出爆炸性气体时可能发生爆炸事故。

② 有效吸程小，生产过程中很难确保 $l \leqslant l_x$，所以，往往延长通风时间，排烟效果不好。

③ 不能使用柔性风筒，只能使用刚性风筒，成本增加，不便于安装、拆运及管理。

所以，对于煤矿特别是瓦斯矿井的煤巷掘进施工不使用抽出式局扇通风。但对于非煤矿山特别是在立井开凿施工时，采用抽出式通风，既可以迅速排出炮烟又可以抽出粉尘，所以应用较广泛。

**3. 混合式通风**

井巷通风使用两套局扇风机及风筒装置，一套向工作面供新鲜风，一套为工作面排污风，这种通风方法称为混合式通风，如图 9.27 所示。它兼有压入和抽出式的优点，同时可避免各自缺点，通风效果较好，多用在大断面、长距离、瓦斯涌出量不大的巷道掘进时的通风。

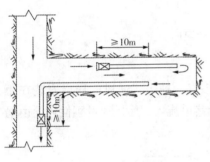

图 9.27　混合式通风

采用混合式通风时，为了提高通风效果，避免循环风现象发生，应遵守下述要求：

① 向掘进头供风的风筒出口距工作面的距离应小于有效射程。

② 抽出式风筒的吸风口或压出式局扇的吸风口应超前压入式局扇 10m 以上，它与工作面的距离应大于或等于炮烟抛掷距离。

③ 要确保抽出式风机吸风量大于等于压入式扇风机排出风量，并使压入风机至抽出风筒口这段巷道内有稳定的新鲜风流，防止压入风机出现污风循环。

混合式通风兼有压入式和抽出式通风的优点，是大断面岩巷掘进通风的较好方式。机掘工作面多采用与除尘风机配套的混合式通风。随着机掘比重的增加和除尘、自动检测技术的进步，混合式通风在我国将得到更广泛的应用，此方式需设备多，应加强管理。

## 9.6　扇风机联合运转

由于多个矿井的联合改造或矿井本身开采范围的扩大，开采水平的延深，多个水平或矿块、采区同时生产，使得矿井通风系统变得复杂，仅靠单台扇风机作业不能满足矿井安全生产对风量的需要时，必须使用多台扇风机联合通风，形成多风机共同在通风网路中联合作业。

两台或两台以上的扇风机同时对矿井通风风网进行工作，叫作扇风机的联合作业或联合运转。

扇风机联合运转的情况与一台扇风机单独运转有些不同。所以分析研究扇风机联合运转的特点、效果及其稳定性，对确保矿井通风的安全尤为重要。

扇风机的联合作业按其工作方式可分为串联作业和并联作业两种。

## 9.6.1　扇风机串联作业

一台扇风机的出风口直接或通过一段巷道或风筒连接到另一台扇风机的吸风口，两台或多台扇风机同时运转，称为扇风机串联作业。

扇风机串联工作的特点是：通过网路的总风量等于每台扇风机的工作风量，两台扇风机的工作风压之和等于所克服网路的总阻力。

扇风机串联工作按其配置可分为风压特性曲线不同、相同、有无自然风压作用等情况。

1. 风压特性曲线不同的扇风机串联运转

如图 9.28 所示，两台不同型号的扇风机 $A_1$ 和 $A_2$ 的风压特性曲线分别为 a 和 b。

根据风量相等和风压相加的原理，得到串联合成特性曲线 c。此即为 $A_1$ 和 $A_2$ 两扇风机串联工作的等效风机的特性曲线。

串联等效风机的工况点是网路风阻特性 $R$-$Q$ 曲线与串联合成特性曲线 c 的交点 M，过 M 作横坐标的垂线，与曲线 a 和 b 的交点分别为 $M_1$ 和 $M_2$ 两点，此即风机 $A_1$ 和 $A_2$ 串联工作时各自的实际工况点。

衡量扇风机串联运转的效果，可用联合工作产生的风压与能力较大的扇风机单独在网路工作所产生的风压之差来表示。由图 9.27 所示，通常将合成特性曲线与风机 $A_2$ 特性曲线 b 的交点 A 称为临界点，其对应风压为临界风压。当矿井风阻曲线 $R$-$Q$ 较陡，也就是矿井通风风阻较大时，工况点 M 高于临界点 A 时，表示两台扇风机的风压共同起了克服阻力的作用，串联通风有效。当矿井风阻曲线 $R''$-$Q$ 较缓，也就是矿井通风风阻较小时，工况点 M″ 就是或在临界点 A 以下时，表示两台扇风机串联工作，其中一台做无用功或成为大风机运行的阻力，串联通风无效。

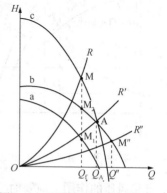

图 9.28　风压特性曲线不同的扇风机串联运行

2. 风压特性曲线相同的两台风机的串联工作

图 9.29 所示，两台风压特性曲线相同的风机串联
工作。由图 9.29 可见，临界点 A 位于 Q 轴上。这就意味着在整个合成特性曲线
上都是有效的。

总之，多台扇风机串联工作适用于因风阻过大而风
量不足的网路，通过扇风机串联运转，增加风压，用以
克服通风网路过大的阻力，确保必要的供风量。同时，
风压特性曲线相同的风机串联工作好于风压特性曲线不
同的风机串联工作效果。

3. 扇风机与自然风压串联

如图 9.30 所示，$H-Q$ 曲线为矿井主扇风机单独工作
时的风压特性曲线，事实上，任何矿井都有自然风压存
在，而且都和主扇风机进行串联作业。

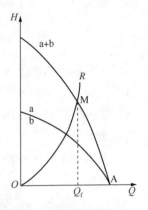

图 9.29　风压特性曲线

若自然风压方向与主扇风机风压方向相同，矿井自
然风压特性直线为 $H_n-Q$，合成曲线为 $(H_f+H_n)-Q$，矿井相同的两台风机的串联工作
的风阻曲线为 $R-Q$，那么，风机串联工作的工况点为 $M$。

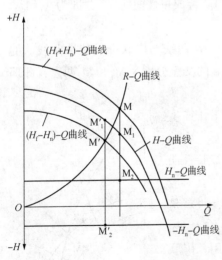

图 9.30　扇风机与自然风压串联

若自然风压方向与主扇风机风压方向
相反，矿井自然风压特性直线为 $H_n-Q$，
合成曲线为 $(H_f-H_n)-Q$，矿井的风阻曲线
为 $R-Q$，那么，串联工作的工况点为 $M'$。
由 $M$，$M'$ 作垂直于横坐标直线，与 $H-Q$
曲线分别交于 $M_1$、$M_1'$ 点，由 $M$ 与 $M_1$、
$M'$、$M_1'$ 对应关系可知，当自然风压为正
时，风压与自然风压共同作用克服矿井通
风阻力，提高了矿井的供风量，有助于矿
井通风。当自然风压为负时，将成为扇风
机的阻力。由于自然风压的影响，热天矿
井总风量可能不足，冷天矿井可能富余，
所以，在矿井通风管理工作中，充分考虑
自然风压的作用，应及时采取相应措施，一方面确保矿井所需风量的供应，另一
方面尽量降低电力消耗以降低通风成本。

## 9.6.2 扇风机并联作业

两台或多台扇风机的吸风口或出风口直接或经过一段井巷连接的工作方式称为扇风机并联作业。

扇风机并联运转一般按其布置方式分为在同一井口并联作业、两翼对角作业、主扇与辅扇联合作业三种形式。

1. 扇风机在同一井口并联作业

扇风机并联工作的特点是：通过网路的总风量等于每台扇风机的工作风量之和，工作风压与每台扇风机的工作风压相同。

（1）风压特性曲线不同的风机并联作业。如图 9.31 所示，两台不同型号的扇风机 $A_1$ 和 $A_2$ 的风压特性曲线分别为 a 和 b。根据风压相等和风量相加的原理，得到并联合成特性曲线 c。此即为 $A_1$ 和 $A_2$ 两扇风机并联工作的等效风机的特性曲线。

并联等效风机的工况点是网路风阻特性 $R - Q$ 曲线与并联合成特性曲线 c 的交点 M，过 M 做水平线，与曲线 a 和 b 的交点分别为 $M_1$ 和 $M_2$ 两点，此即风机 $A_1$ 和 $A_2$ 并联工作时各自的实际工况点。

通过 M 点的垂线所确定的矿井总风量为 $Q_0$，通过 $M_1$ 和 $M_2$ 两点的垂线所确定两扇风机 $A_1$ 和 $A_2$ 的风量分别为 $Q_{f1}$ 和 $Q_{f2}$ 且 $Q_0 = Q_{f1} + Q_{f2}$，通过 M 点的水平线所确定的矿井总阻力为 $h_r$，等于由通过 $M_1$ 点的水平线所定的 $A_1$ 主扇风机静风压 $H_{f1s}$，也等于通过从 $M_2$ 点的水平线所定的 $A_2$ 主扇风机静风压 $H_{f2s}$。

从图 9.31 中可见，每台主扇风机单独运转时，其风量之和大于联合运转风量。所以多台扇风机并联作业时，不能充分发挥每台扇风机的风量作用。矿井总风阻越大，风量差值越大，并联作业的效果越差；反之，矿井总风阻越小，并联作业的效果越好。故扇风机并联作业较适用于风网阻力较小时期的矿井通风；而对于新设计的矿井，不宜选用多台主扇风机进行并联作业。

如图 9.31 所示，若矿井的风阻较大，其风阻曲线为 $R' - Q$ 时，自 $M'$ 画水平线分别与 a 和 b 交于 $M_1'$、$M_2'$，因 $M_2'$ 点落在第二象限内，$A_2$ 主扇风机的风量为负值，这时矿井的总供风量是两台扇风机风量之差，$A_2$ 主扇风机的风量成为 $A_1$ 主扇风机的短路风量，反而使矿井总风量减少。要避免这种不合理的情况出现，必须使两台主扇风机联合工作的工况点落在 c 曲线驼峰右侧，同时每台主扇风机的工况点须落在各自的风压曲线的合理使用范围内。

衡量扇风机并联运转的效果，可用联合工作产生的风量与能力较大的扇风机单独在网路工作所产生的风量之差来表示。通常将合成特性曲线与风机 $A_1$ 特性曲线的交点 A 称为临界点。扇风机联合工作的工况点 M 位于临界点 A 右侧时，表示扇风机并联有利于矿井风量的增加，联合工作有效。工况点 M 就是或在临界点 A 以左时，表示两台扇风机并联无效或出现一台扇风机反向进风。

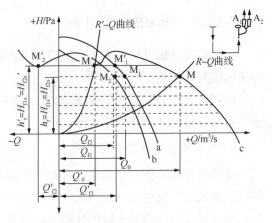

图9.31　风压特性曲线不同的风机并联作业

（2）风压特性曲线相同的风机并联作业。如图9.32所示，两台风压特性曲线相同的风机并联作业。风阻特性 $R\text{-}Q$ 曲线与并联合成特性曲线 c 的交点 M，M 即为风机并联工作时的实际工况点。过 M 点做水平线，与单个扇风机特性曲线的交点为 M′，M′为扇风机并联工作各自的工况点。

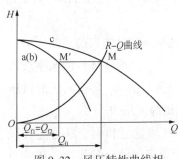

图9.32　风压特性曲线相
同的风机并联作业

如图9.33所示，两台同型号的轴流扇风机 $A_1$ 和 $A_2$ 的风压特性曲线分别为 a 或 b，并联合成特性曲线 c。由于轴流式扇风机的风压曲线有驼峰或马鞍形区段，图上有一段在同一风压时却有两个或三个风量值，表示当工况点在这段部位时，可能出现风量不稳定。基于这个原因，在作并联合成曲线时，若风机 $H\text{-}Q$ 曲线上同一风压有几个风量值，如图上的1，2和3点，则并联合成曲线对应的风量值的个数可运用排列组合的乘法定理求得，如图上的11，12，22，13，23和33点。如果是两台主扇风机风压特性曲线 a 和 b 不相同，即不重合，那就最多可能有九个合成风量值，并联合成曲线的峰谷部位附近就形成"∞"形区段。如果两风机的风压曲线不一样，或者是其他的形状如驼峰状，那么并联合成曲线的峰部形状也就各异。

并联等效风机的工况点是风阻特性 $R\text{-}Q$ 曲线与并联合成特性曲线 c 的交点 M，过 M 做水平线，与曲线 a 或 b 的交点为 $M_1$ 或 $M_2$ 点，此即风机 $A_1$ 和 $A_2$ 并联工作时各自的实际工况点。

如果矿井风阻增大，风阻特性 $R'\text{-}Q$ 曲线与合成特性曲线 C 有两个或三个交

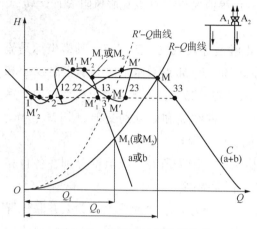

图9.33 轴流扇风机并联作业

点 M′。这就意味着这种并联运转是极其不稳定的。因为风机 $A_1$ 或 $A_2$ 的实际工况点是在曲线的峰谷部位飘移，两台风机的实际风量交替变化，各风机的供风量也随着变化，并联运转的通风效果极差。

所以，只有网路风阻曲线在并联合成曲线驼峰以外通过，只获得一个工况点时，风机并联运转才是稳定的。

**2. 扇风机两翼对角并联作业**

如图9.34所示，两台扇风机分别在两个井口并联运转是较常见的一种机械通风方式。右翼为风机 $A_1$，其 $H-Q$ 曲线为 a，平缓单斜状，右翼风阻 $R_1$。左翼为风机 $A_2$，其 $H-Q$ 曲线为 b，呈驼峰状，左翼风阻 $R_2$，通风网路公共段风阻为 $R$。图解法绘制联合特性曲线的步骤为：

① 绘制各自主扇风机特性曲线。将两台风机风压特性曲线、风阻特性曲线以及公共风阻特性曲绘在图上。

② 简化系统，绘制风机变位特性曲线。将 $A_1$ 与 $A_2$ 风机变位，设想将它们移至 $O$ 点。通过风机的风量等于通过风阻为 $R_1$ 井巷的风量，风阻为 $R_1$ 井巷的风压损失是风机 $A_1$ 来负担的。因此，要设想将其移至口点，则变化后的风机

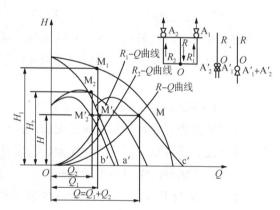

图9.34 扇风机两翼对角并联作业

的风压就应减少风阻 $R_1$ 所需的风压损失。具体方法是按等风量从曲线 a 的风压减去曲线 $R_1$ 的风压，就可获得风机 $A_1$ 的变位曲线 a′，同理可获得风机 $A_2$ 的变位曲线 b′。

③ 绘制变位后风机联合特性曲线

通过风机变位，相当于两台曲线分别为 $A_1′$、$A_2′$ 的风机在 $O$ 点并联运转。绘

制并联合成曲线为 a′+b′即 c′，相当于一台等值风机在 O 点克服风阻 R 而运转。

④ 工况点分析

a′+b′合成曲线 c′与 R 曲线的交点 M 就是等效风机的工况点，其横坐标是流过公共段 R 的风量，亦即两风机的风量之和。过 M 点做水平线分别交曲线 a′和 b′于 M₁′、M₂′，M₁′、M₂′就是两台变位风机的工况点，由于两台风机变位前、后风量是相等的，故从 M₁′、M₂′分别做垂线与曲线 a 和 b 分别交于 M₁、M₂，M₁、M₂ 分别为风机 A₁ 和 A₂ 并联工作时各自的实际工况点。

从图 9.34 可知，这种并联运转是稳定的，因为所有工况点都分别在各自相应曲线的稳定段，而且使得总风量得到了很大提高。

如果公共段风阻 R 变大，其风阻曲线 R 变为 R′、R″或更大，那么并联工况点 M 就可能落在 H-Q 曲线的不稳定段，甚至出现不止一个工况点，两台风机中其中一台的实际工况点也可能落在不稳定段，甚至其中一台的工况点落在曲线的第二象限部位，风量为负值。在这种情况下，风机并联作业不能提高总供风量，通风效果极差。

为保证扇风机两翼并联作业的稳定和有效，应该注意以下几点：

① 应该尽量降低两台风机并联作业的网路的公共段井巷的风阻。

② 尽可能使通风系统两翼的风量和风压接近相等，首先，尽可能达到两翼风阻接近相等，以便采用相同型号的风机并联运转。如果两翼风阻和风量都不相等，因而风压都相差很大，则应该分别选用不同规格和性能参数的风机，大小对应匹配。

③ 当因矿井生产的变化，要求其中一台扇风机进行调整，需增大转数、增大叶片安装角等。应该注意这种工况的调控可能带来的影响是不仅影响整个网路的风流状况，而且也会影响并联作业的稳定性。如果需要较大幅度地增加全矿风量，应首先考虑同时调整两翼扇风机。

④ 单机运转稳定，当它与另一台扇风机并联运转时就不一定稳定，反之亦然。

### 9.6.3　扇风机并联与串联作业的比较

图 9.35 中为两台型号相同的离心式扇风机的风压特性曲线为 Ⅰ，两者串联和并联工作的特性曲线分别为 Ⅱ 和 Ⅲ，N-Q 为其功率特性曲线，R₁、R₂ 和 R₃ 为大小不同的三条风网风阻特性曲线。当风阻为 R₂ 时，正好通过两曲线的交点 B。若并联则扇风机的实际工况点为 M₁，而串联则实际工况点为 M₂。显然在这种情

况下，串联和并联工作增风效果相同。但从消耗能量（功率）的角度来看，并联的功率为 $N_P$，而串联的功率为 $N_s$，显然 $N_2 > N_1$，故采用并联是合理的。当扇风机的工作风阻为 $R_1$，并联运行时工况点 A 的风量比串联运行工况点 F 时大，而每台扇风机实际功率反而小，故采用并联较合理。当扇风机的工作风阻为 $R_3$，并联运行时工况点 E，串联运行工况点为 C，则串联比并联增风效果好。对于轴流式通风机则可根据其风压和功率特性曲线进行类似分析。

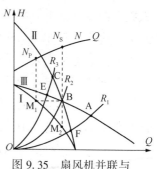

图 9.35 扇风机并联与
串联作业的比较

多台扇风机联合作业与一台扇风机单独作业有所不同。如果不能掌握扇风机联合作业的特点和技术，将会事与愿违，甚至可能损坏扇风机。因此，在选择扇风机联合作业方案时，应从扇风机联合运转的特点、效果、稳定性和合理性出发，在考虑风网风阻对工况点影响的同时，还要考虑运转效率和轴功率大小。在保证增加风量或按需供风后应选择能耗较小的方案。

矿井通风受矿井生产、气候条件等因素的影响，是一个动态的系统，影响矿井通风及其系统稳定性的因素包括：矿井采掘工作面的位置和数量的变化，开采中段的变化，开采深度的变化；巷道风阻变化，运输提升设备状态变化，通风调节控制装置工作状态，爆破作业，通风动力，放矿作业，自然风压变化等。因此，一个好的通风系统需要日常不断的检测、维护和管理。

# 9.7 矿井防尘

粉尘是危害井下工人的主要污染源。目前矿井粉尘污染的控制方法主要是依靠通风。

## 9.7.1 矿尘的危害性

### 1. 矿尘的危害性

矿尘的危害性是多方面的，如爆炸性危害，有毒或放射性矿尘的危害，对眼、黏膜或皮肤的刺激作用，降低能见度及对机电设备磨损等，但最普遍且严重的危害是能引起尘肺病。主要表现在以下几个方面。

（1）污染工作场所，危害人体健康，引起职业病。工人长期吸入矿尘后，轻者会患呼吸道炎症、皮肤病，重者会患尘肺病，而尘肺病引发的矿工致残和死亡人数在国内外都十分惊人。硫化矿尘落到人的皮肤上，有刺激作用，会引起皮肤发炎，进入五官亦会引起炎症。有毒矿尘（铅、砷、汞）进入人体还会引起中毒。矿尘最大危害是当人体长期吸入含有游离二氧化硅的矿尘时，会引起矽肺病，矿尘中游离二氧化硅含量越高，对人体危害越大。

（2）某些矿尘（如煤尘、硫化矿尘）在一定条件下可以爆炸；某些粉尘因其氧化面积增加，在空气中达到一定浓度时有爆炸性。煤尘能够在完全没有瓦斯存在的情况下爆炸，对于瓦斯矿井，煤尘则有可能参与瓦斯同时爆炸。煤尘或瓦斯煤尘爆炸，都将给矿山以突然性的袭击，酿成严重灾害。硫化矿尘爆炸的例子很少，产生爆炸大都在矿山有硫化矿石自燃的情况下。

（3）加速机械磨损，缩短精密仪器使用寿命。随着矿山机械化、电气化、自动化程度的提高，由高浓度粉尘产生的机械磨损，对设备性能及其使用寿命的影响将会越来越突出，应引起高度的重视。

（4）降低工作场所能见度，增加工伤事故的发生。在金属非金属矿井工作面打干钻和没有通风的情况下，粉尘浓度会高出允许浓度数百倍，并造成能见度下降。在煤矿某些综采工作面干割煤时，工作面煤尘浓度更是高达 $4000 \sim 8000$ $mg/m^3$，有的甚至更高，这种情况下，工作面能见度极低，往往会导致误操作，造成人员的意外伤亡。在无轨运输频繁的巷道，当巷道内干燥时，行车扬尘同样降低巷道内的能见度，不仅影响行车效率，而且极易导致行车事故。

生产性粉尘的允许浓度，目前各国多以质量法表示，即规定每立方米空气中不超过若干毫克。我国规定，游离 $SiO_2$ 含量在 10% 以上的粉尘，每立方米空气粉尘浓度不得超过 2mg；一般粉尘不得超过 $10mg/m^3$。

2. 尘肺病

矿尘最普遍且严重的危害是能引起尘肺病，尘肺病是由于长期吸入矿尘而引起的以肺组织纤维化为主的职业病。几乎所有矿尘都能引起尘肺病，如矽（硅）肺病、石棉肺病、煤肺病、煤矽肺病等，以矽（硅）肺病最为普遍。影响矽肺病发生与发展的因素主要有：矿尘化学成分（游离二氧化硅含量）、粒径与分散度、浓度以及接触时间、劳动强度等。

尘粒在呼吸系统中的沉积可分为上呼吸道区、支气管区与肺泡区；能进入到肺泡区的粉尘称为呼吸性粉尘，危害性最大。呼吸性粉尘的粒径临界值及各粒径尘粒在肺内沉积率，各国尚未统一。1959 年国际尘肺会议，接受了英国医学研究会（BMRC）提出的呼吸性粉尘定义，肺内沉积率及临界值。它以空气动力径（密度为 $1g/cm^3$ 球体的直径，当该球体与所论及尘粒在空气中具有相同的沉降速度)7.1μm 为临界值。也有提出以 10μm 为临界值的，如美国政府工业卫生医师会议( ACGIH )( 1968 )。人体有良好的防御功能，吸入的粉尘，一部分随呼气排出，一部分被巨噬细胞吞噬并运至支气管排出，只有少部分沉积于肺泡中，在肺组织内形成纤维性病变和矽结节；逐步发展，肺组织部分地失去弹性，导致呼吸功能减退，出现咳嗽、气短、胸痛、无力等症状，严重时将丧失劳动能力。根据病情，矽肺分为三期。矽肺病是一种慢性进行性疾病，发病工龄短者 3~5 年，长者在 20~30 年以上。发病率因条件不同，相差很大，做好防尘工作，改善劳动条件，可极大地减少发病率，延长发病工龄。

## 9.7.2　矿井防尘的一般措施

### 1. 一般预防原则

通过近几十年来实践证明，矽肺的防治需采取综合措施，从组织管理、技术措施、个人防护和卫生保健的等方面采取防范措施。

① 党和国家发布了一系列防尘的规范和管理办法，改善劳动条件，切实保障职士的安全和健康，防止职业病的发生。

② 要有计划地改善劳动条件，国家规定在设备更新、技术改造资金中安排一部分用于劳动保护措施的经费，不得挪作他用。

③ 防尘设施要与主体工程同时设计、同时施工、同时投产；劳动、卫生、环保等部门和工会组织要参加设计审查和竣工验收。

④ 有粉尘飞扬的作业，应尽可能采用湿式作业。

⑤ 加入有粉尘产生的物料时，必须搞好设备密闭、吸尘回收和物料输送机械化，防止粉尘与工人接触。

⑥ 粉尘作业要坚持轻倒、轻放、轻拌、轻筛、轻扫的"五轻"操作制度，并及时清扫积尘，消除二次污染源。

⑦ 密闭尘源，就是将产生粉尘的设备密闭起来，或者尽可能减少开口面积，以防粉尘外通扩散。

⑧ 除尘器的集尘装置是通风系统的重要部分，必须定期清理，防止堵塞。

⑨ 防尘设施要加强管理，通风管道要经常维修，集尘装置要定期清理。

⑩ 加强尘毒监测，可及时了解尘毒浓度的变化情况，鉴定防尘防毒措施的效果，以便采取相应的切实措施。

**2. 卫生保健措施**

预防矽肺必须在组织领导下，通过发动群众，实施防尘技术措施，此外，还要采取必要的卫生保健措施，进一步保护工人身体健康。

（1）建立测尘制度，定期在各操作点或在不同工序中测定灰尘浓度，应对空气中灰尘没有达到标准的作业地带，继续努力改进。在测定空气中灰尘浓度的同时，有时还须进行分散度和游离二氧化硅含量的测定。

（2）就业前及定期健康检查。矿山企业对准备参加的矽尘作业工人进行就业健康检查；未经就业健康检查和不满 18 岁的未成年工不得录用；在就业健康检查中发现有下列疾患者，不得从事矽尘作业。

① 各型活动性肺结核。

② 活动性肺外结核，如肠结核，骨关节结核等。

③ 严重的上呼吸道及支气管疾病，如萎缩性鼻炎、鼻腔肿瘤、支气管喘息、支气管扩张等。

④ 显著影响肺功能的肺脏或胸膜病变，如肺硬化、肺气肿、严重的胸膜肥厚与黏连等。

⑤ 心脏血管系统的疾病，如动脉硬化症、高血压、器质性心脏病等。

为了掌握矽尘作业工人的健康情况，早期发现矽肺患者，必须对从事矽尘作业的在职工人进行定期健康检查。检查的期限根据作业场所空气中灰尘浓度及游离二氧化硅的含量而作出具体的规定，如粉尘浓度大、游离二氧化硅含量高，矽肺发展较快，且情况严重的应 6～12 月检查一次，可疑矽肺应每 6 个月检查一次。灰尘浓度大，游离二氧化硅含量低，矽肺发展慢，发病情况轻者，如陶瓷、铸造、矽酸盐作业等经常密切接触粉尘的工人，每 12～24 个月检查一次。如灰尘浓度已降至国家标准以下者，可每 24～36 个月检查一次，疑似矽肺每 12 个月检查一次。矽肺合并结核者，应 3 个月检查一次。在实际工作中鉴于有的耐火材料厂灰尘浓度与游离二氧化硅含量均较高，一年检查一次太长，应改为半年一次；对于可疑矽肺和晚发矽肺应追查 8 年以上。因此动态观察很重要。

**3. 防止硅尘危害的组织措施**

矽肺防治工作是一项涉及多方面的系统工作，必须通过各项组织措施，充分发挥群众的积极性、创造性，及时总结先进经验，建立合理的规章制度，把矽肺防治工作放到议事日程上。对所存在的问题要及时讨论和解决，对防止矽尘危害的各项措施(如技术措施、工艺操作、管理制度等)要不断巩固和提高。

这样，才能达到防治矽肺的效果。

### 9.7.3 矿井综合防尘措施

矿井或个别尘源都不能靠单一的防尘措施达到合格的良好的劳动环境，地面、井下所有产生粉尘的作业，都应当采取综合防尘措施。这是我国多年防尘工作经验总结。综合防尘措施包括以下技术、组织与环境保健措施：①通风除尘；②湿式作业；③密闭和抽尘、净化空气；④改革生产工艺；⑤个体防护；⑥科学管理；⑦经常测尘，定期体检；⑧宣传教育。

我国许多矿山采取综合防尘措施，在防止矽肺病的发生和发展方面，取得了良好的效果。

1. 通风除尘

用通风方法稀释和排出矿内产生的粉尘是矿井防尘的基本措施。所有矿井均应采用机械通风，必须建立完善的通风系统。

2. 密闭、抽尘、净化

矿内许多产尘地点(采掘工作面、溜矿井等)和产尘设备(如破碎机、输送机、装运机、掘进机、锚喷机等)产尘量大而集中，采取密闭抽尘净化措施，就地控制矿尘，常是有效而经济的办法。密闭抽尘净化系统由密闭吸尘罩、排尘风筒、除尘器和风机等部分组成。

(1) 密闭和吸尘罩。密闭和吸尘罩是限制矿尘飞扬扩散于周围空间的设备。

① 密闭罩。密闭罩将尘源完全包围起来，只留必要的操作口与检查孔。它分为局部密闭、整体密闭和密闭室三种型式。为控制矿尘从罩内外逸，须从罩内抽出一定量的空气。抽风量主要包括两部分：罩内形成负压的风量和诱导空气量。

② 外部吸尘罩。尘源位于吸尘罩口的外侧，靠吸入风速的作用吸捕矿尘。

(2) 除尘器。从密闭罩中抽出的含尘空气，如不能经风筒将它直接排到回风道，则必须安设除尘器，将它净化到规定浓度，再排到巷道中，选择除尘器要考虑除尘效率、阻力、处理风量、占用空间和费用等。

矿内井巷空间有限，有些产尘设备经常移动，作业环境潮湿，净化后的空气要排到入风井巷，选用除尘器时要注意适用这些工作条件。干燥井巷可选用袋式过滤除尘器或电除尘器，潮湿井巷多选用湿式过滤除尘器或湿式旋流除尘器。大型产尘设备可选用标准产品，也可根据尘源条件设计制作非标准简易除尘器。

(3) 矿井风源净化。入风井巷和采掘工作面的风源含尘量不得超过 0.5mg/

m³；否则需要采取净化除尘措施。净化方法主要有喷雾水幕和湿式过滤除尘两种。水幕的净化效率较低，一般为50%～60%，需进一步研究提高。

（4）湿式过滤除尘。湿式过滤除尘是在巷道中安设化学纤维过滤层或金属网过滤层，连续不断地向过滤层喷雾，在过滤层中形成水膜、水珠。当含尘气流通过过滤层时，粉尘被水膜、水珠所捕获，并被过滤层内的下降水流所清洗。为增加过滤面积，减小过滤风速，过滤层在巷道中可安装成 V 字形。当过滤风速为 0.7～1.0m/s，阻力为 300～500Pa，喷水量为 3～5L/（m² · min）（按过滤面积计算）时，湿式过滤除尘的效率大于90%。湿式过滤除尘安装简便，净化效率较高，但在车辆通行的巷道需另设净化巷道，一般还需要设置净化通风辅扇。

3. 湿式作业

湿式作业是矿山的基本防尘措施之一。它的作用是湿润抑制和捕集悬浮矿尘。属于前者的有湿式凿岩、水封爆破、作业点洗壁、喷雾洒水等，属于后者的有巷道水幕等。

（1）喷雾器。喷雾器是把水雾化成微细水滴的工具，也叫喷嘴。矿山应用较多的是涡流冲击式喷雾器和风水喷雾器。

① 涡流冲击式喷雾器。压力水通过喷雾器时产生旋转和冲击等作用，形成雾状水滴喷射出去，适于向各尘源喷雾洒水和组成水幕。

② 风水喷雾器。风水喷雾器是借压气的作用，使压力水分散成雾状水滴。其特点是射程远、水雾细、速度高、扩张角小，但消耗压气，且耗水量大。风水喷雾器多用于掘进巷道、电耙巷道爆破后降尘。

（2）湿润剂。水的表面张力较大，而矿尘又有一定的疏水性，会影响水对矿尘的湿润。在水中加入表面活性物质构成的湿润剂，可降低水的表面张力，提高湿润作用。对湿式凿岩、喷雾洒水等湿式作业的除尘效果，都有较明显的提高。湿润剂使用时采用定量、连续、自动添加方法。在单一工作面可用泵直接注入供水管；全矿使用时，可加入集中贮水池中。

（3）防尘供水。防尘供水应采用集中供水方式。贮水池容量不应小于每班的耗水量。水质要符合要求，水中固体悬浮物不大于100mg/L，pH 值为 6.5～8.5，对分散作业点和边远地段当耗水量小于 10m³/h，可采用压气动力的移动式水箱供水。

4. 凿岩防尘

凿岩产尘的特点是长时间连续的，而且大部分尘粒的粒径小于5μm，是矿内微细矿尘主要来源之一。凿岩产尘的来源有：①从钻孔逸出的矿尘；②从钻孔中逸出的岩浆为压气所雾化形成的矿尘；③被压气吹扬起已沉降的矿尘。凿岩时影响微细粉尘产生量的因素有岩石硬度、钻头构造及钎头尖锐程度、孔底岩碴排出速度、钻孔深度、压气压力、凿岩方式等。

（1）湿式凿岩。一切有条件的矿山都应采取湿式凿岩，并遵守湿式凿岩标准化的要求。

① 中心供水凿岩。中心供水对水针及钎尾的规格要求比较严格，但加工制造简单，不易断钎，故大部分矿山都使用中心供水凿岩机。中心供水凿岩应遵守湿式凿岩标准化的要求。

a. 冲洗水倒灌机腔。如果水压高于压气压力或水针不严，清洗水会倒入机腔，破坏机器的正常润滑，影响凿岩机工作，并且使钻孔中供水量减少，降低防尘效果。为此，要求水压要小于风压 0.05～0.1MPa。

b. 冲洗水气化。由于水针不合格，破损、断裂或插入钎层深度不够，接触不严，以及机件磨损等原因，使压气进入冲洗水中。一方面压气携带润滑油随冲洗水进入孔底，使矿尘吸附含油表面形成气膜或油膜，不易被水湿润；另一方面在冲洗水中形成大量气泡，矿尘附着于气泡而排出孔外，使防尘效果显著降低。因此，必须严格要求水针和钎尾的质量，并在凿岩机机头开泄气孔，使压气在到达钎尾之前，由泄气孔排出。

② 旁侧供水凿岩。压力水从供水套与钎杆侧孔进入，经钎杆中心孔到达孔底。由于冲洗水不经机腔而避免了中心供水存在的问题，可提高除尘效率和凿岩速度。旁侧供水的缺点是容易断钎、胶圈容易磨损、漏水、换钎不方便等。

湿式凿岩的供水量对保证防尘效果是很重要的。水量不足则钻孔不能充满水，矿尘生成后可能接触空气而吸附气膜，或沿孔壁间空隙逸出。

凿岩机废气排出方向对岩浆雾化及吹扬沉积粉尘很有影响，应将废气导向背离工作面的方向。

（2）干式凿岩捕尘。

在不能采用湿式凿岩时，干式凿岩必须配有捕尘装置。捕尘方式有孔口捕尘和孔底捕尘两种。孔口捕尘是不改变凿岩机结构，利用孔口捕尘罩捕集由钻孔排出的矿尘。孔底捕尘是采用专用干式捕尘凿岩机，从孔底经钎杆中心孔将矿尘抽出，抽尘方式有中心抽尘和旁侧抽尘两种。

干式捕尘系统由吸尘器、除尘器和输尘管组成。吸尘器多用压气引射器，要求形成 30～50kPa 的负压。除尘器多采用简易袋式除尘器。选用涤纶绒布或针刺滤气毡作过滤材料，除尘效率在 99% 以上。捕尘管连接捕尘罩或钎杆以及吸尘器和除尘器，一般采用内径 20mm 左右内壁光滑的软管。

（3）岩浆防护罩

为防止凿岩时，特别是上向凿岩时岩浆飞溅、雾化，可采用岩浆防护罩，岩浆防护率可达 70%～90%，降尘效率为 15%～45%。

5. 爆破防尘

（1）减少爆破产尘量。爆破前彻底清洗距工作面 10m 内的巷道周壁，防止爆破波扬起积尘，并使部分新产生的矿尘粘在湿润面上。

水封爆破的防尘效果已为国内外大量实践所证明。用水袋装满水代替炮泥作填塞物，只在孔口用炮泥或木楔填塞，防止水袋滑出。水袋用无毒、具有一定强度的塑料做成，直径比钻孔直径小 1～4mm，长度为 200～500mm。简易的水袋注水后扎口即可，自动封口式的专用水袋，靠注水的压力将伸入到水袋内的注水管压紧自动封口。

根据实验资料，水封爆破较泥封爆破工作面的矿尘浓度可低 40%～80%，对 5μm 以下粉尘的降尘效果很好；同时，对抑制有毒气体也有一定的作用，可使二氧化氮降低 40%～60%，一氧化碳降低 30%～60%。

（2）喷雾洒水与通风。在炮烟抛掷区内设置水幕，同时利用风水喷雾器迎着炮烟抛掷方向喷射，形成水雾带，能有效地降尘和控制矿尘扩散，并能降低氮氧化物的浓度。

爆破后的矿中及炮烟的浓度都很高，必须立即通风排除烟尘。对下掘进巷道，多采用混合式局部通风系统，并保持规定的距离，增强对工作面的冲洗作用。矿尘和炮烟应直接排到回风道，如无条件，应安排好爆破时间，使炮烟通过的区域无人员工作，或采用局部净化措施。

6. 装载及运输防尘

（1）装岩防尘。向矿岩堆喷雾洒水是防止粉尘飞扬的有效措施，但需用喷雾器分散成水雾连续或多层次反复喷雾，才能取得好的防尘效果。装岩机、装运机工作时，对铲装与卸装两个产尘点，都要进行喷雾。可将喷雾器悬挂在两帮，调整好喷雾方向与位置；固定喷雾；亦可将喷雾器安设在装岩机上，并使其开关阀门与铲臂运动联动，对准铲斗，自动控制喷雾。对于大型铲运机可设置密封净化驾驶室。

（2）带式输送机防尘。带式输送机装矿、卸矿和转载处，会散发出大量粉尘，是主要产尘点；同时，黏附在胶带上的粉尘，在回程中受震动下落并飞散到空气中。在装卸或转载处设置倾斜导向板或溜槽，减少矿尘下落高度和降落速度，是减少产尘量的有效方法。

喷雾洒水是防止矿尘飞扬的有效措施，产尘量小的场所，可单独使用。但喷水量过多时，容易导致皮带打滑。自动喷雾装置可在皮带空载或停转时自动停止喷雾。

密闭抽尘净化是带式输送机普遍采用的防尘措施。在许多情况下密闭全部胶带是不切实际的，一般只对机头与机尾进行密闭。密闭罩应结合实际设计，既要坚固、严密，又要便于拆卸、安装、不妨碍生产。密闭罩体积应尽量大些，抽风口要避开冲击气流，使粗尘粒能在罩内沉降，不致被抽走。

为防止黏附在胶带上的矿尘被带走并沿途飞扬，可在尾轮下部设刮片或刷子，将矿尘刷落于集尘箱中。

7. 溜井防尘

（1）溜井卸矿口防尘。向卸落矿石喷雾洒水，是简单经济的防尘措施。设计有车压、电动、气动等作用的自动喷雾装置可供选用。要注意，某些含泥量高、黏结性大的矿石，喷水后易造成溜井堵塞和黏结，对于干选、干磨的矿石，其含水量不宜超过5%。

溜井口密闭配合喷雾洒水，适于卸矿量不大、卸矿次数不频繁的溜井。矿山设计有多种密闭形式。

从溜井中抽出含尘空气，由井口向内漏风，以控制矿尘外逸的方法，适用于卸矿量大而频繁的溜井。一般设专用排尘巷道与溜井连通。吸风口多设在溜井上部，能减少粗粒矿尘吸入量。抽出的含尘气流，如不能直接排到回风道，则需设除尘器，净化后排到巷道中去。

（2）溜井下部卸矿口防尘。溜矿井，特别是多阶段溜井的高度较大，在下部放矿口能形成较高的冲击风速，带出大量粉尘，严重污染放矿硐室及其附近巷道。

考虑到防尘的要求，在溜井设计时，尽量避免采用多阶段共用的长溜井；如必须采用，最好各阶段溜井错开一段水平距离。使上阶段卸落的矿石通过一段斜坡道溜入下阶段溜井，以减小矿石的下落速度。

溜井断面不宜太小，特别是高溜井，要适当加大。溜井的位置应设在离开主要入风巷道的绕道中，并有一定的距离，以减缓含尘冲击气浪的直接污染。

控制一次卸矿量，延长卸矿时间，保持储矿高度，都可以减少冲击风量。在卸矿道上加设铁链子、胶带帘子等，将一次下落的矿石分散开来，也有一定效果。

溜井口密闭是减少冲击风量的有效措施，并可为抽尘净化创造条件。溜井抽尘是从溜井中抽出一定的空气量，使溜井处于负压状态，防止冲击风流外逸。溜井抽尘必须与井口密闭相配合，使抽出的风量大于冲击风量，才能取得良好效果。抽风口设于溜井上部，施工方便；设于溜井下部，有利于控制冲击风流，但容易抽出粗粒粉尘，磨损风机。抽出的含尘气流如不能直接排到回风道中，要安装除尘器。

红透山铜矿使主溜井上口与地表连通，在地表设排尘风机，直接抽出溜井的空气，并配合井口密闭和溜井绕道风门，对防止冲击风流取得较好的效果。不能完全防止冲击风流时，对放矿硐室采取抽尘净化措施，对控制污染有良好的作用。

8. 破碎硐室防尘

井下破碎硐室必须建立良好的通风换气系统，对破碎机系统要采取有效的密闭防尘措施。井下多用颚式破碎机。要把溜槽、破碎机机体及矿石通道全部密闭起来，只留必要的观察和检修口。密闭抽风量可按所有孔隙吸入风速为 2~3m/s 计算。含尘风流最好直接排至回风井巷或地表；如不能时，应采用除尘器净化。

9. 锚喷支护防尘

锚喷支护防尘的基本措施如下。

（1）改干料为潮料。要求含水率为 5%~7%，可使备料、运料、卸料和上料各工序的粉尘浓度明显降低，喷射时的粉尘浓度和回弹率也降低。

（2）改进喷嘴结构。采用双水环或三水环供水方式，使喷射物料充分润湿，能起到良好的防尘效果。

（3）低风压近距离喷射。试验表明，产尘量及回弹率都随喷射气压和喷射距离的增加而增加，应采用低气压（118~147kPa）和近距（0.4~0.8m）喷射。

（4）局部除尘净化。对作业中的上料、拌料和喷射机的上料口与排气口都应采取局部密闭抽尘净化系统，控制粉尘飞扬扩散。

（5）加强通风。对锚喷作业巷道或硐室，要加强通风，稀释和排出粉尘。

10. 化学抑尘

化学抑尘是有效防治粉尘污染的新方法。按照化学抑尘剂的抑尘机理分类，化学抑尘剂可以分为粉尘湿润剂、黏结剂和凝聚剂三大类。矿井主要的抑尘剂为湿润剂，湿润剂用于提高水对粉尘的湿润能力和抑尘效果，它特别适合疏水性的呼吸性粉尘。组成抑尘剂的各种化学材料很多。湿润剂主要由表面活性剂和某些无机盐、卤化物组成，其中硫化物或盐作为电解质以提高表面活性剂的作用效果和控制水中的有害离子。在组成湿润剂的表面活性剂中，大约 56% 的表面活性剂为非离子型，35% 为阴离子型。

# 第 10 章　数字矿山与绿色矿山建设

随着计算机技术、信息技术、通讯技术、自动控制技术、3S（GIS、GPS、RS）技术、网络技术的发展及在社会经济其他行业应用研究的展开，以及在提出"数字地球"概念以后，国内众多研究机构和学者相应提出了"数字矿山"的概念，并针对数字矿山建设的关键技术和建设方案从不同角度提出了各自的看法及思路。由于矿山是一个以资源为开发对象的离散生产系统，因此，数字矿山既不是"数字地球"概念的简单延伸，也不是普通 ERP（Enterprise Resource Planning）概念的简单复制，而是一个包含二者部分特性的崭新概念。

事实上，这一概念在国外并不明确，主要原因是，国外矿业与其他行业一样，伴随着新技术的提出和发展，顺序、平稳地经历了手工开采矿山阶段、机械化开采矿山阶段、自动化开采矿山阶段及无人矿井阶段，在技术手段上，并没有经过跨越式的发展。与国内的"数字矿山"概念相一致的国外现代化矿山建设概念称作 Automine，即自动矿山，它们利用电子技术与机械技术的结合把工业机器人用于生产，使机械化转向自动化，从而大大提高了生产率，降低了成本，增强了竞争能力。

而中国还是一个发展中国家，工业化任务尚未完成，对矿业而言，目前尚处于机械化矿山的初级阶段。随着经济全球化以及中国加入 WTO，国内矿山企业在获得良好发展机遇的同时，也面临着不可避免的、全面而残酷的竞争。与其他行业一样，国内矿业为了能够抓住机遇，并在激烈竞争中获得生机，必须改变传统的经营管理观念、经营管理方式，积极应用信息技术和世界先进适用技术等来改造并提升我国的传统矿业的装备、工艺方法、经营管理方式和手段，使企业决策、生产、经营、管理效率和水平得以较大增长，提高企业的经济效益，实现我国矿业的跨越式发展，从而增强矿山企业的创新能力和国际竞争力，这是建立数字矿山的最终目标。

## 10.1　数字矿山建设的目标

进入 21 世纪，信息技术越来越深刻地影响着人类社会的发展。以信息化带动工业化，用信息技术改造传统产业，实现社会经济的跨越式发展是我国经济结构调整和转变经济增长方式的必由之路。

我国矿业行业目前仍然处于机械化的初级阶段，与国外矿业相比，在技术、装备、管理模式、思想观念等方面均具有非常大的差距。作为国民经济的基础产业，国内矿业在经济全球化的现实条件下，为在激烈的全球竞争环境中立于不败之地，获取经济效益和增强市场竞争力，利用信息技术改造传统矿业，通过引进和应用先进的网络技术、通讯技术、计算机软硬件技术、自动控制技术及装备建立起一个数字化的矿山系统，显得更为必要和紧迫。

数字矿山的建设是一个庞大的系统工程，其长期目标是实现资源与开采环境数字化、技术装备智能化、生产过程控制可视化、信息传输网络化、生产管理与决策科学化。结合当今世界科技的发展水平及我国矿山现阶段的技术装备与管理水平，我国数字矿山的建设还要经历一个漫长的过程。因此，总体规划分步实施是我国数字矿山建设的必经之路，就目前而言，我国数字矿山建设的具体目标是：

① 采用成熟的计算机软件系统，实现从矿山资源、开采方案优化、设计、生产计划与开采环境的数字化、模型化与可视化；

② 建立以光纤、泄漏电缆或无线通讯为主体的多媒体通讯网络，形成语音、视频与数据同网传输的网络体系，实现矿山数据的分布式共享；

③ 采用先进传感器网络技术，实现矿山生产过程、设备、安全与开采环境监控等数据的自动采集、智能分析与可视化处理；

④ 采用工业以太网、PLC 智能控制及视频监视系统，实现对矿井提升、运输、通风、排水等系统及设备的智能化集中监控；

⑤ 采用先进的生产管理系统，实现矿山生产人员与移动设备的定位、跟踪及生产过程智能化调度与控制，全面提升矿山的生产管理与决策的科学性。

## 10.2 数字矿山建设的基本内容

如前所述，矿山系统是一个复杂的、动态的、开放的巨型系统，各部分之间互相影响、互相制约。对于这样的系统，只有快速、准确地了解各个系统的运行情况，并使各个子系统配套、一致，再在此基础上予以优化，才能实时、科学地做出决策，发挥矿山系统的最大能力和最佳效益。

把矿业与制造业类比，总体上应着重从以下几个方面着手进行数字矿山建设。

1. 矿山海量、异质、时空数据库及分析软件系统

矿山企业的设计和加工对象为资源，因此，快速、准确地掌握资源及其周围岩层的空间分布情况是最关键、最基本、最优先的建设内容，这项工作是后续设计、计划和提高决策性(如可以提前做出采取什么样的支护形式、巷道该如何设计，避免设计阶段盲目性导致施工阶段出现问题时的被动性)的基础。

同时，生产过程中各个系统产生的数据对过程控制、整体系统优化、决策制定均具有非常重要的作用。这些信息必须以数据库的形式予以管理，通过先进的软件进行快速分析，才能有效地实现信息共享，发挥切实有效的效益。

2. 生产过程的控制

众所周知，传统工业是劳动力密集型、资本密集型的工业，是需要大量能源和材料的工业。利用信息技术对其进行改造和提升，提高生产过程的控制和自动化水平。在工业发达国家，自动化成为改造传统工业和发展新产业的基本目标。它们正在利用电子技术与机械技术的结合把工业机器人用于生产，使机械化转向自动化，从而大大提高了生产率，降低了成本，增强了竞争能力。矿山生产多数情况下属于不连续的过程，人员和设备也多处于移动状态，位置总是不断变化，但是，这并不意味着其过程不可控制，只是控制的方式、控制的精度与普通的生产企业有所区别而已。

3. 生产过程安全监控与预警系统

为保证生产的持续、正常进行，减少事故造成的人员、设备损失，必须建立矿山安全监控和预警系统。通过对设备和环境的监控，一方面可以及时、快速、准确地发现所发生的事故，并采取应对措施，另一方面还可以在事故发生之前及时地发出预警信息，保证井下人员和设备的及时撤离。

4. 信息快速传输系统

矿山生产过程中，存在着大量的、来自不同方面(如资源、设备状态、人员状态、安全等)的信息流动，先进的矿山井下综合通讯网络系统，是整个数字矿山建设任务中的中枢神经传导系统，只有这样才能及时、快速、海量地传输这些异质信息，实现生产过程的实时控制、快速决策和执行。

5. 矿业 ERP

ERP 系统致力于矿业的整个材料设备采购、生产调度与过程控制、矿产品销售的优化管理，该系统是以网络架构为体系支撑，以工作流模型为优化措施，以知识管理为支持因素，以供应链管理为主体内容的管理和信息系统。矿业 ERP

系统的推广是矿业数字化、信息化的重要内容，是矿业走向国际化和实现安全、高效、低耗开采的技术保证。

## 10.3 数字矿山建设现状

数字矿山是以矿山系统为原型，以地理坐标为参考系，以矿山科学技术、信息科学、人工智能和计算科学为理论基础，可用多媒体和模拟仿真虚拟技术进行多维的数字化、网络化、可视化的技术系统，是对真实矿山的数字化再现。自1999年首届"国际数字地球大会"上提出了"数字矿山"概念以来，数字矿山的思想已经开始深入人心。数字矿山科学研究与技术攻关正在悄然兴起。国内外专家和学者在数字矿山或者智能矿山方面做了大量的研究工作，并取得了丰硕的成果。

采矿业发达国家的矿山信息化改造已迈出了坚实的步伐，国际著名矿山企业——加拿大国际镍公司(Inco)从20世纪90年代初开始在数字化矿山的基础上研究遥控采矿技术，目标是实现整个采矿过程的遥控操作。现在Inco公司已研制出样机系统，并在加拿大安大略省的萨德泊里盆地的几家地下镍矿试用，实现了从地面对地下矿山远程控制。甚至可以从400km以外的多伦多对地下镍矿的采、掘、运等活动进行远距离控制。遥控采矿的核心部件是Inco公司开发的一个能在地下获取定位数据的名为"Horta"的装置。将该装置安装在地下观测车上，当观测车在地下或矿体内部巷道中漫游时，就会利用激光陀螺仪和激光扫描仪在水平和垂直面上扫描矿山巷道的断面，进而产生巷道的三维结构图。澳大利亚CSIRO在2001年的项目"勘探和采矿数据四维可视化"用VRML和Java实现了一个交互的、四维可视化平台，该平台主要目的是集成钻孔、三维地震、地质、测量、地震、重力、地球物理等真三维数据，低价、高效、快速和便捷地显示在Internet上，为用户提供一个交互、易理解的、与平台无关的煤矿虚拟环境，并实现了三维数据的解释、验证和认知。

我国矿山信息化建设的现状是总体水平不高，没有形成企业信息化决策和矿业信息产业化发展的规模优势，信息基础设施落后，可共享的信息量少，信息流向单一、无序，在矿山数字化技术水平方面与发达国家相比，还有很大的差距。近年来，我国矿山信息化、数字化、智能化建设进行了大量的研究工作：中国矿业大学等单位也相继开展了采矿机器人(MR)、矿山地理信息系统(MGIS)、三维地学模拟(3DGM)、矿山虚拟现实(MVR)、矿山GPS定位等方面的技术开发与应用研究。随着实时矿山测量、CPS 实时导航与遥控、GIS 管理与辅助决策和 3DGM 的应用，一些大型露天矿山(包括平朔、霍林河矿区)已可在办公室里生成矿床模型、矿山采掘计划，并与采场设备相联系，形成动态管理与遥控指挥系统。此外，专家系统、神经网络、模糊逻辑、自适应模式识别、GPS 技术、并行计算技术、射频识别技术以及面向岩石力学问题的全局优化方法、遥感技术等，已在智能矿山地质勘探调查与测量、智能矿山设计、智能矿山开采、计划与控制、矿山灾害遥感预报等研究领域得到应用。

2001 年，中国矿业联合会组织召开了首届国际矿业博览会，其中包括一个以"数字矿山"为主题的分组会。2002 年，以"数字矿山战略及未来发展"为主题的中国科协第 86 次青年科学家论坛召开，2006 年，煤炭工业技术委员会和煤矿信息与自动化专业委员会在新疆乌鲁木齐召开了"数字化矿山技术研讨会"。20 世纪末以来，国家主要科研资助机构和相关行业部门相继立项支持了一批数字矿山课题。包括 2000 年开始的一项国家自然科学基金课题、2006 年开始的一项"863"课题和一项"十一五"支撑课题等。2000 年以来，国内多所高校、科研院所、企事业单位相继设立了与数字矿山有关的研究所、研究中心、实验室，主要有：2000 年设立于中国矿业大学(北京)资源与安全工程学院的"3S 与沉陷工程研究所"、2005 年设立于中南大学资源与安全工程学院的"数字矿山实验室"、2007 年设立于东北大学资源与土木工程学院的"3S 与数字矿山研究所"和 2007 年设立于中国矿业大学(徐州)计算机科学与技术学院的"矿山数字化教育部工程研究中心"等。山东新汶矿业集团泰山能源股份有限公司翟镇煤矿是我国第一座数字矿山，与北京大学遥感与地理信息系统研究所合作，在国内首开数字化矿井技术应用之先河。

## 10.4　数字矿山的内涵与功能

首先，数字矿山是以地质、测量、采矿、资源环境、安全监测、信息系统和决策科学为学科基础，以遥测遥控、网格 GIS 和无线通讯为主要技术手段的；其次，数字矿山是在统一的时空框架下，对矿山地上地下、采矿过程及其相关场景全面监控，并进行数字表达和虚拟再现，以供智能分析和可视化决策；最后，数字矿山建立的直接目的，是保障矿山生产的安全、高效、环保，实现采矿活动的自动化、智能化。从本质上来说，数字矿山最终表现为矿山的高度信息化、自动化和高效率，以至无人采矿和遥控采矿。矿山企业追求的是增加利润，途径是提高生产效率和降低生产成本。现代信息技术为该实现这一目标创造了新的条件。

根据国家信息化建设的总体要求，结合发达国家矿业企业信息化的历史经验，数字矿山主要有以下功能：

（1）数字矿山可以塑造矿山企业新形象，提高市场竞争能力。通过数字矿山基础设施——网络的建设，矿山企业可以建设自己的网站，并与国际互联网连接，从而起到以下作用。一是公布企业发展举措，提高企业凝聚力和影响力，营造良好的内外部环境；二是在网上发布产品信息，宣传和推介自己的矿产品，扩大企业的知名度和市场；三是进行电子商务，在网上进行矿产品交易、设备与材料采购，降低经营成本，提高企业利润；四是融入矿产资源与矿产品全球化环境，及时发现新机遇和潜在商机，迅速调整产品结构和进行新产品开发，规避市场风险，保障企业健康可持续发展；五是巩固和扩大国内市场，拓展国际市场，最大限度地参与全球竞争，扩大企业生存与发展的空间。

（2）数字矿山有助于优化矿山企业组织结构，提高运行效率。传统矿山企业的组织结构是典型的金字塔形，纵向层级之间不够透明，横向各部门之间互相隔离，企业总体上就像一个由许多黑屋子组成的金字塔形房屋，上下层之间由楼梯连接，同层之间没有窗户。在这种纵向上传下达、横向互相隔离的组织系统中，信息传递不仅存在时滞，而且会失真，从而导致决策延误和错误，不利于企业科学管理与长远发展。通过数字矿山的基础设施建设和数字矿山的调度系统——MGIS 建设，则可以彻底改变这一弊端。有了网络和 MGIS，纵向的各个层级之间可以直接沟通，横向的各个科室、部门之间可以直接交流，信息传递的效率和质量将会明显提高。因此，就可以实现矿山企业管理过程的信息化、透明化，从而减少决策失误。随着矿山企业管理过程的信息化，其组织结构也将不断得以优化，中间环节趋于减少，更加扁平型的高效组织结构将逐渐形成。

（3）数字矿山综合利用各类矿山信息，降低矿山企业决策风险。通过数字矿山的数据采集、加工与管理系统的建设，充分发挥数字矿山的数据资源特性，可以为企业生产与决策提供高质量的数据保障。例如，在矿山建设阶段，可以根据地质勘探数据，模拟地质、水文环境和矿床三维形态，进行空间预测和不确定性分析，从而做出可采性评价。在这些工作的基础上，可以优化开发规划与设计，降低决策风险。在矿山生产阶段，可根据更精确的资料和不断获得的各类新信息（如掘进揭露和物探揭露的地质资料），进行矿体与矿床模型精细建模，进行采动影响模拟和灾害隐患分析，动态调整生产布局、优化采掘设计，降低生产决策风险。此外，在矿山管理过程中，还可充分利用与矿山企业生产、经营相关的各类信息，进行多目标分析，帮助企业寻找最佳决策方案，以便降低企业决策风险。

（4）数字矿山能够实现数字化集成监控，提高矿山防灾减灾能力。数字矿山建设能够使矿山企业的监测监控、指挥调度、救灾抢险能力明显增强，使其生产的自动化、信息化、数字化水平大幅提升。一方面，可以通过有线或无线的方式，对关键生产设备进行远程监测与控制，对采矿作业方式和作业参数进行动态优化调整，避免和降低灾害风险。另一方面，可以对主要作业场所的生产环境进行实时监测，从而实时做出综合分析与安全评价，当危险临近时及时做出预警，当灾难发生时自动启动应急预案。这无疑有助于为防灾救灾赢得宝贵的时间。

## 10.5　数字矿山相关理论

数字矿山是一个典型的多学科交叉领域，具有综合性、系统性、复杂性和前沿性。数字矿山以空间信息理论（现代测绘理论）、数字地质学、现代采矿理论、监测监控理论、通讯理论、机器人与自动化等理论为基础，涉及诸多工程学科、基础学科和管理学科。

1. 系统理论

系统理论是由美籍奥地利生物学家贝塔朗菲（L. Von. Bertalanffy）创立的。他分别在 1932 年和 1937 年发表了抗体系统论和一般系统论，奠定了这门科学的理论基础。他在 1968 年发表的著作《一般系统理论：基础、发展和应用》，长期被看作现代系统理论的代表作。所谓系统，就是由若干要素构成的，具有某种功能的有机整体，而这些构成要素是以某种特定的结构形式联系在一起的。该定义包含着系统与要素、结构与功能等概念，也表明了要素与系统之间、各要素之间，以及系统与环境之间的相互关系。系统的基本特征是其整体性、关联性、时序性、动态平衡性和等级结构。这就是系统理论的基本观点，也是系统方法的基本原则。

整体性是系统论的核心思想。系统的整体功能是组成系统的各个要素在孤立状态下不具备的。贝塔朗菲认为，任何系统都是一个有机的整体，而不是各个组成部分的机械组合或简单相加。他引用亚里士多德的"整体大于部分之和"的名言阐明系统的整体性，反对那种以局部说明整体的机械论的观点。根据这种观点，只要要素性能好，整体性能就一定好。事实上，组成系统的各个要素不是孤立的，每个要素在系统中都处于某个特定的位置，起着特定的作用。要素是整体中的要素，如果将要素从系统中予以分离，它将失去要素的作用。正是由于要素之间相互关联，才形成了不可分割的整体。

2. 控制理论

1834年，法国物理学家安培发表了一篇有关科学哲学的文章。文中，安培把管理国家的科学称为"控制论"。根据现代控制论，所谓"控制"是指以信息为基础，对受控对象施加某种作用和影响，借以改善其功能和行为。控制有赖于信息反馈，信息反馈是控制论的一个重要概念。通俗地说，信息反馈就是在有助于实现控制目标的各种信息输出之后，收集和利用其作用结果，并对信息再输出施加影响。控制论的基本观点包括：

① 信息论。主要涉及信息加工、传递和贮存的各种通道和方法。

② 自动控制系统论。主要是从功能的视角出发，对机器或生物体中的调节与控制规律进行系统研究。离散控制理论在其中有较为广泛的应用。

③ 自动组织逻辑过程论。这个过程与人类思维过程相似。

从控制系统的特征来看，管理系统是一种典型的控制系统。这是因为，管理系统中的控制过程，无非是通过信息反馈来寻找实际效果与控制标准之间的差距，从而不断进行纠偏，最终使系统稳定于预期目标。也就是说，控制工作的目的是要"维持平衡"。在管理活动中，无论运用哪种方法实施控制，其目的都是要面对不断变化的外部环境，将计划的执行效果与预期目标或标准进行比较，及时采取措施予以纠偏，以便使系统趋于稳定，最终实现组织目标。

3. 自动化理论

自动化是指机器装置按照规定的程序自动操作或运行。广义的自动化还包括让机器设备模拟或再现人的某些智能活动。自动控制则是有关受控系统的分析、设计和运行的技术和理论。一般来说，人造系统的控制问题是自动化的主要研究内容。现代控制理论在经历大发展之后，今天已经形成了许多重要分支。这些分支主要包括：系统辨识(System Identification)、建模与仿真(Modelling and Simulation)、自适应控制(Self-adaptive Control)、智能控制、综合自动化、大系统理论、模式识别和人工智能等。自动控制理论的新发展主要包括以下内容：

(1) 智能控制。智能控制是指在无人干预的情况下，能自主地驱动智能机器以实现控制目标。控制理论发展至今已具有100多年的历史了，经历了经典控制理论和现代控制理论阶段，现已步入大系统理论和智能控制理论阶段。目前的智能控制理论，无论在深度还是广度上，都大大拓展了现代控制理论。

(2) 集成或(复合)混合控制。几种方法和机制往往结合在一起，用于一个实际的智能控制系统或装置，从而建立起混合或集成的智能控制系统。

（3）分级递阶控制系统。分级递阶智能控制是由美国普渡大学 Saridis 提出的，建立于自适应控制和自组织控制理论基础之上。分级递阶智能控制由三个控制级构成，按智能控制的高低分为组织级、协调级、执行级，且遵循"伴随智能递降精度递增"的原则。

（4）专家控制系统。专家系统是指一个智能计算机程序系统，其内部含有大量某领域专家的知识和经验，且能够利用专家的知识和经验处理该领域的高难度问题，具有启发性、透明性、灵活性、符号操作、不确定性推理等特点。专家系统在解决复杂的高级推理中获得较为成功的应用，是未来发展的趋势。

4. 导航理论

导航是指在各种复杂的气象条件下，采用最有效的方法并以规定的所需导航性能，引导运载体航行的过程[引导运载体按一定航线从一个地点（出发点）到另一个地点（目的地）的过程]。导航的任务包括引导运载体进入并沿预定航线航行；导引运载体在夜间和各种气象条件下安全着陆或进港；为运载体准确、安全地完成航行任务提供所需要的其他导引及情报咨询服务；确定运载体当前所处的位置及其航行参数（最重要）。

常用的导航方法包括航标方法、航位推算法、天文导航、惯性导航、无线电导航、卫星定位导航。航标方法，即目视方法，它借助于信标或参照物，把运动的物体从一个地点引导至另外的一个地点。目前的飞机，在着陆时仍然在使用这种方法。航位推算法，是指通过推算一系列测量的速度增量来确定位置。这种技术不受天气和地理条件的限制，是一种自主式导航方法，有很强的保密性。但随着时间的推移，它的位置累积误差会逐渐增大。目前，这种方法在航海、航空和车辆自动定位系统中仍被广泛使用。

天文导航。它是通过对天体精确地定时观测，来进行定位的方法。它用光学六分仪、反跟踪器等光学传感器测量出视野中天体的方位，再根据当时的时间，便能确定载体处于地球表面上的某一个圆环上。观测两颗或更多天体并进行处理，便可以确定出载体在地球表面的位置。目前，天文导航仍广泛用于航海和航天，特别是星际航行中。

惯性导航。它是通过积分安装在稳定平台（物理的或数学的）上的加速度计输出来确定载体的位置和速度。它完全依靠载体上的导航设备自主地完成导航任务，和外界不发生任何光、电联系。因此，它是一种自主式导航方法，隐蔽性好，不受气象条件的限制。这一独特的优点，使其成为航空、航海和航天领域中

一种广泛使用的主要导航方法。

无线电导航。是通过测量无线电波从发射台（导航台）到接收机的传输时间，或测量无线电信号的相位或相角，来进行定位的方法。

卫星定位导航。是利用人造地球卫星进行用户点位测量的技术，是以用导航卫星发送的导航定位信号来确定载体位置和状态，引导运动物体安全地到达目的地的一门新兴科学。卫星导航不论是在军事还是在民用领域都有具有重要而广泛的应用。它可为全球陆、海、空、天的各类军民载体，全天候提供高精度的三维位置、速度、姿态和精密时间信息。

## 10.6 数字矿山建设存在的问题及制约因素

经过了矿山地质科研工作者的大量工作，矿山工程信息化和可视化的研究取得了显著的成果，但是由于矿山工程地质条件的复杂性和差异性，这一领域仍然存在很多问题亟待解决。具体来说，当前我国数字矿山建设中存在如下主要问题。

（1）矿业企业基础管理薄弱，缺乏应有的系统观念和战略观念，一些管理思想和管理理念还带有明显的计划经济痕迹。由此导致管理方法和管理手段简单粗放，不利于实施信息化。此外，信息基础设施建设长期投入不足，仅有少数部门配备有计算机、网络等信息设备，这些因素在客观上也阻碍了我国矿业企业信息化的发展。

（2）矿业企业的信息化基础设施规划不到位。在前期建设中，很少有矿业企业能够从业务整体最优化角度考虑信息化建设需求，从而导致信息化建设盲目无序，软件系统种类繁多，难以兼容。一些矿业企业的信息化建设较为盲目和随意，当受到资金、生产、技术等因素的制约时，往往临时实施某一套或几套子系统。实际上，信息化涉及企业的方方面面，不仅需要技术上的衔接，也有管理体制、管理模式的变革，没有统一的发展规划，不利于公司信息化建设的整体发展。且由于各系统所采用的平台和标准不统一，导致资源不能共享，系统间难以集成。以部门应用为主的独立系统和各自建设的分散系统，不仅无法满足集成应用和信息共享，而且增加了数据重复录入工作。

（3）现有大部分矿业企业的独立的信息化主管部门，在企业整体的组织架构中处于较低地位。职能集中在信息技术维护、信息化建设和 IT 技术支持，不能独立指导和协调整个公司的信息化建设。信息化的实施涉及大量的业务处理流程、企业核心管理理念和组织架构的变动，必须得到各部门的通力合作，尤其是业务部门领导的积极支持。

但是，当前我国多数矿业企业缺乏贯穿整个企业的 IT 规划和协调部门，现有的主管部门没有起到信息化主体的作用。

（4）信息基础比较薄弱，而且缺乏有效的规划和管理。在企业信息化建设中，信息资源规划是企业发展战略的延伸，也是企业信息化建设的基础工程。然而，目前我国多数矿业企业处于改制和转型期，信息化基础较弱，信息标准和信息责任不明晰。缺乏统一的数据标准管理，各业务部门的大量数据彼此孤立，无法共享。导致数据无法匹配，无法准确地对公司生产活动进行了解和分析。此外，企业缺少共享的知识管理平台，各业务部门的知识和经验缺乏共享和交流。企业生产经营和管理所需数据，从其采集、处理、传输到利用，均缺乏全面而系统的规划，没有建立应有的业务处理平台和管理信息平台。

（5）IT 应用水平总体较低，已有的信息系统没有充分发挥作用。当前，由于技术、管理等方面的原因，矿业企业已经建成的安全生产监测系统、自动控制系统基本都没有很好地发挥作用。多数矿业企业没有建立完全覆盖核心业务的信息系统，现有的信息系统（如 OA 系统、财务系统等）往往被多部门分割应用，所采用的技术平台不一致，缺乏有效集成，造成大量信息孤岛。由于缺乏有效的需求管理，业务需求难以顺利转化为应用需求。应用系统的标准化、模块化程度较低，导致一些关键业务的需求得不到满足，而其他一些系统则重复建设。很多小系统功能单一，缺乏支撑核心生产过程的关键系统。

（6）信息化建设投入不足。当前，我国多数矿业企业还没有形成稳定高效的信息化建设投资机制。一般而言，信息化建设所需资金取决于企业效益。由于资金短缺，一些硬件设备超期运行，现有系统的运行、维护及升级费用不足，导致系统运行达不到预期效果，甚至被迫中止。这些问题的根本成因是企业信息化建设的投入渠道不统一、不稳定，资金使用权由投入方掌握，信息中心无法集中安排使用，致使信息化建设的经费投入不稳定，资金使用效率低下，建设效果不佳。

企业信息化是国民经济信息化的基础和重要内容。近年来，我国矿业企业信息化建设取得了一定的成效，涌现出了一批具有先进信息化水平的矿业企业。但是，从总体上来看，矿业企业信息化程度低、信息化进程慢，不能适应经济发展需要。当前，推进矿业企业信息化，建设数字矿山面临的主要制约因素包括：

（1）矿业企业生产环境和条件的特殊性。矿业企业生产经营活动的基本方针是"安全第一"。我国矿业企业的生产、作业环境和条件较为复杂，安全形势十分严峻。这种特殊的生产环境和条件，使矿业企业对信息技术采取保守和谨慎的态度，从而导致信息化建设进展缓慢。

（2）矿业企业生产技术装备复杂。与其他行业相比，矿业生产采用大机器体系，无论是成套的钻探、采掘、提升、运输、选煤等主打设备，还是通风、供排水、供电等辅助设备，其技术复杂程度和种类之繁多都是其他行业难以比拟的。这种情况大大增加了矿业企业信息化建设的难度。

（3）矿业企业的研发能力较弱。要想使引进的信息技术设备在安全生产和提高效率方面发挥预期功效，就必须将其与企业管理系统相融合，充分进行消化吸收，甚至进行必要的创新，这显然需要企业具备一定的研发能力。目前，我国矿业企业的研发能力明显不足，难以在这方面有所作为。

（4）矿业企业员工的计算机应用能力普遍较低。我国矿业企业的多数员工的文化程度不高，中专以上文化程度的人员所占比重很低，其中掌握计算机信息处理技能的人员更是凤毛麟角，多数矿业企业仅有一名计算机或信息专业毕业的技术人员。员工的计算机应用能力过低，是制约矿业企业信息化建设的重要因素。

（5）矿业企业管理体制和管理模式制约着信息技术的应用。科学技术的突破会带来给社会生产和管理体制的巨大变革。信息技术的推广应用，要求有适当的管理体制、管理结构。目前，多数矿业企业沿用了计划经济体制下的管理体制和管理模式。企业内部组织结构多为垂直结构，部门众多，分工精细，机构重叠，职能部门间缺乏交流和协调统一，影响整体效益的发挥。

（6）易于满足，惧怕改革和创新的思维模式影响着信息化建设。人们往往安于企业现有环境，惧怕承担变革风险。慎用高新技术，惧怕变革。企业决策者没有认识到信息技术对生产的促进作用，对运用信息技术实现企业的信息化缺乏研究，或在企业信息化建设中急功近利。如有决策者认为，只要购买来设备，联上因特网，就会产生效益。然而，当使用后没有收到预期效果，就将其搁置一边。

# 10.7  数字矿山建设的保障措施

## 10.7.1  人才队伍建设

人才是企业数字化建设的关键。数字矿山建设成功与否，最终取决于建设、应用和维护信息系统的人。因此，培养和造就一支掌握现代数字技术、有战斗力的信息化团队，是企业能否建立和运用高质量信息系统的关键。

为了保证企业信息化建设的顺利进行，有必要在企业内部大力普及计算机网络知识，确保大多数员工具备信息化意识和基本的计算机网络技能。力图使企业的信息化和数字化教育培训制度化、经常化，不断提高员工的数字化技能和素质。要以数字化项目为依托，培养创新型人才、复合型人才。对企业来说，特别是要培养既懂管理和业务，又懂数字技术的复合型人才。

## 10.7.2 组织机构建设

当前，数字化技术对社会经济的影响正在深化，企业开始了数字化竞争的新一轮调整。基于互联网的开放、自由和包容性，不论是大型企业还是小型企业，在互联网上都处于同一平台，每个企业都有资格参与制定新的游戏规则，并分享新规则带来的收益。因此，较早适应新游戏规则的企业就有较强和可持续的竞争力。能够尽快将企业业务、管理决策信息化、数字化的企业，会在新一轮竞争中赢得先机。对企业而言，要在原有组织架构里设立专门的信息管理机构。信息管理机构应该由各部门的信息中心、各分支机构的信息中心、公司总部的信息中心三层体系构成。企业总部的信息中心应当包括新建的信息部、计算机中心与公司总部原有的网络中心、监控中心、线管中心、智能调度中心等，要形成一个完整的网络信息平台。该平台能够顺畅地完成信息的采集、传输、存储和处理。当然，这样的硬件设施和网络平台需要有强大的数据库作为支撑，以便为各层级用户提供查询功能。

## 10.7.3 规章制度制定

企业的规章制度是企业管理者与劳动者在工作中必须遵守的行为规范。规章制度是企业内部的"法律"，企业应当最大限度地利用和行使好这一权利。成功的企业都会有一整套好的制度，以保证运行平稳、顺畅和高效。在信息化建设方面，企业要建立相应的规章制度，以保障矿山数字化方案的顺利实施。

矿业企业每天都会产生数万条营运信息，数据量庞大。为此，除了建立基本的信息化管理规章制度，还要建立旨在保证信息反馈机制和信息闭环运行机制高效有序的管理制度。所谓信息反馈机制，是指企业对月度、季度、半年或年度生产经营数据定期进行分析整理，建立数据模型辅助决策，引导企业各级管理人员将这些信息成果应用于改进经营管理，从而提高经济效益。所谓信息闭环运行机制，是指企业将各种重要工作纳入统一的监控系统，运用任务分配、过程跟踪、

结果反馈流程，保证各项管理工作的顺利实施。

### 10.7.4 资金投入保障

资金投入是推进信息化建设顺利开展的重要保障。将数字矿山建设资金纳入财政预算。公司各层要提高对数字矿山建设重要性的认识，转变管理理念，创新管理手段，把数字矿山建设作为实现企业跨越式发展的重要支撑，切实保障数字矿山建设资金的投入。公司在进行基本建设和技术改造时，要充分考虑数字矿山的要求，应当将数字矿山建设纳入企业预算，保证信息化建设和运行维护的正常推进。要把数字矿山建设资金列为专项资金进行管理，公司在每年的预算中规划出一定数额的资金，专款专用，以保证公司数字矿山建设资金投入的需要。同时，在保证信息化资金投入的同时，还要加强对数字矿山建设的投资决策管理，提高资金使用效率。发挥技术专家作用，在数字矿山建设投资决策中认真听取专家意见。

### 10.7.5 基础设施配置

企业数字化的基础设施应当包括硬件设备和软件设施。

在硬件配置方面，矿业企业采掘终端通过 GPS 定位技术对采集到的位置数据进行记录，并通过信息中心与网络系统将这些信息进行分析、处理、上传和共享。计算机是企业信息化建设的最重要设备，运行软件、处理文档统计数据，都离不开计算机。因此，企业可根据用途购置各种类型的计算机终端和视频会议设备。软件设施主要是指包括企业内部各种数据库的信息资源的建设和管理。企业数据库通常包括内部综合信息资源库和对外公共服务信息资源库。这些信息资源需要统一的数据平台和维护系统。随着计算机技术的发展，数字矿山建设中将更多地应用数据仓库、联机分析等新技术。与此同时，各类应用软件也将成为信息系统的重点内容，在此基础上，企业可以实现经营计划制定智能化、数据采掘智能化、营运调度自动化、安全管理智能化。应用软件由通信服务系统、GIS 系统、应用服务系统、营运调度系统及数据库等组成。传输网络除了传统的有线载体，还可利用移动数字通信运营商提供的无线通信网络，采用 GPRS、3G、4G或更新的方式实现。

# 参 考 文 献

[1] 王子云，渠爱巧．采矿概论[M]．北京：中国石化出版社，2019．

[2] 何晓光．金属矿床地下开采[M]．北京：中国石化出版社，2020．

[3] 王子云．矿井通风与防尘[M]．北京：冶金工业出版社，2016．

[4] 解世俊．金属矿床地下开采[M]．北京：冶金工业出版社，1999．

[5] 魏大恩．矿山机械[M]．北京：冶金工业出版社，2017．

[6] 王运敏．现代采矿手册[M]．北京：冶金工业出版社，2012．

[7] 徐九华．地质学[M]．北京：冶金工业出版社，2014．

[8] 王青，史维祥．采矿学[M]．北京：冶金工业出版社，2001．

[9] 蔡嗣经．矿山充填力学基础[M]．北京：冶金工业出版社，2009

[10] 孙恒虎，黄玉诚等．当代胶结充填技术[M]．北京：冶金工业出版社，2010．

[11] 古德生，李夕兵等．现代金属矿床开采科学技术[M]．北京：冶金工业出版社，2006．

[12] 周爱民．矿山废料胶结充填[M]．北京：冶金工业出版社，2002．

[13] 陈国山．金属矿地下开采[M]．北京：冶金工业出版社，2012

[14] 任凤玉．金属矿床地下开采[M]．北京：冶金工业出版社，2018．

[15] 黄云峰，朱涛．我国煤矿绿色充填开采技术应用与展望[J]．中国矿业，2021，30(S1)：5-8+23．

[16] 张建安．Z矿业公司数字矿山建设规划研究[D]．西安科技大学，2015．

[17] 孙明．数字矿山建设的研究及应用[J]．湖南安全与防灾，2010，4(05)：46-47．

[18] 王凯．基于可拓理论的新型城镇化建设水平研究[D]．西安建筑科技大学，2016．

[19] 刘彦．建设绿色矿山的哲学思考[D]．中国地质大学(北京)，2016．

[20] 王斌．我国绿色矿山评价研究[D]．中国地质大学(北京)，2014．

[21] 蔡华新．铜山口铜矿资源开发形势分析与可持续发展对策[J]．中国矿业，2008，4(07)：48-50+53．

[22] 崔彬，王文，吕晓岚，等．资源产业经济学[M]．北京：中国人民大学出版社，2013．

[23] 李燕，李丁丁，谢举．绿色矿山建设的探索[J]．山东煤炭科技，2019(08)：197-199．

[24] 刘彦．建设绿色矿山的哲学思考[D]．中国地质大学(北京)，2016．

[25] 孙维中．浅谈绿色矿山建设[J]．煤炭工程，2006(04)：60-61．

[26] 邢茂俭，王凤寅．绿色矿山的设想与实践[J]．煤炭经济研究，2002(10)：75-76．

[27] 黄敬军．论绿色矿山的建设[J]．金属矿山，2009 (4)：7-10．

[28] 钱鸣高，缪协兴，许家林，等．论科学采矿[J]．采矿与安全工程学报，2008 (25)：1-10．

[29] 钱鸣高，缪协兴，许家林．资源与环境协调(绿色)开采及其技术体系[J]．采矿与安全工程学报，2006(23)：1-5．

[30] 朱训. 关于发展绿色矿业的几个问题[J]. 中国矿业, 2013(10): 1.

[31] 曹献珍. 国外绿色矿业建设对我国的借鉴意义[J]. 矿产资源与保护, 2011(12): 19.

[32] 史宁安. 经济工作常用知识工作手册[M]. 北京: 中国时代经济出版社, 2012.

[33] 李慧. M矿业公司绿色矿山建设研究[D]. 河北大学, 2018.

[34] 霍研. 《国家级绿色矿山基本条件》发布[N]. 中国黄金报, 2010-08-27(001).

[35] 武建稳. 绿色矿山评价指标体系构建[D]. 中国地质大学(北京), 2012.

[36] 任思达. 中国矿业经济绿色发展研究[D]. 中国地质大学, 2019.

[37] 张文, 何希霖等. 绿色矿山理论与实践[M]. 北京: 煤炭工业出版社, 2015.

[38] 司春彦. 我国绿色矿山投资效率评价[D]. 中国地质大学(北京), 2017.

[39] 薛藩秀. 我国绿色矿山建设评价及实证[D]. 中国地质大学(北京), 2016.

[40] 陈宝智. 矿山安全工程[M]. 北京: 冶金工业出版社, 2018.

[41] 黄玉城. 矿山充填理论与技术[M]. 北京: 冶金工业出版社, 2014.

[42] 陈国芳. 矿山安全[M]. 北京: 化学工业出版社, 2010.

[43] 蒋仲安. 矿山环境工程[M]. 北京: 冶金工业出版社, 2009.

[44] 姜建军. 矿山环境管理实用指南[M]. 北京: 地震出版社, 2004.

[45] 罗海珠. 矿井通风降温理论与实践[M]. 沈阳: 辽宁科学技术出版社, 2013.

[46] 绿色矿山系列丛书编写委员会. 绿色矿山建设标准解读[M]. 北京: 地质出版社, 2020.

[47] 冶金行业绿色矿山建设规范(DZ/T 0319-2018).

[48] 有色金属行业绿色矿山建设规范(DZ/T 0320-2018 ).

[49] 《一般工业固体废物贮存、处置场污染控制标准》(GB 18599).

[50] 《危险废物贮存污染控制标准》(GB 18597).

[51] 《工业企业总平面设计规范》(GB 50187).

[52] 《钢铁工业环境保护设计规范》(GB 50406).

[53] 《工作场所有害因素职业接触限值第1部分: 化学有害因素》(GBZ 2.1).

[54] 《工作场所有害因素职业接触限值》(GBZ 2.2).

[55] 《工业企业厂界环境噪声排放标准》(GB 12348).

[56] 《建筑施工场界环境噪声排放标准》(GB 12523).

[57] 《一般工业固体废物贮存、处置场污染控制标准》(GB 18599).

[58] 《危险废物贮存污染控制标准》(GB 18597).

[59] 《工业企业总平面设计规范》(GB 50187).

[60] 陈斌, 张有乾, 艾聪. 基于绿色开采的绿色矿山建设[J]. 山西焦煤科技, 2010
(6): 50-53.

[61] 冯德利. 发展循环经济, 创建资源化绿色矿山[J]. 中国水泥, 2011(4): 87-89.

[62] 黄敬军, 倪嘉曾等. 绿色矿山建设考评指标体系的探讨[J]. 金属矿山, 2009(11).

[63] 李慧春. 采取清洁生产工艺建设绿色矿山[J]. 矿山机械, 2008(8): 36-37.

[64] 李秀臣. 招金矿业创建绿色矿山的探索与实践[J]. 中国矿业, 2011(5): 46-48, 62.

[65] 董玉宽. 科学发展观与生态伦理[M]. 辽宁：辽宁人民出版社，2013.

[66] 邢茂俭，王凤寅. 绿色矿山的设想与实践[J]. 煤炭与环境，2002(10).

[67] 朱训. 找矿哲学的理论与实践[M]. 北京：地质出版社，1995.

[68] 谢晓锋. 绿色发展与绿色矿山建设实例研究[M]. 北京：煤炭工业出版社，2015.

[69] 栗欣. 国家级绿色矿山模式研究[M]. 北京：地质出版社，2014.

[70] 刘勇. 可持续发展理论[M]. 北京：红旗出版社，2003.

[71] 吕新前，杨卫东，程青. 建设绿色矿山是对科学发展观的实践[J]. 西部探矿工程，2009，21(S1)：96-98.

[72] 沙景华，欧玲. 矿业循环经济评价指标体系研究[J]. 环境保护，2008(04)：33-36.

[73] 汪安佑，雷涯邻，沙景华. 资源环境经济学[M]. 北京：地质出版社，2005.

[74] 鲍爱华. 生态矿山建设的几点思考[J]. 矿业研究与开发，2005(03)：1-4.

[75] 余龙，齐莉丽. 发展循环经济 建设绿色矿山[J]. 中国井矿盐，2009，40(02)：32-34+37.

[76] 张德明，贾晓晴，乔繁盛，栗欣，赵世亮，胡克. 绿色矿山评价指标体系的初步探讨[J]. 再生资源与循环经济，2010，3(12)：11-13.

[77] 周德群. 可持续发展研究：理论与模型[M]. 北京：中国矿业大学出版社，1998.

[78] 林强. 凝聚绿色发展共识 推进绿色矿山建设[J]. 中国国土资源经济，2015，28(07)：14-17+35.

[79] 乔繁盛，栗欣. 以加快转变经济发展方式为主线建设绿色矿山[J]. 中国矿业，2011，20(09)：51-53+68.

[80] 马凤钟. 建设绿色矿山，全面改善矿山生态环境[J]. 国土资源情报，2013(09)：27-31.

[81] 乔繁盛. 将生态文明贯穿于绿色矿山建设全过程[J]. 中国矿业，2013，22(01)：53-56.

[82] 王洁. 利用节能减排技术创建绿色矿山[J]. 价值工程，2011，30(13)：54-55.

[83] 张先煜. 论我国矿产资源综合利用的现状及对策[J]. 环境与生活，2014(08)：162-163.

[84] 尤振根. 发展循环经济 建设绿色矿山[J]. 非金属矿，2007(S1)：1-3.

[85] 张建平. 双高矿区可持续发展复杂系统预警理论与应用研究[D]. 太原理工大学，2006.

[86] 宋书巧，周永章. 矿业可持续发展的基本途径探讨[J]. 矿业研究与开发，2002(04)：1-5.

[87] 蔡春燕. 绿色煤炭矿山土地复垦管理评价指标体系研究[D]. 中国地质大学(北京)，2014.

[88] 赵仕玲. 国外矿山环境保护制度及对中国的借鉴[J]. 中国矿业，2007(10)：35-38.

[89] 丁全利. 我国绿色矿山建设透视[J]. 国土资源，2014(04)：26-27.

[90] 田志云. 创新企业管理模式 打造科学发展示范矿山[J]. 中国矿业，2012，21(S1)：52-56.

[91] 蒋展鹏. 环境工程学[M]. 北京：高等教育出版社，1999.

[92] 叶文虎. 环境质量评价学[M]北京：高等教育出版社，1994.

[93] 蒋仲安. 湿式除尘技术及应用[M]. 北京：煤炭工业出版社，1999.

[94] 李广超. 大气污染控制技术[M]. 北京：化学工业出版社 2008.

[95] 朱亦仁. 环境污染治理技术[M]. 北京：中国环境科学出版社，1996.

[96] 李耀中，李东升. 噪声控制技术[M]. 北京：化学工业出版社，2008.

[97] 崔志微，何为庆. 工业废水处理[M]. 北京：化学工业出版社. 1999.

[98] 苑宝玲，王洪杰. 水处理新技术原理与应用[M]. 北京：化学I业出版社，2006.

[99] 高红武. 噪声控制工程[M]. 武汉：武汉工业大学出版社，2003.

[100] 李海英，顾尚义，吴志强. 矿山废弃土地复垦技术研究进展[J]. 矿业工程，2007(02)：43-46.

[101] 李根福. 土地复垦知识[M]. 北京：冶金工业出版社，1991.

[102] 刚鹏程，陈宝智安全原理与事故预测[M]. 北京：冶金工业出版社，1988.

[103] 周心权，吴兵，矿井火灾救灾理论与实践[M]. 北京：煤炭工业出版社，1996.

[104] 李春英. 矿山防水防火[M]. 北京：中国劳动出版社，1991.

[105] 陈莹，工业防火防爆[M]. 北京：中国劳动出版社，1993.

[106] 中国冶金百科全书编委会. 中国冶金百科全书. 采矿卷[M]. 北京：冶金工业出版社，1999.

[107] 中国冶金百科全书编委会. 中国冶金百科全书. 安全环保卷[M]. 北京：冶金工业出版社，2000.

[108] 胡才修，陈宝智. 安全生产管理培训教程[M]. 沈阳：东北大学出版社，2005.

[109] 邢娟娟，等. 事故现场救护与应急自救[M]. 北京：航空工业出版社，2006.

[110] 国家安全生产监督管理总局，关于印发金属非金属地下矿山安全避险"六大系统"安装使用和监督检查暂行规定的通知(安监总管168号). 2010.

[111] 国家安全生产监督管理总局，尾矿库安全监督管理规定(第38号令). 2011.

[112] 孙恒虎，黄玉成，杨宝贵. 当代胶结充填技术[M]. 北京：冶金工业出版社，2002.

[113] 刘同有，等. 充填采矿技术与应用[M]. 北京：冶金工业出版社，2001.

[114] 杨根祥. 全尾砂胶结充填技术的现状及其发展[J]. 中国矿业，1995(02)：40-45.

[115] 刘同有，黄业英. 第六届国际充填采矿会议论文选集[C]. 长沙矿山研究院，1999.

[116] 胡明忠，汤杰，王小雨. 矿山生态恢复与重建存在的问题及对策[J]. 中国环境管理，2003(03)：7-9.